广东林业生态文明建设战略研究

邓鉴锋　主编

中国林业出版社

图书在版编目（CIP）数据

广东林业生态文明建设战略研究/ 邓鉴锋主编 . —北京：中国林业出版社，2015. 11
ISBN 978-7-5038-8258-6

Ⅰ. ①广… Ⅱ. ①邓… Ⅲ. ①林业 - 生态环境建设 - 研究 - 广东省 Ⅳ. ①S718. 5

中国版本图书馆 CIP 数据核字（2015）第 277427 号

责任编辑：于界芬　于晓文

出版　中国林业出版社（100009　北京西城区刘海胡同 7 号）
E-mail　lycb. forestry. gov. cn　**电话**　83143542
发行　中国林业出版社
印刷　北京昌平百善印刷厂
版次　2015 年 12 月第 1 版
印次　2015 年 12 月第 1 次
开本　787mm × 1092mm　1/16
印张　11. 75　彩插　8 面
字数　271 千字
印数　1 ~ 1000 册
定价　68. 00 元

广东林业生态文明建设战略研究

编委会

主　编　邓鉴锋

副主编　杨沅志　姜　杰　李爱英

编　委　（按姓氏笔画排序）

刘　萍　许文安　杨加志　杨超裕

李清湖　吴建维　吴焕忠　宋蒙华

张春霞　陆康英　陈传国　陈倩倩

陈黄礼　陈雄伟　林寿明　罗　勇

战国强　郭彦青　黄宁辉　谭成略

薛　宁　薛春泉　魏安世

序言

党的十八大报告提出大力推进生态文明建设，首次把“美丽中国”作为未来生态文明建设的宏伟目标，把生态文明建设提升到“五位一体”总体布局的战略高度。习近平总书记对生态文明建设做出了一系列十分深刻、十分精辟的重要论述，如“生态兴则文明兴、生态衰则文明衰”，“良好生态环境是最公平的公共产品，是最普惠的民生福祉”，“山水林田湖统筹治理”，“林业建设是事关经济社会可持续发展的根本性问题”，等等。以上论述对于建设生态文明、建设美丽中国、实现中华民族永续发展具有重大的现实意义和深远的历史意义。

最近，中共中央、国务院《关于加快推进生态文明建设的意见》提出“协同推进新型工业化、城镇化、信息化、农业现代化和绿色化”的决策部署，广东省委、省政府把绿色化作为广东永续发展战略，不断推动生产方式和生活方式绿色化，坚定不移走绿色发展、循环发展、低碳发展的路子。

在新的历史条件下，生态文明建设赋予了林业前所未有的历史使命，对广东林业发展提出了更高要求。在林业生态文明建设实践中，广东不断探索适合自身科学发展的道路，在绿化荒山、森林分类经营、生态公益林建设、林业生态县创建、自然保护区建设、林业产业发展及森林碳汇交易等方面取得令人瞩目的成绩。2013 年，省委、省政府做出《关于全面推进新一轮绿化广东大行动的决定》（粤发〔2013〕11 号），以生态景观林带、森林碳汇、森林进城围城、乡村绿化美化四大林业重点生态工程为抓手，实施绿色发展战略，提升生态文明建设水平，力争通过 10 年左右的努力，将广东省建设成为森林生态体系完善、林业产业发达、林业生态文化繁荣、人与自然和谐的全国绿色生态第一省。截至 2014 年，全省森林覆盖率 58.69%，活立木总蓄积量 5.47 亿 m^3，林业产业总产值 6336 亿元，其中林业产业总产值连续多年位居全国首位。

林业生态文明建设战略研究兼具理论和实践，是一个全新而宏大的研究课题，受到各级政府及其相关职能部门和学术界的重点关注。近年来，省林业调查规划院承担了全省多项林业中长期发展规划及各专题规划的编制业务，编写组在《广东省林业发展“十二五”规划》《广东省林业“十三五”规划前期研究》《广东省林业“十三五”规划基本思路》和《珠江三角洲地区生态安全体系一体化规划》等的基础上，从生态文明建设的视角，进一步深化研究和提炼，编写出版了《广东林业生态文明建设战略研究》。本书深入分析生态文明背景下广东林业建设的现状、问题、机遇和潜力，立足省情林情，提出了广东省林业生态文明建设的发展理念、战略重点、实施途径和关键技术等，尤其是从林业生态安全、生态经济、生态文化、生态治理四个维度构建了一套省级林业生态文明建设评价指标体系，并对全省21个地级市林业生态文明建设现状进行实证研究。

在新的历史背景下，广东林业将以全面深化改革为总动力，以依法治国为引领，全面推进生态文明建设，努力实现“美丽广东”“幸福广东”的美好愿景。本书的出版对推动广东省林业生态文明建设具有十分重要的理论价值和现实意义。

广东省林业厅厅长 [签名]

2015年7月于广州

前言

生态文明是人类为建设美好生态环境而取得的物质成果、精神成果和制度成果三个层面的总和。其中物质成果主要包括生产生活方式的生态化改造及成果，具体表现为良好的生态环境、充足的生态产品，以及发达的绿色经济、充裕的物质财富等；精神成果主要包括与生态文明要求相适应的理念、道德、意识形态和文化成果；制度成果主要包括有效调控和规范人与自然、人与人关系的法治、标准、制度体系等。生态文明是继原始文明、农业文明、工业文明之后人类社会发展的一个新的文明形态，意味着人类在处理人与自然的关系方面达到了一个更高的文明程度。

林业生态文明建设是指人类利用林业改善生态环境而采取的一切文明的活动，是人们对待自然森林、湿地等生态系统所持有的基本态度、理念，并实施保护开发及利用的过程。林业生态文明建设是生态文明建设的重要、必要和首要组成部分。林业部门管辖三个生态系统和一个多样性，即森林生态系统、湿地生态系统、荒漠生态系统及生物多样性，在维护地球生态平衡中起着决定性作用。新的历史时期，林业必须勇于承担起践行生态文明的历史使命，推进现代林业来改变工业文明以来人们长期的生产生活方式，治愈中国经济增长奇迹背后的生态缺陷。

“十三五”时期，是我国全面推进林业生态文明建设的战略时期，也是广东建设全国绿色生态第一省的重要时期。开展广东林业生态文明建设战略研究，是编制林业“十三五”规划的重要基础性工作，对形成规划思路及相关专题规划，确保规划的科学性、有效性和权威性具有重要意义。研究的主要成果可为全省林业“十三五”及中长期发展规划、各项林业专题规划的起草和编制工作提供依据。

围绕“美丽广东”和“绿色生态第一省建设”等理念，《广东林业生态文明建设战略研究》从全省林业中长期发展的战略高度，在深入分析国内外，尤其是广东建设实践的基础上，对全省林业生态文明建设的重大问题和关键领域进行研究，主要包括现状分析评价、发展定位、评价指标体系、生态空间优化、战略途径、重点建设领域及关键技术等内容。

本书共有8章，具体撰写分工如下：第1章由邓鉴锋、李爱英、陆康英编写，第2章由刘萍、姜杰编写，第3~4章由姜杰、李爱英编写，第5章由杨沅志编写，第6章由邓鉴锋编写，第7章由杨沅志、姜杰、李爱英、邓鉴锋、陈传国、魏安世等人编写；第8章由战国强、杨沅志、华国栋、吴焕忠等人编写；书后附表由姜杰、李爱英、杨沅志、李清湖等统计整理；书中彩图由邓洪涛绘制；全书的总体框架和统稿由邓鉴锋负责；编委会的其他人员负责提供相关资料及校审工作。在研究过程中得到了中国林业科学研究院热带林业研究所李意德研究员、中国科学院华南植物园曹洪麟研究员、华南师范大学徐颂军教授、广东省林业科学研究院李小川教授级高工、仲恺农业工程学院高丽霞教授等专家的大力支持和帮助，广东省林业厅计划财务处、营林处、林政处、生态公益林管理办公室，广东省绿化委员会办公室等处室为本研究提供了大量的素材，在此一并表示诚挚的谢意。特别感谢广东省林业厅陈俊光厅长拨冗为本书作序，这不仅是对本书编写组工作的充分肯定，更是对广东深入推进林业生态文明建设发出的动员。

由于编者水平有限，书中难免有疏漏和不足之处，敬请读者批评指正。

编者

2015 年 8 月于广州

目 录

第一章 绪 论

第一节 生态文明与林业生态文明概述

一、生态文明与林业生态文明内涵和特征

(一)生态文明

1. 基本概念

“生态”一词源于古希腊语，最早的意思是住所、栖息地，19 世纪中叶以来被赋予了现代科学意义，主要指生物之间以及生物与环境之间的相互关系与存在状态。“文明”是人类文化发展的成果，从时间来看，文明具有阶段性，随着人类的发展，反映人类进步状态的文明也一同发展，显现出不同的发展阶段和水平，如农业文明、工业文明；从内容上看，不论在哪个阶段或地域，构成文明的基本内容都是相同的，如物质文明、精神文明、政治文明等。

关于生态文明的内涵，不同的学者有着不同的理解。徐春(2004)认为“生态文明是在工业文明已经取得的成果基础上用更文明的态度对待自然，不野蛮开发，不粗暴对待大自然，努力改善和优化人与自然的关系”。卓越(2007)认为“生态文明是继原始文明、农业文明、工业文明之后人类社会发展的一个新的文明形态，意味着人类在处理人与自然的关系方面达到了一个更高的文明程度”。尹成勇(2006)认为“生态文明即生态环境文明，是指人们在改造客观物质世界的同时，不断克服改造过程中的负面效应，改善人与自然、人与人的关系，建设有序的生态运行机制和良好的生态环境所取得的物质、精神、制度方面成果的总和”。可见，生态文明是一个动态的概念，是一个时代的概念，生态文明的建设涵盖了社会各个行业。生态文明就是以一种新的生产力和生产方式为动力、以一种新的人与自然关系及人与人关系为核心、以解决工业文明所固有的环境与发展矛盾为目的的新的文明形态。

2. **基本特征**

生态文明具有4个鲜明的特征：

(1)在价值观念上，生态文明强调给自然以平等态度和人文关怀。人与自然作为地球的共同成员，既相互独立又相互依存。人类在尊重自然规律的前提下，利用、保护和发展自然，给自然以人文关怀。生态文化、生态意识成为大众文化意识，生态道德成为社会公德并具有广泛影响力。生态文明的价值观从传统的“向自然宣战”“征服自然”向“人与自然协调发展”转变；从传统经济发展动力——利润最大化，向生态经济全新要求——福利最大化转变。

(2)在实践途径上，生态文明体现为自觉自律的生产生活方式。生态文明追求经济与生态之间的良性互动，坚持经济运行生态化，改变高投入、高污染的生产方式，以生态技术为基础实现社会物质生产系统的良性循环，使绿色产业和环境友好型产业在产业结构中居于主导地位，成为经济增长的重要源泉。生态文明倡导人类克制对物质财富的过度追求和享受，选择既满足自身需要又不损害自然环境的生活方式。

(3)在社会关系上，生态文明推动社会走向和谐。人与自然和谐的前提是人与人、人与社会的和谐。一般说来，人与社会和谐有助于实现人与自然的和谐，反之，人与自然关系紧张也会对社会带来消极影响。随着环境污染侵害事件和投诉事件的逐年上升，人与自然之间的关系问题已成为影响社会和谐的一个重要制约因素。建设生态文明，有利于将生态理念渗入到经济社会发展和管理的各个方面，实现代际、群体之间的环境公平与正义，推动人与自然、人与社会的和谐。

(4)在时间跨度上，生态文明是一个长期艰巨的建设过程。我国正处于工业化中期阶段，传统工业文明的弊端日益显现。发达国家200多年出现的污染问题，在我国快速发展的过程中集中出现，呈现出压缩型、结构型、复合型特点。因此，生态文明建设面临着双重任务和巨大压力，既要“补上工业文明的课”，又要“走好生态文明的路”，这决定了建设生态文明需要长期坚持不懈的努力。

(二)现代生态文明发展历程

新中国成立后，我国通过对古代生态文明思想的继承、发展、创新和实践，形成了以人与自然关系和谐为主题和精髓、反映当代社会特征的生态文明思想：

(1)新中国成立至20世纪80年代末。毛泽东同志提出了“人类同时是自然界和社会的奴隶，又是它们的主人”，形成了影响至今的人与自然关系思想。邓小平同志关于保护环境、控制人口等一系列谈话中，提出“绿色革命要坚持一百年，二百年”。1978年党的十一届三中全会确立了以经济建设为中心的发展方向和实施改革开放政策以后，党和国家的领导人也开始意识到保护生态环境的重要性，生态建设意识萌芽。1982年党的十二大报告中首次出现“生态”一词。强调坚决保护各种农业资源、保持生态平衡，加强农业基本建设，改善农业生产条件。1987年，中共中央提出了“节约能耗”的观点，要求降低物质消耗和劳动消耗，提高资源利用效率，进一步强调“人口控制、环境保护和生态平衡是关系经济和社会发展全局的重要问题”。在这一历史阶段，我们国家的工作重心是以经济建设为中心，从生态环境建设在现代化建设所处的地位来说，可以看出，在这一阶段，就总体而言，生态环境建设从属于经济建设。

(2)20 世纪 90 年代初至本世纪初。1992 年，江泽民同志阐述“90 年代改革和建设的主要任务”时，把“不断改善人民生活，严格控制人口增长，加强环境保护”作为必须努力实现关系经济发展和社会进步全局的十大主要任务之一，强调经济增长方式的转变。1997 年，中共中央明确提出“实施科教兴国战略和可持续发展战略”两大战略，我国开始从制度上保障生态建设的顺利开展。2002 年，中共中央提出不断增强可持续发展能力，改善生态环境，显著提高资源利用效率，促进人与自然的和谐，推动整个社会走上生产发展、生活富裕、生态良好的文明发展道路。这一时期，关于速度与效益的关系，经济建设与人口、资源、环境、生态的关系，转变经济增长方式、环境保护基本国策、科教兴国和可持续发展战略内容全面、分析深刻，成为此后我国生态文明理论的重要基础和理论源泉。

(3)党的十七大召开以来。2007 年，党的十七大首次明确提出了生态文明建设的新要求。此次报告对于生态文明建设具有里程碑意义，是党的执政理念的跨越式进步，同时也是完善我国社会主义文明体系的必然要求。党的十八大报告首次单篇论述生态文明，首次把“美丽中国”作为未来生态文明建设的宏伟目标，把生态文明建设摆在“五位一体”总体布局的高度。习近平总书记对生态文明建设做出了一系列十分深刻、十分精辟的重要论述，对于建设生态文明、建设美丽中国、实现中华民族永续发展提出了具体要求。

（三）林业生态文明

1. 基本概念

林业生态文明建设涉及林业和生态文明两个方面。林业生态文明可以归结为人类利用林业改善生态环境而采取的一切文明的活动，是人们对待自然森林、湿地、荒漠生态系统以及所蕴藏生物的基本态度、理念、认识，并实施保护开发及利用的过程（陈绍志，2014）。

2. 基本内涵

(1)林业生态文明建设是生态文明建设的重要、必要和首要组成部分。生态文明是人类为建设美好生态环境而取得的物质成果、精神成果和制度成果 3 个层面的总和。其中物质成果主要包括生产生活方式的生态化改造及成果，具体表现为良好的生态环境、充足的生态产品，以及发达的绿色经济、充裕的物质财富等；精神成果主要包括与生态文明要求相适应的理念、道德、意识形态和文化成果；制度成果主要包括有效调控和规范人与自然、人与人关系的法治、标准、制度体系等（周生贤，2010）。林业生态文明建设应该是生态文明建设的重要、必要而且是首要组成部分，缺少林业生态文明建设，生态文明建设是残缺的，无抓手的，也是根本无以实现的。

(2)林业是生态文明建设的发动机、转化器和调节器。林业对于生态文明建设和美丽中国的实现具有不可替代的作用，具体可以隐喻为发动机、转化器和调节器。第一，林业是生态文明建设的“发动机”。习近平总书记在《关于〈中共中央关于全面深化改革若干重大问题的决定〉的说明》指出“山水林田湖是一个生命共同体，人的命脉在田，田的命脉在水，水的命脉在山，山的命脉在土，土的命脉在树”，科学阐明了自然生态系统各个组成部分的相互关系，赋予了林业重要地位。第二，林业是生态文明建设的“转化器”。“美丽中国”全新视镜是生态系统自然、和谐、可持续运行的真实展现，是生态文明建设追求的目的，也是在生态文明建设理论下通过生态建设得到的结果。在“美丽中国”里，人们拥有和享受着丰富、优质的生态产品，这些产品都离不开生态建设的支撑，更离不开林业的强力支持。第三，林业是生态文明建设的“调节器”。林业中的“三个生态系统和一个多样性”在维护地球生态平衡中起着决定性作用，森林是“地球之肺”，湿地是“地球之肾”，生物多样性是地球的“免疫系统”。在生态文明建设中，林业首要任务是建设好森林生态系统、保护好湿地生态系统、治理好荒漠化系统、维护好生物多样性，否则无论哪一个系统被损害或破坏，地球生态平衡都将会受影响，不仅人类的生存根基受到威胁，而且人类文明的向前发展也将受到阻挠。

二、国内外林业生态文明建设背景

(一)国外背景

全球生态危机已经成为人类生存与发展的最大安全威胁。2005 年联合国发布的《千年生态系统评估报告》指出“近数十年来，人类对自然生态系统进行了前所未有的改造，使人类赖以生存的自然生态系统发生了前所未有的变化，有 60% 正处于不断退化状态之中”。当前，全球主要存在八大生态危机：森林大面积消失、土地沙漠化扩展、湿地不断退化、物种加速灭绝、水土严重流失、干旱缺水普遍、洪涝灾害频发、全球气候变暖。

这些生态危机都是人类破坏自然生态系统的结果，都与林业密切相关。评估报告特别强调，由地球上的各种动植物以及生物过程所组成的各种复杂多样的生态系统，对于人类的福祉起着至关重要的作用。评估报告特别警告，我们再也不能对生态系统维持子孙后代生存能力的状况漠不关心了；世界上每一个角落的每一个人的选择，都将决定人类的未来。正是基于对自然生态系统重要性认识的不断深化，在联合国的倡导和推动下，国际社会已经形成了一些全球和区域性的生态治理机制，采取了重建森林、防治荒漠化、保护湿地、拯救物种、应对气候变化等一系列重大行动。同时，促进可持续发展和绿色增长成为全世界关注的焦点。2011 年年底，联合国环境规划署发布的《迈向绿色经济》报告指出，绿色经济可显著降低环境风险与生态稀缺，提高人类福祉和社会公平。报告认为，在绿色经济政策的引导下，如果全球每年将约 1.3 万亿美元(约相当于全球生产总值的 2%)作为绿色投资投向 10 个关键经济部门，到 2050 年即可推动全球向绿色经济转型。报告将林业列在自然资本投资领域的第一位。在国际大背景下，我国全面提出和部署林业生态文明建设，顺应国际潮流，凸显了我国作为负责任大国和倡导人与自然和谐的意志和决心。

(二)国内背景

半个多世纪以来，我们党在带领人民摆脱贫困、走向富强的过程中，一直以世界眼光和战略思维关注着森林问题，对林业生态文明建设进行了不懈探索。

早在新中国成立初期，毛泽东同志就告诫人们：“林业将变成根本问题之一”，并提出“绿化祖国”“实行大地园林化”。中央政府还确定了“青山常在，永续利用”的林业建设方针。

1978 年，经邓小平同志批示，我国启动了世界上规模最大的生态修复工程——“三北”防护林工程。1981 年，在邓小平同志的倡导下，全国人大作出了关于开展全民义务植树运动的决议。

1991 年，江泽民同志提出“全党动员、全民动手、植树造林、绿化祖国”。1997 年又发出了“再造祖国秀美山川”的号召。1998 年长江、松花江发生特大洪水后，党中央、国务院决定投资几千亿元，实施天然林保护、退耕还林、京津风沙源治理等重大生态修复工程。

2009 年，胡锦涛同志向世界作出了“大力增加森林碳汇，争取到 2020 年森林面积比 2005 年增加 4000 万 hm^2，森林蓄积量比 2005 年增加 13 亿 m^3”的庄严承诺，并要求全国人民“为祖国大地披上美丽绿装，为科学发展提供生态保障”。林业“双增”目标纳入国民经济社会发展“十二五”规划约束性考核指标。

习近平同志指出“良好生态环境是最公平的公共产品，是最普惠的民生福祉”、“要正确处理好经济发展同生态环境保护的关系，牢固树立保护生态环境就是保护生产力、改善生态环境就是发展生产力的理念”“我们既要绿水青山，也要金山银山。宁要绿水青山，不要金山银山，而且绿水青山就是金山银山”。上述讲话，生动形象地表达了我们党和政府大力推进生态文明建设的鲜明态度和坚定决心。

在党中央、国务院的高度重视下，林业生态建设逐步上升为党和国家的重大战略，为生态文明理念的形成作出了积极贡献。按照党中央、国务院的要求，2001~2002 年国家林业局开展了“中国可持续发展林业战略研究”，提出了“生态建设、生态安全、生态文明”的战略思想。2002 年党的十六大提出要“推动整个社会走上生产发展、生活富裕、生态良好的文明发展道路”。2003 年中央 9 号文件确立了以生态建设为主的林业发展战略，明确提出“建立以森林植被为主体、林草结合的国土生态安全体系，建设山川秀美的生态文明社会”。2005 年，国务院颁布《关于落实科学发展观加强环境保护的决定》，突出了环境保护的战略性地位，把加强环境保护与遏制生态退化作为全面落实科学发展观的基本目标。2007 年，党的十七大将建设生态文明确定为全面建设小康社会的重要目标。2008 年，中央 10 号文件进一步提出，建设生态文明、维护生态安全是林业发展的首要任务。2009 年，党中央、国务院正式确立了林业的“四大地位”（即在贯彻可持续发展战略中林业具有重要地位，在生态建设中林业具有首要地位，在西部大开发中林业具有基础地位，在应对气候变化中林业具有特殊地位）和“四大使命”（即实现科学发展必须把发展林业作为重大举措，建设生态文明必须把发展林业作为首要任务，应对气候变化必须把发展林业作为战略选择，解决“三农”问题必须把发展林业作为重要途径）。2012 年，党的十八大对大力推进生态文明建设作出了全面系统的部署，并将其作为执政纲领写入党章，还首次提出建设“美丽中国”的宏伟蓝图。

（三）广东背景

改革开放 30 年来，广东经济社会发展取得了举世瞩目成就，国内生产总值连续多年居全国首位，但与此同时，我国面临着水污染、空气污染、城市热岛、水土流失等一系列生态问题。此外，土地资源日趋紧缺、城市发展空间受限、自然生态空间日趋破碎、自然生态屏障和防护功能难以发挥等一系列问题，严重威胁到区域生态安全。生态问题已经成为制约全省社会经济可持续发展的瓶颈。

2003 年，广东在全省范围内开展创建林业生态县活动，在全国首开先河，全省森林资源大幅度增长，生态状况和人居环境明显改善。

2004年，广东省委、省政府召开了全省林业工作会议，提出建设林业生态省，确立了以生态建设为主的林业可持续发展道路。

2005年，广东省委、省政府《关于加快建设林业生态省的决定》中，明确了林业的战略定位：林业是重要的公益事业和基础产业；在可持续发展战略中，赋予林业以重要地位；在生态建设中，赋予林业以首要地位；在经济建设中，赋予林业以基础地位。

2006年，中共中央政治局委员、原广东省委书记张德江视察省林业局时强调，要大力发展林业，建设广东绿色生态屏障。

2009年，时任广东省省长黄华华到广东省林业局调研时强调，林业是生态的重点、绿色的代表，必须紧紧抓住林业改革发展的历史机遇，把科学发展现代林业放到经济社会可持续发展的全局中去谋划，科学发展生态林业、创新林业、民生林业、文化林业、和谐林业，努力建设现代林业强省，争当全国林业科学发展的排头兵。在全省林业工作会议上要求各级政府及各有关部门进一步加强对林业工作的领导，切实深化林业改革，努力完善林业工作机制，认真落实工作责任，确保林业各项工作落到实处，不断开创林业事业发展新局面，建设现代林业强省。

2013年，为深入贯彻落实党的十八大、中央领导同志视察广东重要讲话和省委十一届二次全会精神，实施绿色发展，提升生态文明建设水平，促进广东省经济社会持续健康发展，广东省委、省政府做出了《关于全面推进新一轮绿化广东大行动的决定》，要求着力优化生态空间布局，建设健康、稳定、高效的森林生态系统，使之抵御、缓解各种自然灾害的能力显著增强，为打造全国绿色生态第一省夯实基础。

第二节　国内外林业生态文明研究现状及趋势

一、国外生态文明研究现状

现代意义上的生态文明思想是自20世纪中叶以来首先在西方兴起的。1962年美国女学者蕾切尔·卡逊的《寂静的春天》问世，揭开了当代全球生态文明建设的序幕。1972年第一次“人类与环境会议”讨论并通过了著名的《人类环境宣言》，同年，罗马俱乐部发表研究报告《增长的极限》，提出了均衡发展的概念。20世纪80年代，《建立一个可持续发展的社会》一书首次对可持续发展观做出了较全面的论述，1987年，联合国环境与发展委员会发布研究报告《我们共同的未来》，形成人类构建生态文明的纲领性文件。1992年联合国环境与发展大会通过的《21世纪议程》更是进一步强调和深化了可持续发展理论。自此，可持续发展观、循环经济、绿色消费、节约型社会等生态文明建设的新思想新要求，作为解决生态危机的方案纷纷问世。

在北美以美国为代表，十分重视生态文明的研究。尤其是生态环境及其相关要素的研究，如生态环境及其资源的价值，生态环境法规制度、森林、湿地、生物多样性、水资源利用、气候异常变化等；与生态环境相关的社会制度、体制机制等；生态环境与人、经济、政治、社会、文化等之间的关系。

在欧洲，对生态文明的研究偏重于生态环境要素与欧洲崛起，生态环境变迁与文明兴衰和灾害，人口、农业与生态环境之间的关系研究，工业革命背景下人与自然、人与生态环境之间的关系，污染与治理，动植物保护，清洁能源开发，应对全球气候变暖等。

亚洲的日本明治维新后迅速工业化，公害事件频发，生态环境运动高涨，生态政治发展迅速，产生了铃木大作、池田大作、岸根作郎等一批专家学者，他们不仅研究本国生态环境，还对中国传统生态文明思想、智慧、知识和技术等也进行了研究。印度作为发展中国家，在如何处理发展经济与保护生态环境方面也作了相关的研究。

生态文明的发展推动了自然环境保护运动，对国外森林可持续经营产生了很大的变化。欧洲是近代森林经营思想和理论的发源地，近代林业经营理论从200年前诞生以来不断地发展和完善。1795年，德国林学家哈尔蒂希提出了“森林永续经营理论”。1898年，德国林学家盖耶提出“接近自然的林业”理论。随着生态文明的进一步发展，20世纪70年代，美国林业经济学家提出“林业分工论”，主张划分商品林业、公益林业和多功能林业3类，认为森林将朝着各种功能不同的专用森林或森林多效益主导利用发展。该理论向森林永续利用理论提出了新的挑战，使传统的森林经营理论发生了改革性变革，进而林业可持续发展思想和现代林业观得以提出和成形。

基于对生态文明与自然生态系统认识的不断深化，在国际上，林业作为生态文明建设中的重要战略之一，成为各个国家发展的重要任务。在联合国的倡导和推动下，国际社会已经形成了一些全球和区域性的生态治理机制，采取了重建森林、防治荒漠化、保护湿地、拯救物种、应对气候变化等一系列重大行动。例如，1991年，美国公布了新的《国家安全战略报告》，首次将环境视为国家安全而写入新的国家安全战略。1997年，美国中央情报局成立“环境研究中心”，以维护国家生态安全、国家安全之需。日本也较早提出“环境安全关系国家安全”的观点，认为“只有在地球环境问题上发挥主导作用，才是日本为国际社会作贡献的主要内容”，并采取较为严格的保安林制度、治山事业和林地开发许可制度，作为生态安全的重要保障。此外，俄罗斯、欧盟等也把生态安全列入国家安全战略目标。由此可见，生态安全作为国家生存和发展的必要条件和基本保障，逐渐成为世界各国可持续发展的核心任务。同时，促进可持续发展和绿色增长成为全世界关注的焦点。

二、国内生态文明研究现状

20世纪90年代以来，国内学者开始关注生态文明的研究，他们的研究主要集中在三个方面：生态文明基本理论研究、生态文明建设评价指标体系研究、生态文明建设途径研究。

（一）生态文明基本理论

生态文明基础理论研究主要有概念、内涵、特征等内容。对生态文明概念内涵的研究包括了从时间角度来界定，认为生态文明是继工业文明之后的更进步的文明，是原始文明、农业文明、工业文明前后相继的社会整体状态文明。从要素的角度来确定，学者们认为生态文明与物质文明、政治文明、精神文明互相区别又互相联系，互为条件，不可分隔，共同构成了社会主义文明建设的完整体系。一方面生态文明创造的生态环境为物质文明、政治文明、精神文明提供不可或缺的生态基础；另一方面，物质文明、政治文明、精神文明又分别体现为生态文明的物质、精神、制度成果。刘延春（2004）认为，物质文明、政治文明、精神文明中，每一个都不能包容生态文明的全部内涵，生态文明可以与三个文明四位一体共同支撑起我国文明建设体系的大厦。

林业生态文明基础理论方面的研究也经历了一个较长的阶段。在农业文明时期，林业思想是农本思想的一部分。从20世纪初开始至20世纪80年代，发展林业的主要任务是生产木材，为工农业生产服务。从20世纪80年代开始，森林的生态效益在社会上得到空前重视，在学术界以黄秉维和汪振儒为代表，展开了一场关于森林作用问题的大辩论。此后，关于全面发挥森林生态、经济、社会效益的理论越来越多。1990年董智勇研究并论证了"生态林业"思想。1992年，雍文涛提出了"林业分工论"，其核心问题是通过专业化分工协作提高林业经营的效率。1998年沈国舫提出"现代高效持续林业"理论。2000年江泽慧提出"中国现代林业"理论，之后并在中国可持续发展林业战略研究中提出生态建设、生态安全、生态文明这一"三生态"林业发展理念。20世纪末21世纪初，国家陆续试点和启动了天然林保护、退耕还林等六大林业重点工程，林业呈现出跨越式发展的新局面。在我国生态文明建设的进程中，林业肩负着比以往任何时候都繁重的建设任务。2003年6月25日中共中央、国务院发出了《关于加快林业发展的决定》，确定了新世纪加快林业发展的指导思想和基本方针，我国林业生态建设迎来了前所未有的大好发展时期。2015年，中共中央、国务院《关于加快推进生态文明建设的意见》提出"协同推进新型工业化、城镇化、信息化、农业现代化和绿色化"的决策部署，广东省委、省政府认真贯彻落实，把绿色化作为广东永续发展战略，不断推动生产方式和生活方式绿色化，坚定不移走绿色发展、循环发展、低碳发展的路子。

（二）生态文明建设评价指标体系

构建生态文明水平评价体系，是生态文明建设中的研究重点。如宋林飞（2010）将森林覆盖率、工业废水排放达标率、城市人均公园绿地面积、生活垃圾无害化处理率、工业固体废物综合利用率等列为生态环境指标。江苏省张家港市《张家港生态文明建设规划大纲》的目标评估体系由生态意识文明、生态行为文明、生态制度文明、生态环境文明和生态人居文明等五大体系和32个要素构成。2008年10月贵阳市发布《贵阳市建设生态文明城市指标体系及检查方法》，该指标体系从生态经济、生态环境、民生改善、基础设施、生态文化、廉洁高效等6各方面共33项指标评价城市的生态文明建设水平。福建的《厦门市生态文明指标体系研究》是在国家环境保护总局制定的生态市建设指标体系的基础上，增加了一些环境保护指标，涵盖了在发展生态经济、改善生态环境、维护生态安全、提高生态意识和实行生态善治等方面的努力程度和实际成果。蒋小平在《河南省生态文明评价指标体系的构建研究》中，根据生态文明的内涵和本质特征，从总体结构上将生态文明评价分为三层，并以自然、生态环境、经济发展、社会进步四个方面建立评价子系统指标体系。杜宇等（2009）从自然、经济、社会、政治、文化五个角度设计出包括34个指标的生态文明建设评价指标框架来衡量人与自然、人与人、经济与社会之间的互动关系。张欢等（2013）从资源条件优越、生态环境健康、经济效率较高、社会稳步发展四个方面建立了20个评价指标对湖北省生态文明建设进行了评价。周命义（2012）从生态环境保护、林业经济发展和社会文化保护三个评价层次建立评价指标体系，对森林生态文明城市进行评价。严耕等（2013）从生态活力、环境质量、社会发展和协调程度四个方面提出了一个较为全面的评价指标体系，将2011年各省份生态文明建设类型划分为均衡发展型、社会发达型、生态优势型、相对均衡型、环境优势型和低度均衡型六大类型。刘薇(2014)从生态经济、生态环境、生态文化、生态制度四方面构建了北京市生态文明建设评价指标体系。

(三)生态文明建设途径

生态文明建设是一个复杂的系统工程，需要各个行业、各个环节的长期努力，学者们从不同的重点探索生态文明的建设。徐冬青(2013)总结西方发达国家生态建设的主要经验包括完善生态环保法律体系、运用环境政策措施、转型升级经济发展方式、依靠科学技术、提高公众参与等，并提出了我国生态文明建设的思路：确定天人合一的生态发展理念、转变新型经济发展方式、扭转消费模式、加大生态环境质量提升力度、完善体制机制等。陈建成等(2008)认为林业是森林生态文化的主要源泉和重要阵地，林业在生态文明建设中发挥着不可替代的作用，提出了林业生态文明建设的对策建议：建立完备的森林生态补偿体系；建立发达的林业产业体系；繁荣具有创意的森林文化体系；完善先进实用的林业科技支撑体系；建立科学的林业法规、政策制定与评估体系；强化林业工程建设的管理、监督与参与体系。章潜才等(2010)认为生态文明作为现代林业建设战略目标，林业生态文明建设必须采用当前各种新颖技术来促进和实现，并探讨了信息化技术在林业生态文明建设中的作用、手段等。楼国华(2008)提出了要推进林业创新创业建设生态文明，牢牢把握建设生态文明这一首要任务，强化推进生态建设的新举措；紧紧围绕兴林富民这一重要目标，拓展林农增收致富的新渠道；认真履行维护生态安全基本职责，落实加强资源保护新办法。陈绍志等(2014)提出林业生态文明建设应该从六个方面推进：理念上，强调尊重自然，人林和谐共荣，尊重一切生物的生存状态，倡导生态理性和系统谋划；目标上，助推“美丽中国”全新视镜的落地扎根，追求人的物质性、精神性、制度性福利的不断提升，林业资源可持续利用和环境权益不断增进；实践上，通过社会集体的组织化行动建设和保护好“三个生态系统、一个多样性”，彻底扭转生态恶化趋势，从根本上提高地球的生态承载力；时间上，推进现代林业来改变工业文明以来人们长期的生产生活方式，治愈中国30多年来经济增长奇迹背后的致命生态缺陷；地域上，构建生态安全格局，全面激活“山水林田湖”生命共同体命脉，提高应对全球气候变化的贡献度；制度上，强调顶层设计，严肃“红线制度”，将生态建设的基本制度和体制安排切实转化为政府的政治责任、依法治理机制和整个社会的基本义务分配。

三、广东生态文明研究现状

在对广东生态文明建设理论和实践探讨中，许桂灵等(2008)总结出广东生态文明建设中存在着理论建设滞后、产业结构不尽符合生态文明要求、落后文化现象大量存在、可持续发展战略需进一步强调和贯彻执行等问题，并提出开展生态文明理论教育、宣传和普及工作，建设合理的产业结构和布局，实行“绿色广东”的战略目标和行动等发展对策。麻国庆(2013)探索了广东岭南山地、珠江山地、珠江三角洲平原、河流以及海洋生态文明区构成的广东生态的四种类型，分析了它们与广府、潮汕、客家以及瑶、壮、畲等民族文化交叉所形成的各具特色的生态文明体系。在对珠江三角洲地区水生态文明建设的研究中，肖飞(2014)等提出了要搞好总体规划、突出建设重点、创新建设模式、强化法制手段等发展建议。在珠三角城镇生态文明建设中，存在着区域发展不协调、产业布局不合理、资源消耗过度等问题，针对这些问题，珠三角城镇生态文明建设要自主创新发展的总体思路、加快发展方式的转变、不断优化创新发展环境。此外，有学者还提出了“以生态文明建设撬动粤东西北发展”的研究课题、探索了韶关市生态文明建设等。

四、我国生态文明建设发展趋势

生态文明发展战略兼具理论和实践，是一个全新而宏大的研究课题。目前，各级政府及其相关职能部门也逐步重视，学术界也开始予以关注。但是，即使在政府文件或学术成果中有所出现，也只是术语或碎片表达而已。生态文明是衡量国家和民族文明程度的重要标志，如何发展建设生态文明，关系中国特色社会主义全局，关系中华文明创新和复兴。这不仅仅是一个学术性的问题，也是一个实践性的问题，且具有深远战略意义。

建设生态文明是深入贯彻落实科学发展观的内在要求。科学发展观作为统领我国经济社会发展全局的重大战略思想和指导方针，不是一般地要求我们保护自然环境、维护生态安全、实现可持续发展，而是把这些要求本身视为发展的基本要素，将经济社会发展与人口、资源、环境，人与自然、人与人、人与社会之间的关系纳入一个有机框架之下，通过发展来实现人与自然的和谐和人的全面发展，根本着眼点是用新的发展思路提高经济增长的质量和效益，实现我国经济社会的科学发展、可持续发展、又好又快发展。2005 年国务院发布的《关于落实科学发展观加强环境保护的决定》指出，要靠科技进步，发展循环经济，倡导生态文明，强化环境法治，完善监管体制，建立长效机制，建设资源节约型和环境友好型社会，努力让人民群众喝上干净的水、呼吸清洁的空气、吃上放心的食物，在良好的环境中生产生活。

生态文明建设是我国解决生态环境问题的必然选择。我国的基本国情是人口多、底子薄，资源相对不足、环境承载能力有限，又处于工业化、信息化、城镇化、市场化、国际化深入发展的历史进程。在这样的国情下，我国生态环境形势相当严峻，而造成这一严峻形势的因素复杂而深刻，包括粗放的经济增长方式、以煤为主的能源结构和重化工工业结构、巨大的人口规模和消费转型、全面快速的城市化、经济全球化以及对待自然的价值观等诸多经济社会文化原因。而且，这些因素在短期内难以改变，对资源环境的压力将继续加大。建设生态文明，才能从根本上协调人与自然、人与人的关系，彻底解决生态环境问题，达到标本兼治的目的。

纵观国内外，林业生态文明的研究发展趋势是：可持续发展将成为人类共同遵循的理念和追求的目标；森林经营理论已从传统的永续利用发展为可持续经营；防护林建设在改善生态环境中具有重要作用；城市森林建设已经成为生态化城市发展的重要内容；高新技术在林业中的广泛应用正加快传统林业向现代林业的转变。

第三节　广东林业生态文明研究概述

一、研究目的

1. 系统分析广东林业生态文明建设现状和发展潜力，为广东林业中长期发展规划提供依据

“十三五”时期，是广东省全面推进林业生态文明建设的战略时期，本研究系统分析了广东林业生态文明建设的现状、问题、机遇和潜力，立足省情林情，提出了广东省林业生态文明建设的发展理念、战略重点、实施途径和关键技术。其研究成果可为广东省林业“十三五”及中长期发展规划、各类林业专题规划的编制提供依据。

2. 实施主体功能区战略，进一步优化国土生态空间

本研究根据党的十八大“加快实施主体功能区战略”和《广东省主体功能区规划》要求，结合广东自然地理特征、社会经济差异性、社会生态需求及林业生态建设现状等，提出珠三角森林城市群建设区、粤北生态屏障建设区、粤东防护林建设区和粤西绿色产业基地建设区的区域空间建设布局。同时，提出构建广东北部连绵山体森林生态屏障体系、珠江水系等主要水源地森林生态安全体系、珠三角城市群森林绿地体系、道路林带与绿道网生态体系、沿海防护林生态安全体系五大森林生态安全体系的内容建设布局，明确功能定位、发展方向和建设重点，进一步优化国土生态空间。

3. 构建林业生态文明建设评估体系，完善林业发展成果考核机制

目前，林业系统已建立了多种长期监测森林、湿地、荒漠生态系统的监测、评估体系，各类数据为进一步完善生态补偿机制、推进绿色 GDP 核算、生态与环境成本的估算等奠定了基础。本研究从广东省情、林情出发，从林业生态安全、林业生态经济、林业生态文化、林业生态治理等四个维度构建省级林业生态文明建设评价指标体系，并对 21 个地级市 2013 年林业生态文明建设现状进行实证研究，为考核各级政府林业发展目标责任制提供科学依据。

4. 明确林业发展战略定位及建设重点，推动全国绿色生态第一省建设

本研究从广东省委省政府“三个定位、两个率先”的高度出发，梳理新中国成立以来广东林业的发展历程，分析未来经济社会发展对林业生态文明建设的需求，对广东林业生态文明建设的战略定位、发展目标、基本思路、重点领域及关键技术等进行了深入研究，为深入推进新一轮绿化广东大行动提供了建设方向。

二、研究意义

1. 拓展林业功能，发挥林业在生态文明建设中的主力军作用

林业的基本属性具有巨大的生态功能、经济功能、社会文化功能。在建设生态文明的伟大进程中，林业肩负着重大而特殊的历史使命，承担着建设森林生态系统、保护湿地生态系统、改善荒漠生态系统、维护生物多样性的重要职责。开展广东林业生态文明建设战略研究，可进一步拓展林业功能，如林业开发可再生的生物质能源、木本粮油、生物基质等产品，具有广阔的市场需求和新的经济效益；林业为人们提供良好的生态环境，促进身体健康，提高人民生活幸福指数，保障了生态安全、国土安全及社会安定；林业建设不仅为社会就业提供大量岗位，也为美丽中国宏伟目标的实现、促进社会进步作出新贡献；森林景观建设为弘扬生态文化、普及生态知识、传播生态理念、推进生态文明建设提供了载体等，从而发挥林业在广东生态文明建设中的主力军作用。

2. 提升林业生态建设水平，维护区域生态安全

广东是各种自然灾害的常发区和多发区，全国44种主要自然灾害中，广东占40种。同时广东也是我国大陆经济发展最快的地区，人类活动带来的环境影响和生态问题日益加剧，由此产生的生态灾害影响已日益明显，不仅严重破坏自然生态和生存环境，同时也严重影响经济建设和社会发展。进入20世纪90年代，广东因灾损失每年超过100亿元，比50年代年均损失多几倍，当前生态恶化已成为影响可持续发展的突出问题。开展广东林业生态文明建设战略研究，通过全面深化林业改革，创新林业体制机制，提升林业生态建设水平，维护区域生态安全。

3. 增强生态产品生产能力，发展绿色低碳经济

随着广东经济社会的发展和人居生活水平的提升，公众对环境质量、生态安全、生存健康的关注越来越高，逐步从“求温饱”转向“盼环保”，从“谋生计”转向“要生态”。2013年，全省林业用地面积1096.7万hm^2，其中疏林地、灌木林地、未成林地和无林地共111.27万hm^2，利用率和生产力都还很低，开发潜力巨大。开展林业生态文明建设战略研究，建设和保护好林地、湿地、沙地及森林植被，充分发挥它们的生态、经济和社会效益，为社会提供更多更好的林产品、生态产品和生态文化产品，大力发展绿色低碳经济，推动经济社会走上可持续发展之路。

4. 加快绿色生态第一省建设，打造美丽幸福广东

林业是自然资源、生态景观、生物多样性的集大成者，拥有大自然中最美的色调，是美丽广东的核心元素。通过开展广东林业生态文明建设战略研究，确立广东林业发展方向和建设重点，大力推进新一轮绿化广东大行动，着力构建林业生态安全体系、林业生态经济体系、林业生态文化体系和林业生态治理体系，推动全省造林绿化从单纯追求数量向注重数量和质量并重转变，打造多层次、多色彩、高标准、高质量的森林景观，努力建设全国绿色生态第一省，为建设美丽幸福广东增色添彩。

5. 大力弘扬和发展生态文化，促进形成人与自然和谐的生态文明发展模式

森林是人类文明的发源地，孕育了灿烂悠久、丰富多样的生态文化，如森林文化、花文化、竹文化、茶文化、湿地文化、野生动物文化、生态旅游文化等，这些文化集中反映了人类热爱自然、与自然和谐相处的共同价值观。开展林业生态文明建设战略研究，努力构建主题突出、内容丰富、贴近生活、富有感染力的生态文化体系；大力弘扬和发展生态文化，引领全社会了解生态知识，认识自然规律，树立人与自然和谐的价值观，形成绿色低碳、文明健康的生活方式和消费模式；引导政府部门的决策行为，使政府的决策有利于促进人与自然和谐，从而推动形成绿色发展、循环发展、低碳发展的文明发展模式。

三、研究内容

本研究围绕“美丽广东”和“绿色生态第一省建设”等理念，从广东林业生态文明建设中长期发展的战略高度，在深入分析国内外，尤其是广东林业生态文明建设实践的基础上，对广东林业生态文明建设的重大问题和关键领域进行研究。主要研究内容如下：

1. 林业生态文明建设现状分析评价

全面分析广东“十二五”时期林业生态安全体系、生态产业体系、生态文化体系和支撑保障体系的建设成效，剖析影响全省林业发展的主要问题，对森林资源、湿地资源、林业产业发展等进行纵向和横向比较，对全省林业生态文明建设现状进行综合评价。

2. 林业发展战略定位研究

本研究从广东省委省政府“三个定位、两个率先”的高度出发，梳理建国以来广东林业的发展历程，分析未来经济社会发展对林业生态文明建设的需求，对广东林业生态文明建设的战略定位、发展目标、基本思路等进行重点研究。

3. 评价指标体系研究

科学构建生态文明指标体系、进行生态文明评价是测量生态文明状态、考核生态文明建设绩效和对生态系统健康进行预警的重要实践内容。本研究从广东省情、林情出发，从林业生态安全、林业生态经济、林业生态文化、林业生态治理等四个维度构建省级林业生态文明建设评价指标体系，并对21个地级市2013年林业生态文明建设现状进行实证研究。

4. 生态空间优化研究

根据广东自然地理特征、社会经济差异性、社会生态需求及林业生态建设现状，科学构建广东省国土生态空间布局体系。按照珠三角森林城市群建设区、粤北生态屏障建设区、粤东防护林建设区和粤西绿色产业基地建设区的区域布局进行重点建设。同时，提出构建广东北部连绵山体森林生态屏障体系、珠江水系等主要水源地森林生态安全体系、珠三角城市群森林绿地体系、道路林带与绿道网生态体系、沿海防护林生态安全体系等五大森林生态安全体系，稳固生态基础、丰富生态内涵、增加生态容量，为全省生态文明建设提供安全保障。

5. 战略途径研究

在生态建设的长期实践中，林业生态建设逐步上升为党和国家的重大战略，为生态文明理念的形成做出了积极贡献。本研究根据广东省委、省政府建设全国绿色生态第一省的总体要求，提出按照林业生态安全体系、林业生态经济体系、林业生态文化体系、林业生态治理体系等四大战略途径进行具体建设，努力为广东社会经济提供生态支撑。

6. 重点建设领域及关键技术研究

根据广东经济社会可持续发展的需求，以改善生态改善民生为总任务，以全面深化改革为总动力，对林业生态红线保护管理、生态屏障带建设、珠江水系水源涵养林建设、沿海防护林及红树林建设、人居森林环境建设、生物多样性保护、湿地保护与修复、绿色产业基地建设、林业灾害防控能力建设、林业生态文化宣教能力建设、林业改革创新和智慧林业建设等重点建设领域进行专题研究，提出具体的建设内容和关键技术措施。

四、研究技术路线

1. 专题调研

收集国内外林业生态文明建设的相关资料和文献，对自然地理特征、社会经济发展特点、森林资源与生态状况、湿地资源保护与发展等展开专题调研，同时对生态安全体系、生态产业体系、生态文化体系和支撑保障体系建设现状进行了评价。

2. 问题诊断与分析

根据经济社会发展对林业生态文明的需求分析，对全省林业生态文明建设现状与成效进行了综合评价，剖析目前存在的问题与发展潜力，找准广东林业生态文明建设的发展方向。

3. 发展战略研究

从广东省的实际出发，参照国际国内林业生态文明的建设实践，提出广东林业生态文明建设的发展理念、战略目标、空间布局、指标体系等，为推进生态文明和美丽广东建设提供生态支撑。

4. 建设途径研究

在发展战略研究基础上，提出广东林业生态文明建设途径，即按照林业生态安全体系、林业生态经济体系、林业生态文化体系、林业生态治理体系等进行具体建设思路，同时对林业生态红线保护管理、生态屏障带建设、珠江水系水源涵养林建设、沿海防护林及红树林建设、人居森林环境建设、生物多样性保护、湿地保护与修复、绿色产业基地建设、林业灾害防控能力建设、林业生态文化宣教能力建设、林业改革创新、智慧林业建设等11项重点领域提出具体建设内容，对林业生态红线划定技术、生态景观林带建设技术、智慧林业建设技术及林下经济发展模式等关键技术进行研究(图1-1)。

5. 研究成果应用

根据广东生态文明建设林业发展战略研究成果，编制《广东省林业“十三五”规划基本思路》和《珠三角地区生态安全体系一体化规划思路》。

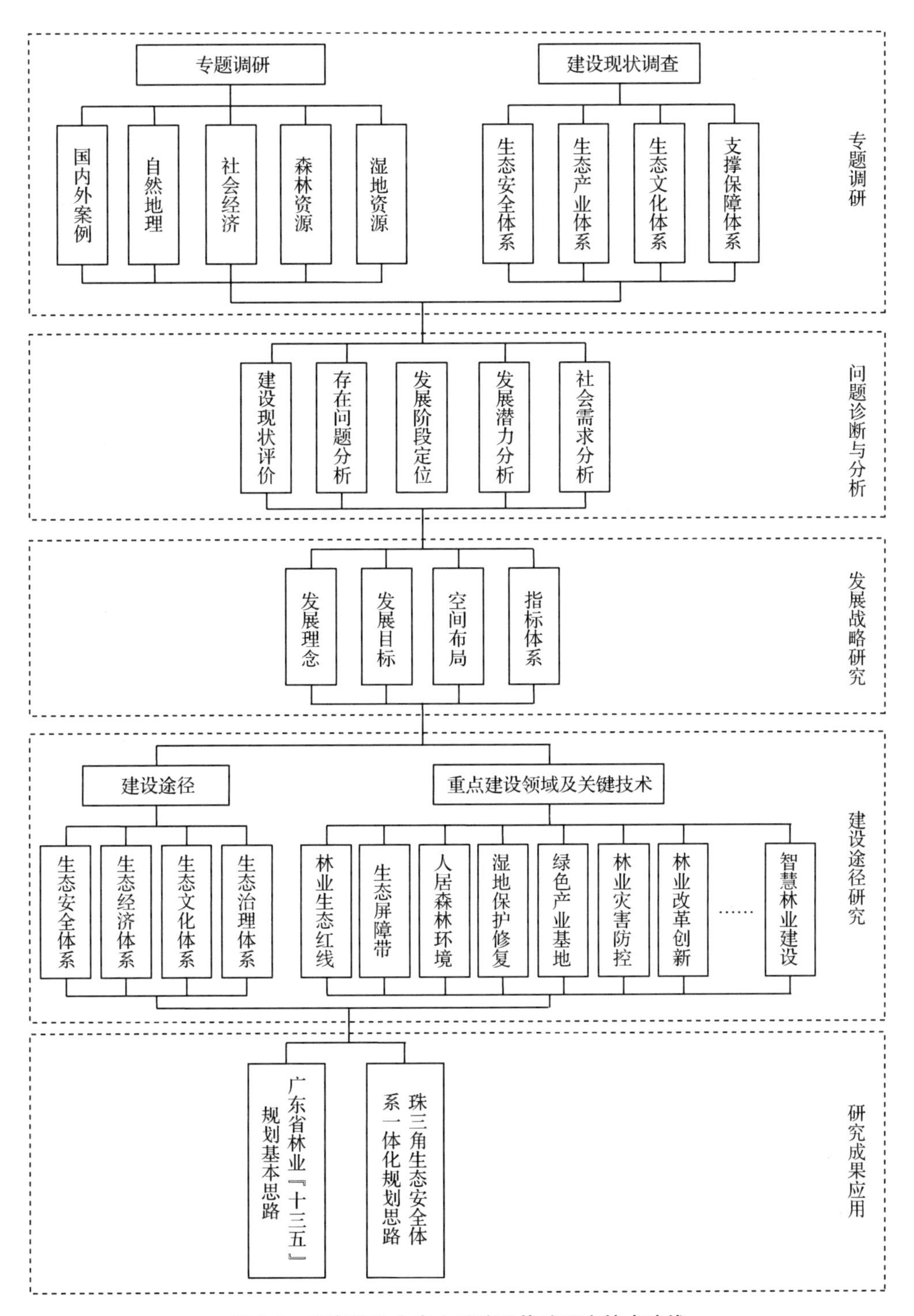

图 1-1　广东林业生态文明建设战略研究技术路线

第二章

广东林业生态文明理论基础及评价方法

第一节　理论基础

一、系统论

系统思想起源很早，系统论最早由理论生物学家贝塔朗菲(L. V. Bertalanfy，1910～1971)创立。1932年贝塔朗菲提出了“开放系统理论”成为系统论的主要理论支柱之一。1937年贝塔朗菲又提出了一般系统论原理，从而奠定了这门科学的理论基础。1952年贝塔朗菲在先前研究的基础上提出并发表了“抗体系统论”，对系统论的思想进行了再论述。1968年贝塔朗菲出版的专著《一般系统论：基础、发展和应用》(General System Theory：Foundations，Development，Applications)被公认为是系统科学的代表作，也奠定了系统论的学术地位。

不同的学科和领域对系统具有不同的定义。恩格斯认为“世界不是既成事物的集合体，而是事实过程的集合体”。“集合体”即系统，而“过程”即系统内部各要素、层级之间的相互作用，以及整体过程的发展变化。黑格尔提出“真理的要素是概念，真理的真实形态是科学系统，而且只有作为系统时才是现实的”。贝塔朗菲指出“系统是处于一定相互联系中的与环境发生关系的各种组成成分的总体”，或者是“处于相互作用中的诸要素的复合体”，后者更具有普适性。钱学森把极其复杂的研究对象称之为“系统”，认为系统是“由相互作用和相互依赖的若干组成部分结合成具有特定功能的有机整体，而且这个系统本身又是它们从属的更大系统的组成部分”。

系统论将整体作为研究对象，研究系统内部诸要素之间的结构、法则、功能与行为之间存在内在联系以及系统与外部环境之间的联系和表现的科学。系统作为一个多层次多要素开放的复杂系统，具有整体性、结构性、层次性、功能性、相关性、有序性、稳定性、动态性和开放性等特征。系统整体与组成要素之间、要素与要素之间，存在着相互依赖、相互作用、相互制约的关系，系统发展和运动规律的描述都需要运用系统论的整体性和层次性、结构性和功能性、运动性和静止性、作用和反作用、系统和环境、现状和目标等原理及方法，把各要素和系统的功能有机地综合，使它们相互协调、减少内部抑制、增大相互增益，以实现系统整体功能的最优化，这也正符合生态文明建设所要求的综合效益最大的目标。因此，以系统论为指导，运用系统管理方法，开展林业生态文明建设，使林业生态文明建设与社会大系统经济运行发展规律相适应并协调发展。

二、可持续发展理论

可持续发展观是人们在反思传统工业模式，破解经济发展与环境保护、资源短缺矛盾的难题，探索新型发展模式过程中逐步产生与形成。1987 年世界环境与发展委员会发表了《我们共同的未来》(*Our Common Future*)揭示了环境与发展的相互关系，即“传统意义上的发展会导致环境资源的破坏以致衰竭；反过来，环境的退化又限制了经济的发展”，并第一次阐述了可持续发展(sustainable development)的概念，即“满足当代人的需要，又不对后代人满足其需要的能力构成危害的发展”。

可持续发展既包括人类的可持续发展也包含自然的可持续发展，一方面，没有自然生态系统的可持续发展，就难以实现人类的可持续发展。另一方面，自然生态系统虽然可以离开人类而独立的发展，但是自从出现人类以后，自然生态系统就难以独善其身、独立发展与进化了，所以如果没有人类的可持续发展，自然生态系统也就更难以达到可持续发展状态。因此，可持续发展强调人与自然的协调共生，要求人类必须建立新的道德观念和价值标准，学会尊重自然、师法自然、保护自然，与自然和谐相处。也就是要说，人类的可持续发展与自然生态系统持续平衡、稳定和进化相互制约、互为条件、相互促进，在相互作用中的共同发展。

三、生态学理论

1866 年，德国科学家海克尔(E. Haeckel，1834 ~ 1919)首次提出了生态学(ecology)一词，并定义为“研究有机体与环境间相互关系的科学”。1909 年，德国植物生态学家瓦尔明(E. Warming，1845 ~ 1923)指出：“生态学是研究植物生活的外在因子及其对植物结构、生命延续时间、分布和其他生物关系之影响”。1966 年，英国生物学家史密斯(A. M. Smith)认为生态学是“研究有机体和生活地之间相互关系的学科”。美国著名生态学家奥德姆(E. P. Odum，1913 ~ 2002)认为生态学是研究生态系统的结构和功能的科学。20 世纪 80 年代，我国生态学家马世骏根据系统科学的思想提出生态学是研究生命系统和环境系统相互关系的科学。简而言之，生态学是研究生物及其环境相互关系的科学。

生态学就是从环境如何支持和影响生物的生存与延续、生物又如何适应环境以求得生存与发展以及反过来影响环境变化的过程和机理。从德国科学家 E. Haeckel 提出生态学概念以来，人们对生态学进行了大量富有成效的工作，使生态学迅速完善起来形成一门成熟理论。以前作为生物学分支的生态学已经从生物学分离出来成为一门相对独立的基础学科，并向其他许多学科渗透，形成了大量的分支学科和交叉学科。特别是把传统的生态学研究领域定位为生物和环境的关系扩展到人类与环境的关系，生态学就愈加迅速地向以人和人类社会为研究对象的许多人文学科和社会学科渗透和结合。生态学家费·迪卡斯雷特指出：“把人和自然界相互作用的演变作为统一课题来研究，才算开始找到生态学的真正归宿”。国内著名生态学家马世骏和王如松(1984)提出了“社会－经济－自然复合生态系统”的概念，生态学理论和生态学思想直接指导生态文明建设，实践表明生态学中的许多理论与思想，不仅对生物本身有意义，对人类社会也是如此。

第二节　评价方法

林业生态文明指标体系是对林业生态文明建设进行准确评价、科学规划、定量考核和具体实施的依据，目的是为了客观、准确评价人与自然的和谐程度及其文明水平，为正确决策、科学规划、定量管理和具体实施等提供科学依据。只有建立科学的林业生态文明的指标体系，才能进入林业生态文明建设实际的操作层面。林业生态文明指标体系的建立是林业生态文明建设的核心内容，不仅为资源、环境和发展的协调程度提供了评价工具，而且起到了一种导向作用。林业生态文明指标筛选采用德尔菲方法进行，指标的权重采用层次分析方法进行，指标的无量纲化处理采用可能满意度方法进行。

一、德尔菲方法

德尔菲(Delphi)方法是在专家个人判断和专家会议方法的基础上发展起来的一种新型直观定性评价方法。美国兰德公司在20世纪50年代与道格拉斯公司协作，研究如何通过

表 2-1　广东林业生态文明建设评价指标

评价指标	一级指标	二级指标
生态文明建设 A	生态安全 B_1	人均林地面积 C_1
		人均湿地面积 C_2
		人均森林蓄积量 C_3
		人均森林碳汇 C_4
		森林覆盖率 C_5
		生态公益林比例 C_6
		自然保护区面积占国土面积比例 C_7
		森林自然度 C_8
		林业重点生态工程综合成效分数 C_9
	生态经济 B_2	人均林业产值 C_{10}
		林业产值占当地 GDP 的比重 C_{11}
		林业第三产业比重 C_{12}
		人均森林生态服务功能年价值量 C_{13}
		森林单位面积蓄积量 C_{14}
	生态文化 B_3	城区绿化覆盖率 C_{15}
		城区人均公园绿地面积 C_{16}
		村屯林木绿化覆盖率 C_{17}
		古树名木保护率 C_{18}
		人均义务植树 C_{19}
	生态支撑 B_4	森林火灾面积占森林面积比例 C_{20}
		人均管理林地面积 C_{21}
		苗木生产供应能力 C_{22}

有控制的反馈更为可靠地收集专家意见的方法，于60年代初期提出了德尔菲法，曾经应用于军事评价，现在广泛应用于技术评价、项目评价、方案评价等。德尔菲法是采用函询调查，对与所评价问题有关的领域的专家分别提出问题，而后将他们回答的意见综合、整理、反馈。这样经过三到四轮反复循环，得到一个意见基本趋于一致的且可靠性也较大的意见，加以统计归纳得到较为满意的评价结果。德尔菲法与一般专家调查法相比，具有如下3个特点：①匿名性；②反馈性；③数理性。林业生态文明评价指标众多，本项研究主要采用德尔菲法集中专家智慧筛选出广东林业生态文明建设评价4个一级指标22个二级指标(表2-1)。

二、层次分析方法

层次分析法(Analytical Hierachy Process，简称*AHP*方法)，是美国运筹学家萨蒂(T. L. Saaty) 1973年提出的。层次分析法是一种定性分析和定量分析相结合的多目标评价决策方法，它将评价者对复杂系统的评价思维过程数学化。其基本思路是评价者通过将复杂问题分解为若干层次和若干要素，并在同一层次的各要素之间简单地进行比较、判断和计算，就可得出不同替代方案的重要度，从而为选择最优方案提供评价决策依据。层次分析法的特点是：能将人们的思维过程数学化、系统化，便于人们接受，所需定量数据信息较少。

首先假设有n个指标，其真实重要程度为w_1，w_2，……，w_n，通过专家对两两指标重要程度进行相对比较得到一个重量比矩阵A

$$A=\begin{bmatrix} \frac{w_1}{w_1} & \frac{w_1}{w_2} & \cdots\cdots & \frac{w_1}{w_n} \\ \frac{w_2}{w_1} & \frac{w_2}{w_2} & \cdots\cdots & \frac{w_2}{w_n} \\ \cdots\cdots & \cdots\cdots & \cdots\cdots & \cdots\cdots \\ \frac{w_n}{w_1} & \frac{w_n}{w_2} & \cdots\cdots & \frac{w_n}{w_n} \end{bmatrix}$$

利用求重量比判断矩阵A的特征向量方法求得评价指标重量向量$W=[w_1 \quad w_2 \quad \cdots \quad w_n]'$

如果A是精确比值矩阵，则其特征值$\lambda_{max}=n$，即$A\times W=\lambda_{max}\times W$

但一般情况下A是近似值，故有$\lambda_{max}\geqslant n$，因此可以用λ_{max}与n的误差来判断A的准确性。

其次进行层次单排序与一致性检验，理论上讲，对以某个上级要素为准则所评价的同级要素之相对重要程度可以由计算比较矩阵A的特征值获得。但因其计算方法较为复杂，而且实际上只能获得对A粗略的估计(从评价值的尺度上可以看到这一点)，因此计算其精确特征值是没有必要的。实践中可以采用求和法或求根法来计算特征值的近似值。

求和法计算过程为：

(1)将矩阵按列归一化处理(即使列的和为1)：$b_{ij}=\dfrac{a_{ij}}{\sum_i a_{ij}}$

(2)按行求和：$v_i = \sum_j b_{ij}$

(3)归一化：$w_i = \frac{v_i}{\sum_i v_i}$

求根法计算过程为：

(1)将矩阵按行求方根：$v_i = \sqrt[n]{\prod_j a_{ij}}$

(2)归一化：$w_i = \frac{v_i}{\sum_i v_i}$

其中：i，$j=1$，2，……，n

所得 w_i 即为 A 的特征向量的近似值。

一致性检验：在实际评价中评价者只能对 A 进行粗略判断，甚至有时会犯不一致的错误，如已判断 w_1 比 w_2 重要，w_2 比 w_3 较重要，那么，w_1 应当比 w_3 更重要。如果判断 w_3 比 w_1 较重要、或者同样重要就犯了逻辑错误。为了检验判断矩阵的一致性(相容性)，根据 AHP 的原理，可以利用 λ_{max}与 n 之差检验一致性。

计算一致性指标：$C.I. = \frac{\lambda_{max} - n}{n-1}$

其中：$\lambda_{max} = \frac{1}{n}\sum_i \frac{(AW)_i}{W_i}$，或 $\lambda_{max} = \max_i\left(\lambda_i = \frac{(AW)_i}{W_i}\right) \quad i = 1,2,\cdots\cdots,n$

显然，随着 n 的增加判断误差就会增加，因此判断一致性时应当考虑到 n 的影响，使用随机性一致性比值 $C.R. = \frac{C.I.}{R.I.}$

式中 $R.I.$ 为平均随机一致性指标。表 2-2 是 500 样本平均值。

表 2-2　平均随机一致性指标

阶数	3	4	5	6	7	8	9	10	11	12	13	14	15
R. I.	0.52	0.89	1.12	1.26	1.36	1.41	1.46	1.49	1.52	1.54	1.56	1.58	1.59

当 $C.R. < 0.1$ 时，判断矩阵的一致性是可以接受的。

最后进行层次总排序及一致性检验：通过综合重要度的计算，对各种方案要素进行排序，从而为决策提供依据。

在分层获得了同层各要素之间的相对重要程度后，就可以自上而下地计算各级要素关于总体的综合重要度。设 C 级有 m 个要素。C_1，C_2，……，C_m，其对总值的重要度为 W_1，W_2，……，W_m；它的下级有 n 个要素 P_1，P_2，……，P_n，P_i 关于 C_j 的相对重要度为 V_{ij}，则 P 级的要素 P_i 的综合重要度计算如表 2-3。

为评价层次总排序计算结果的一致性如何，需要计算与层次单排序类似的检验量。与层次单排序的一致性检验一样，这一步骤也是从高到低逐层进行的。

计算层次总排序一致性指标为：$\mathrm{CI} = \sum_{j=1}^{m} W_j CI_j$

计算层次总排序随机一致性指标为：$\mathrm{RI} = \sum_{j=1}^{m} W_j RI_j$

表 2-3　综合重要度计算

	C_1 W_1	C_2 W_2	…… ……	C_m W_m	W'_i
P_1	V_{11}	V_{12}	……	V_{1m}	$W'_1 = \sum_{j=1}^{m} W_j V_{1j}$
P_2	V_{21}	V_{22}	……	V_{2m}	$W'_2 = \sum_{j=1}^{m} W_j V_{2j}$
……	……	……	……	……	……
P_n	V_{n1}	V_{n2}	……	V_{nm}	$W'_n = \sum_{j=1}^{m} W_j V_{nj}$

计算层次总排序随机一致性比例为：$CR = \frac{CI}{RI}$

本项研究主要采用层次分析法对德尔菲法筛选出的广东林业生态文明建设评价 4 个一级指标和 22 个二级指标的权重进行计算，见表 2-4、2-5。

表 2-4　判断矩阵、层次单排序和一致性检验一览

A	B_1	B_2	B_3	B_4						求和法	W	AW	λmax	CI	CR
B_1											0. 40				
B_2											0. 25				
B_3											0. 20				
B_4											0. 15				
B_1	C_1	C_2	C_3	C_4	C_5	C_6	C_7	C_8	C_9	求和法	W	AW	λmax	CI	CR
C_1															
C_2															
C_3															
C_4															
C_5															
C_6															
C_7															
C_8															
C_9															
B_2	C_{10}	C_{11}	C_{12}	C_{13}	C_{14}					求和法	W	AW	λmax	CI	CR
C_{10}															
C_{11}															
C_{12}															
C_{13}															
C_{14}															
B_3	C_{15}	C_{16}	C_{17}	C_{18}	C_{19}					求和法	W	AW	λmax	CI	CR
C_{15}															
C_{16}															
C_{17}															
C_{18}															
C_{19}															
B_4	C_{20}	C_{21}	C_{22}							求和法	W	AW	λmax	CI	CR
C_{20}															
C_{21}															
C_{22}															

表 2-5 综合重要度计算一览

A	B_1	B_2	B_3	B_4	
W	0.40	0.25	0.20	0.15	
C_1		—	—	—	0.05
C_2		—	—	—	0.05
C_3		—	—	—	0.04
C_4		—	—	—	0.04
C_5		—	—	—	0.05
C_6		—	—	—	0.04
C_7		—	—	—	0.04
C_8		—	—	—	0.04
C_9		—	—	—	0.05
C_{10}	—		—	—	0.06
C_{11}	—		—	—	0.06
C_{12}	—		—	—	0.03
C_{13}	—		—	—	0.06
C_{14}	—		—	—	0.04
C_{15}	—		—	—	0.06
C_{16}	—	—		—	0.04
C_{17}	—	—		—	0.05
C_{18}	—	—		—	0.02
C_{19}	—	—		—	0.03
C_{20}	—	—	—		0.06
C_{21}	—	—	—		0.04
C_{22}	—	—	—		0.05
CR					

从表 2-4、2-5 中可以知道，层次总排序具有满意一致性。

三、可能满意度方法

可能满意度方法是从各个评价指标的可能性及满意程度角度进行评价的。在评价指标体系中，有些指标用可能性评价，有些指标用满意度评价，也有二者兼用的指标。此法实际上有两个要求：①要定出指标可能或满意的范围，即可能度的最高与最低点或满意度的最大与最小点；②评出具体指标在这些指标上能达到的可能度和满意度。

如果一个指标肯定能够达到，就是说它实现的可能度最大，给以定量记述：$P=1$。如果一项指标肯定达不到，即没有可能度，这时可记为 $P=0$。这是两个极端情况。在一般情况下，P 在 0 ~ 1 之间。当可能度的变化是线性时，可用图 2-1 说明。

$$P(r)=\begin{cases}1 \leqslant r_A \\ \dfrac{r-r_B}{r_A-r_B} r_A < r < r_B \\ 0 \quad r \geqslant r_B\end{cases}$$

式中，r 表示某种可能性指标。

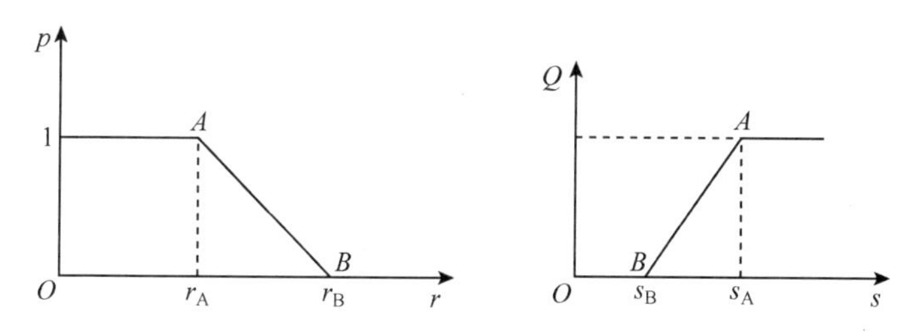

图 2-1　可能满意度指标变化关系

对于正向指标，如越大越可能实现的指标，即 $r\to$大，$P\to$大；对于负向指标，如越小越可能实现的指标，即 $r\to$大，则 $P\to$小，这时图象方向相反，如图 2-1。对于满意度可作类似推导。当完全满意时，记满意度 $Q=1$，当完全不满意时，记 $Q=0$。一般满意度 Q 在 0 ~ 1 之间变化。图 2-1 中的 s 为用满意度表达的某种评价指标。

系统评价需要对评价指标进行数据无量纲化处理，本项研究用可能满意度方法给出。

第三章 广东林业生态文明建设现状及问题分析

第一节　自然地理及社会经济特征

一、自然地理

从广东省自然地理空间分布特点来看，北部连绵山体是全省最重要的生态屏障区，也是全省主要河流水系的水源汇集区；中部的河网平原地区是全省城市群、城镇群较为集中的地区，面临资源环境挑战最突出；南部沿海地区受台风影响较为频繁，林地瘠薄，是生态重要性地区和典型的生态脆弱区。林业生态文明建设以山地森林为核心，同时结合大四江（即东江、西江、北江、韩江）、小四江（即鉴江、漠阳江、练江、榕江）等主要水系，沿海海岸线，高速公路、铁路等主干道路和绿道网绿化，完善道路、水系、农田、沿海防护林网，建成遍及整个省域的森林生态网络体系，为广东经济社会可持续发展提供长期稳定的生态支撑。

1. 地理位置

广东省位于祖国大陆最南部，地处北纬20°09′～25°31′和东经109°45′～117°20′之间。陆域东邻福建，北接江西、湖南，西连广西，南临南海并在珠江三角洲东西两侧分别与香港、澳门特别行政区接壤，西南部隔琼州海峡与海南省相望，北回归线从南澳—从化—封开一线横贯全省。陆地面积为17.95万km^2，约占全国的1.85%；其中岛屿面积1592.7km^2，约占全省陆地面积的0.89%。全省沿海共有面积500m^2以上的岛屿759个，数量仅次于浙江、福建两省，居全国第3位。全省大陆岸线长3368.1km，居全国第一位。

2. 地形地貌

广东省自然地貌因在历次地壳运动中，受褶皱、断裂和岩浆活动的影响，山地、丘陵、台地、平原交错，地貌类型复杂多样。山地、丘陵105 362.8km^2，占全省国土面积的58.6%，集中分布于粤北、粤东和粤西地区。全省最高峰石坑崆，地处粤北韶关市，海拔1902m。台地分布较广，以雷州半岛—电白—阳江一带和海丰—潮阳一带分布较多，海拔一般不超过80m，坡度小于10°，虽然地势开阔平坦，但土壤相对贫瘠。全省平原包括河谷冲积平原和三角洲平原2种类型，其中：河谷冲积平原有北江的英德平原，东江的惠阳平原，粤东的榕江平原、练江平原，粤中的潭江平原，粤西的鉴江平原、漠阳江平原和九洲江平原；三角洲平原中，珠江三角洲平原面积最大，达86 001.1km^2，其次是潮汕平原，面积达4700km^2(表3-1)。

表3-1 广东陆地地貌结构类型

地貌	山地	丘陵	台地	平原	河流、湖泊	合计
面积(km^2)	60592.6	44770.2	25531.6	39016.6	9886.0	179500.0
比例(%)	33.7	24.9	14.2	21.7	5.5	100.0

注：不包括部分岛屿面积。

3. 气候条件

广东省属于东亚季风区，从北向南分别为中亚热带、南亚热带和热带气候，是全国光、热和水资源最丰富的地区之一。从北向南，年平均日照时数由不足1500h增加到2300h以上，年太阳总辐射量在4200～5400MJ/m^{2}之间，年平均气温约为19～24℃。全省平均日照时数为1745.8h，年平均气温22.3℃。1月平均气温约为16～19℃，7月平均气温约为28～29℃。广东降水充沛，年平均降水量在1300～2500mm之间，全省平均为1777mm。降雨的空间分布基本上也呈南高北低的趋势。受地形影响，在有利于水汽抬升形成降水的山地迎风坡有恩平、海丰和清远3个多雨中心，年平均降水量均大于2200mm；在背风坡的罗定盆地、兴梅盆地和沿海的雷州半岛、潮汕平原少雨区，年平均降水量小于1400mm。降水的年内分配不均，4～9月的汛期降水占全年的80%以上；年际变化也较大，多雨年降水量为少雨年的2倍以上。洪涝和干旱灾害经常发生，台风的影响也较为频繁。春季的低温阴雨、秋季的寒露风和秋末至春初的寒潮和霜冻，也是广东多发的灾害性天气(表3-2)。

表3-2 广东气候带和气候区的划分

序号	气候带	主要指标	气候区	主要指标水热系数
Ⅰ	热带季风气候带	日均温≥10℃积温8200℃以上，最冷月平均气温>15℃	$Ⅰ_C$ 雷州半岛半湿润气候区	1.6～2.0
			$Ⅰ_B$ 粤西湿润气候区	2.1～2.5
Ⅱ	南亚热带季风气候区	日均温≥10℃积温7500～8200℃，最冷月平均气温12～15℃	$Ⅱ_{A1}$ 粤中潮湿气候区	>2.6
			$Ⅱ_{A2}$ 两阳潮湿气候区	>2.6
			$Ⅱ_{A3}$ 海陆丰潮湿气候区	>2.6
			$Ⅱ_B$ 粤东粤中湿润气候区	2.1～2.5
			$Ⅱ_{C1}$ 粤东沿海半湿润气候区	1.6～2.0
			$Ⅱ_{C2}$ 罗定盆地—西江河谷半湿润区	1.6～2.0
Ⅲ	中亚热带季风气候带	日均温≥10℃积温<7500℃，最冷月平均气温9～11.9℃	$Ⅲ_A$ 粤北南部潮湿气候区	2.1～2.5
			$Ⅲ_{C1}$ 粤北湿润气候区	1.6～2.0
			$Ⅲ_{C2}$ 兴梅半湿润气候区	1.6～2.0

4. 土壤条件

在《全国土壤分类系统》中，广东占6个土纲，15个土类，而且地带性、非地带性及垂直分布相互交错。广东土壤在热带、亚热带季风气候条件和生物生长因子的长期作用下，普遍呈酸性反应，pH 值在 4.5～6.5 之间。成土母岩除雷州半岛为玄武岩外，大部分地区均为酸性岩类。花岗岩分布广泛，此外还有石英岩、砂页岩、紫色页岩和近代河海沉积物等。

全省土壤大致可以分为 6 个区，其中以粤东山丘盆地赤红壤、黄壤、水稻土区和粤北山丘盆地赤红壤、黄壤、水稻土区面积较大，分别占 26.28% 和 20.84%。全省地理区划见表 3-3。

表 3-3　广东省土壤地理分区

序号	分　区	面积(万 hm^2)	百分比(%)
Ⅰ	粤北山地丘陵红壤、黄壤、水稻土区	371.26	20.84
Ⅱ	粤东山丘盆地赤红壤、黄壤、水稻土区	468.59	26.28
Ⅲ	粤东滨海丘陵台地赤红壤、滨海沙土、水稻土区	205.29	11.5
Ⅳ	珠江三角洲及其临近地区平原低丘水稻土、堆叠土、赤红壤区	223.57	12.54
Ⅴ	粤西北山地丘陵，赤红壤、黄壤、水稻土，以林为主，林、农并重地区	382.27	21.44
Ⅵ	粤西台地平原，砖红壤、赤土田，以农为主，农、热带作物、果并重地区	131.66	7.38

5. 水文条件

(1)河流资源。全省河流众多，水量丰富，河流水网发达，主要有珠江水系的东江、北江、西江和珠三角洲水系，其次为粤东、粤西沿海，集雨面积在 100km^2 以上的各级干、支流 542 条(其中集雨面积 1000km^2 以上的有 62 条)，其中独流入海的有 54 条。年均河川径流量约为 1800 亿 m^3。过境水量年平均 2330 亿 m^3，合计广东省径流域量为 4130 亿 m^3。珠江是西江、北江、东江合流后的总称，在省内流域 11.1 万 km^2，占全省面积的 62.4%，省内干流长 408km。其他主要河流有韩江、榕江、漠阳江、鉴江、潭江等。

(2)水资源。全省水资源丰富，年均径流 1012mm，河川径流总量 1819 亿 m^3；加上邻省从西江和韩江等流入广东的客水量 2330 亿 m^3，深层地下水 60 亿 m^3，可供开采的人均水资源占有量达 4735 m^3，高于全国平均水平。据统计，全省共建成水库 6845 座。其中：大型水库 33 座，库容 280.5 亿 m^3；中型水库 284 座，库容 80.4 亿 m^3；小型水库 6538 宗，总库容约 57.6 亿 m^3。

(3)水资源特征。全省水资源时空分布不均，夏秋易洪涝，冬春常干旱。沿海台地和低丘陵区不利蓄水，缺水现象突出，以粤西的雷州半岛最为典型；粤北地区的喀斯特地区面积较广，土壤瘠薄，蓄水能力差，地表水缺乏，用水极为困难。此外，不少河流中下游河段还由于城市污水排入，污染严重，水质性缺水的威胁加剧。

6. 自然植被

全省共有野生维管束植物 280 科 1645 属 7055 种，分别占全国总数的 76.9%、51.7% 和 26.0%。另有栽培植物 633 种，分隶于 111 科 361 属。此外，还有真菌 1959 种；其中食用菌 185 种，药用真菌 97 种。植物种类中，属于国家一级保护植物的有桫椤(*Alsophila spinulosa*)和银杉(*Cathaya argyrophylla*)2 种，属于国家二级保护的有白豆杉(*Pseudotaxus chienii*)、水杉(*Metasequoia glyptostroboides*)、尖叶四照花(*Dendrobenthamia angustata*)和观光木(*Tsoongiodendron odorum*)等 24 种，属于国家三级保护的有华南五针松(*Pinus kwangtungensis*)、长苞铁杉(*Tsuga longibracteata*)和见血封喉(*Antiaris toxicaria*)等 41 种；还有省级保护的红豆杉(*Taxus chinensis*)和三尖杉(*Cephalotaxus fortunei*)等 12 种。

广东具有丰富的地带性森林植被，地域分布特征明显。主要地带性森林植被从北至南分为北部的中亚热带典型常绿阔叶林、中部的南亚热带季风常绿阔叶林以及南部的热带季雨林。由于受人为干扰破坏，各地带原生性的森林植被类型残存不多。在热带地区的次生森林植被以具有硬叶常绿的稀树灌丛和草原为优势，亚热带地区则以针叶稀树灌丛，草坡为多，人工林以杉木(*Cunninghamialanceolata*)、马尾松(*Pinus massoniana*)、桉树(*Eucalyptus* sp.)、木麻黄(*Casuarinaceae equisetifolia*)、竹林(*Bambusaceae*)等纯林为主。

(1)中亚热带典型常绿阔叶林。主要分布在北纬24°30′以北，即从怀集、英德、梅县、大埔一线以北地区。此外也分布于粤东的山地上部与粤西的云开大山北部。分布面积较大地区是粤北丘陵地区的南岭、天井山、滑水山、车八岭、九连山等林区和保护区，多呈块状星散分布。

(2)南亚热带季风常绿阔叶林。主要分布在北纬21°30′~24°30′，即相当于怀集、英德、梅县、大埔一线以南，安铺、化州、茂名、儒洞一线以北的南亚热带地区。现存较大面积的有高要市的鼎湖山，封开县的黑石顶、七星，龙门县的南昆山，河源市的新丰江，粤东的莲花山等地。

(3)热带季雨林。主要分布于在北纬21°30′以南地区，即廉江、化州、高州和阳江等一线以南的地区，包含雷州半岛。广东连片的热带季雨林保存面积不大，现存较好的热带季雨林主要分布在自然保护区、森林公园以及村旁的“风水林”中。

7. 动物资源

广东省陆生脊椎动物有829种，其中兽类124种、鸟类510种、爬行类145种、两栖类50种，分别占全国的30%、43.4%、46%和25.5%。此外，还有淡水水生动物的鱼类281种、底栖动物181种和浮游动物256种，以及种类更多的昆虫类动物。如被列入国家一级保护的华南虎(*Panthera tigris amoyensis*)、云豹(*Neofelis nebulosa*)、熊猴(*Macaca assamensis*)和中华白海豚(*Sousa chinensis*)等22种，被列入国家二级保护的金猫(*Catopuma temminckii*)、水鹿(*Cervus unicolor*)、穿山甲(*Manis pentadactyla*)、猕猴(*Macaca mulatta*)和白鹇(*Lophura nycthemera*)(省鸟)等95种。

二、社会经济①

1. 行政区划

广东既是我国南部沿海经济发达的省份，又是泛珠三角生态一体化建设的重要组成部分，具有比较雄厚的发展基础。截至2013年年底，全省有21个地级市，23个县级市、39个县、3个自治县、56个市辖区，11个乡(含7个民族乡)、1131个镇、444个街道(表3-4)。广东省林业生态文明建设必须立足区域生态安全，着眼整个泛珠江三角地区的生态、经济、社会协调发展，与周边省市的林业生态文明建设规划相衔接，达到互相补充、互相促进，实现区域生态文明建设的一体化发展。

① 数据来源：广东省统计局，国家统计局广东省调查总队．广东统计年鉴2014[M]．北京：中国统计出版社．

表 3-4　广东省行政区划

市别	地级市	县级市	县	自治县	市辖区	市辖镇	乡		街道
							小计	（其中：民族乡）	
全　省	21	23	39	3	56	1131	11	7	444
广州市	1	2			10	35			133
深圳市	1				6				57
珠海市	1				3	15			9
汕头市	1		1		6	32			37
佛山市	1				5	21			12
顺德市					1	6			4
韶关市	1	2	4	1	3	93	1	1	10
河源市	1		5		1	94	1	1	5
梅州市	1	1	6		1	104			6
惠州市	1		3		2	52	1	1	16
汕尾市	1	1	2		1	44			10
东莞市	1					28			4
中山市	1					18			6
江门市	1	4			3	61			17
阳江市	1	1	2		1	38			9
湛江市	1	3	2		4	82	2		37
茂名市	1	3	1		2	87			22
肇庆市	1	2	4		2	91	1	1	14
清远市	1	2	2	2	2	77	3	3	5
潮州市	1		2		1	41			9
揭阳市	1	1	2		2	63	2		18
云浮市	1	1	3		1	55			8

2. 人口状况

全省常住人口10594万，在全国31个省(自治区、直辖市)中居第3位，省外流动人口约为1636万。城镇人口比例从2005年起超过60%，2012年达到67.4%。全省人口密度约每平方千米590人。全省常住人口增长速度虽有减缓，但受庞大人口基数和增长惯性的影响，广东人口总量在相当长的一段时间内还将继续保持增长态势(表3-5)。

表 3-5　广东省人口主要指标

项目 \ 年份(年)	1995	2000	2005	2010	2011	2012	2013
年末常住人口（万人）	7387.49	8650.03	9194.00	10440.94	10505.00	10594.00	10644.00
城镇人口比例（%）	39.3	55.0	60.7	66.2	66.5	67.4	67.8
人口密度（人/km^2）	411	486	511	581	584	590	593

全省人口分布不平衡，经济发达的珠三角地区和粤东的潮汕平原是人口最密集的地区，其中，深圳、东莞、汕头、佛山、中山、广州和揭阳的人口密度超过1000人/km^2。庞大的人口规模及其增长态势，将对资源环境构成巨大压力，生态产品的需求市场也会越来越大。

广东省城市化进程较快，2012 年全省城镇人口比例已达到 67.4%（含城市暂住人口），标志着广东的城市化水平已进入全国先进行列。世界城市化发展的经验表明，当一个国家或地区城市化水平达到 30% 左右，城市化就进入了一个加速发展的时期。随着城市化水平的提高，城市越来越成为经济发展的制高点。但是，随着城市的扩张和发展，人口和生产在城市的集中，必然带来水污染、大气污染、声污染、热岛效应、混浊效应等城市生态问题（表 3-6）。

表 3-6 各市主要年度土地面积和人口密度一览

序号	市别	土地面积（km^2）	人口密度（人/km^2）							
			2000 年	2005 年	2008 年	2009 年	2010 年	2011 年	2012 年	2013 年
1	全 省	179612	486	511	550	563	581	584	590	593
2	广州市	7249	1337	1277	1531	1629	1744	1750	1771	1783
3	深圳市	1997	3596	4239	4887	5095	5311	5360	5282	5322
4	珠海市	1724	758	839	914	932	944	948	918	922
5	汕头市	2187	2263	2395	2290	2322	2400	2409	2492	2505
6	佛山市	3798	1400	1507	1708	1786	1871	1879	1912	1921
7	韶关市	18413	149	159	156	155	154	155	156	157
8	河源市	15654	143	176	183	184	189	191	192	194
9	梅州市	15865	240	259	262	263	267	269	271	271
10	惠州市	11346	288	332	369	383	405	408	412	414
11	汕尾市	4865	465	531	595	598	600	603	610	614
12	东莞市	2460	2615	2662	3037	3180	3328	3340	3371	3381
13	中山市	1784	1313	1352	1566	1647	1735	1746	1769	1779
14	江门市	9505	414	430	449	458	467	468	472	473
15	阳江市	7956	278	297	297	298	304	307	310	312
16	湛江市	13261	487	536	523	524	530	535	536	540
17	茂名市	11427	457	510	519	515	510	515	522	526
18	肇庆市	14891	227	247	257	259	265	267	267	270
19	清远市	19036	164	188	191	192	193	195	198	199
20	潮州市	3146	780	810	838	847	862	866	858	862
21	揭阳市	5265	999	1068	1098	1104	1117	1123	1131	1139
22	云浮市	7785	277	301	301	300	304	306	310	312

3. 国民经济

全省国民经济多年呈现持续快速健康发展的良好势头。2013 年广东省地区生产总值 GDP 总量率先突破 6 万亿大关，蝉联全国第一。2013 年全省实现地区生产总值（GDP）62 163.97亿元，比上年增长 8.5%，是 2000 年 GDP 的 5.78 倍。其中，第一产业增加值 3047.51 亿元，增长 2.5%，对 GDP 增长的贡献率为 1.3%；第二产业增加值 294 27.49 亿元，增长 7.7%，对 GDP 增长的贡献率为 45.4%；第三产业增加值 29 688.97 亿元，增长 9.9%，对 GDP 增长的贡献率为 53.3%。三次产业结构为 4.9: 47.3: 47.8。2013 年广东人均 GDP 达到 58 540 元，按平均汇率折算为 9453 美元。虽然广东、江苏、山东的 GDP 总量为全国前 3 名，但人均 GDP 全国排名却位居天津、北京、上海、江苏、浙江、内蒙古、辽宁之后，全国排名第 8。其中：人均 GDP 突破 10 万元的只有天津。分区域看，粤东西北地区生产总值占全省比重为20.9%，粤东、粤西、粤北分别占6.9%、7.8%、6.2%。

表3-7　广东省主要年度国民经济主要指标　　单位：亿元

年份	地区生产总值	第一产业	第二产业	第三产业
1978	185.85	55.31	86.62	43.92
1980	249.65	82.97	102.53	64.14
1985	577.38	171.87	229.82	175.69
1990	1559.03	384.59	615.86	558.58
1995	5933.05	864.49	2900.22	2168.34
2000	10741.25	986.32	4999.51	4755.42
2005	22557.37	1428.27	11356.60	9772.50
2010	46013.06	2286.98	23014.53	20711.55
2011	53210.28	2665.20	26447.38	24097.70
2012	57067.92	2847.26	27700.97	26519.69
2013	62163.97	3047.51	29427.49	29688.97

4. 经济布局

广东社会经济区域分为珠江三角洲、粤北山区、东翼和西翼四大经济区域。珠江三角洲地区包括广州、佛山、肇庆、珠海、中山、江门、深圳、东莞、惠州等9市。粤北山区包括韶关、河源、梅州、清远、云浮等5市。粤东地区包括汕头、潮州、汕尾和揭阳等4市。粤西地区包括湛江、茂名、阳江等3市。

珠江三角洲、东翼、西翼和粤北地区四大板块在自然地理条件、经济社会发展水平、资源环境现状、生态环境敏感程度等方面都存在显著差异。粤北地区是全省的天然生态屏障，是重要的水源区，生态区位和地理位置十分重要；东、西两翼有较长的海岸线，拥有优越的地理条件，环境容量相对较大；珠三角城镇化水平、经济规模及经济水平较高，环境污染问题也最为突出。

第二节　林业生态资源概况①

一、森林资源与生态状况

1. 森林资源

根据广东省森林资源年度档案更新数据及2013年林业与生态状况公报数据，全省森林覆盖率58.2%，林业用地面积为1096.7万hm^2，活立木总蓄积量为52424.67万m^3，森林植物生物量6.326亿t，省级以上生态公益林面积414.3万hm^2（其中国家级公益林面积150.81万hm^2），占林地总面积的37.78%。

2. 森林质量

全省乔木林单位面积蓄积量为53.3m^3/hm^2，其中：商品林单位面积蓄积量为

① 本研究中森林资源及生态资源数据除特别注明外，均为截止到2013年年底统计数据。

49.72m^3/hm^2、生态公益林单位面积蓄积量为59.21m^3/hm^2。全省林地单位面积生物量为57.85t/hm^2，其中乔木林单位面积生物量为59.71t/hm^2。全省乔木林平均单位面积株数为1804株/hm^2，平均胸径为11.02cm，平均树高为8.79m。

3. 生态状况

全省森林(地)中，一类林为61.42万hm^2、二类林为705.18万hm^2、三类林为282.94万hm^2、四类林为47.16万hm^2。其中，一、二类林面积占全省林地总面积的69.9%。全省无侵蚀的林地面积为983.82万hm^2，受不同程度侵蚀的总面积为112.88万hm^2。其中，轻度侵蚀占全省林地总面积的10.3%、中度侵蚀占0.6%、强度侵蚀占0.1%。

4. 生态效益

全省森林生态效益为120 62.80亿元。其中：森林同化二氧化碳效益总值3230.16亿元，占总效益的26.8%；森林放氧效益总值3434.23亿元，占总效益的28.5%；森林调节水量涵养水源效益总值3135.61亿元，占总效益的26.0%；森林降尘净化大气效益总值12.95亿元，占总效益的0.1%；森林保土效益总值9.68亿元，占总效益的0.1%；森林生态旅游效益总值439.85亿元，占总效益的3.6%；森林储能效益总值1549.59亿元，占总效益的12.8%；森林生物多样性保护效益总值153.03亿元，占总效益的1.3%；森林减轻水灾旱灾效益总值97.70亿元，占总效益的0.8%。

二、湿地资源现状

1. 湿地类型及面积

全省湿地总面积为174.91万hm^2，约占国土面积9.7%。全省湿地可分为近海与海岸湿地、河流湿地、湖泊湿地、沼泽湿地和人工湿地共5种类型，其中：近海与海岸湿地815 390.3 hm^2，占湿地总面积的46.61%，主要分布在粤东饶平县至粤西廉江市安铺港沿线；人工湿地599 212.5hm^2，占湿地总面积的34.21%，包括库塘、运河输水河、水产养殖场和盐田；河流湿地329 209hm^2，占湿地总面积的18.84%，主要分布于中、南部的丘陵、台地及三角洲平原地区；沼泽湿地3756.1hm^2，占湿地总面积的0.21%；湖泊湿地1496.5hm^2，占湿地总面积的0.09%。

2. 湿地生物多样性

目前，全省湿地植物共有高等植物443种，分属于135科294属。其中：苔藓植物11科12属14种，蕨类植物26科31属39种，裸子植物1科3属4种，被子植物97科248属386种。全省湿地野生动物种类有水鸟13目23科155种，鱼类23目90科242属473种，兽类4目4科11种，爬行类2目6科34种，两栖类2目9科32种。其中：国家一级重点保护动物6种，国家二级重点保护动物31种。

3. 湿地保护与管理现状

全省有国际重要湿地3处，分别是广东湛江红树林国家级自然保护区、惠东海龟国家级自然保护区、广东海丰鸟类省级自然保护区。国家级湿地公园8处，分别是广东肇庆星湖国家湿地公园、广东雷州九龙山红树林国家湿地公园、广东乳源南水湖国家湿地公园、广东万绿湖国家湿地公园、广东孔江国家湿地公园、广东东江国家湿地公园、广东海珠湖国家湿地公园、广东怀集燕都国家湿地公园。省级湿地公园5处，分别是茂名大洲岛湿地公园、湛江湖光红树林湿地公园、珠海斗门黄杨河华发水郡湿地公园、韶关漸溪湖省级湿地公园、郁南九星湖省级湿地公园。各级湿地类型自然保护区94处，保护了以湿地为主的生态系统共80多万公顷，初步形成了以国际重要湿地、自然保护区、湿地公园等多种保护形式相结合的湿地保护管理体系。

第三节 林业生态建设现状

一、生态安全体系建设

(一)生态建设

1. 林业生态县、生态省建设

2003年4月，广东省人民政府颁布《印发广东省创建林业生态县实施方案的通知》(粤府办〔2003〕29号)。截至2014年年底，全省共有96个县(市、区)获得省政府授予的“广东省林业生态县(市、区)”称号，占全省国土面积的83.9%(表3-8)。东莞市、中山市、惠州市、云浮市、肇庆市、佛山市、广州市、韶关市、湛江市、茂名市、潮州市、江门市、清远市等15个地级市先后获得“广东省林业生态市”称号，约占国土面积的69.2%。

表3-8 广东省林业生态县(市、区)一览

年度(年)	数量(个)	林业生态县(市、区)	国土面积(km^2)	占全省国土面积比例(%)
2003	5	蕉岭县、仁化县、广宁县、增城市、鹤山市	8134	4.5
2004	8	郁南县、新丰县、始兴县、阳春市、四会市、源城区、惠城区、白云区	13412	7.5
2005	10	南澳县、梅江区、龙门县、新会区、开平市、廉江市、信宜市、封开县、连山县、罗定市	17321	9.6
2006	10	龙岗区、乳源县、东源县、梅　县、博罗县、阳西县、遂溪县、高要市、清新县、从化市	19908	11.1
2007	9	潮安县、平远县、惠阳区、乐昌市、德庆县、云城区、麻章区、台山市、高州市	14842	8.3
2008	9	花都区、盐田区、连平县、惠东县、吴川市、化州市、怀集县、揭西县、新兴县	15933	8.9
2009	12	萝岗区、三水区、曲江区、紫金县、大埔县、陆河县、阳东县、坡头区、电白县、端州区、揭东县、云安县	15681	8.7
2010	12	高明区、南海区、顺德区、翁源县、南雄县、海丰县、徐闻县、茂南区、鼎湖区、英德市、清城区、饶平县	19619	10.9
2011	13	天河区、南沙区、番禺区、黄埔区、宝安区、连南县、阳山县、雷州市、浈江区、武江区、蓬江区、茂港区、湘桥区	11433	6.4
2012	6	恩平市、榕城区、连州市、佛冈市、兴宁市、和平县	9708	5.4
2014	2	龙川县、普宁市	4709	2.6
合计	96		145991	83.9

2. 全国绿化模范城市、国家森林城市的创建

“全国绿化模范城市”是代表一个城市绿化成就的最高荣誉，是一个城市生态环境优良的重要标志。截至2013年，深圳、东莞和佛山等3个城市13个县(市)24个单位获此殊荣(表3-9)。国家森林城市，是指城市生态系统以森林植被为主体，城市生态建设实现城乡

一体化发展，各项建设指标达到国家森林城市评价指标并经国家林业主管部门批准授牌的城市。国家林业局于2004年启动国家森林城市评选以来，广东省有广州市及惠州市获得国家森林城市称号。目前，东莞、佛山、珠海、肇庆、中山、汕头、茂名等7市正在积极启动创建“国家森林城市”工作，其他12个城市也提出要争创国家森林城市目标，并以之作为推进森林进城围城的重要抓手。

表3-9　广东省“全国绿化模范市、县”一览

年度(年)	模范市数量(个)	城市名单	模范县数量(个)	城市名单
2003	1	深圳市	2	蕉岭县、仁化县
2005	1	东莞市	3	广宁县、郁南县、南澳县
2007	0		4	增城市、罗定市、梅县、乳源县
2009	0		1	德庆县
2013	1	佛山市	3	大埔县、怀集县、新兴县
合计	3		13	

3. 生态公益林建设

(1)生态公益林面积。广东省依据生态区位重要性和脆弱性，制定了生态公益林区划界定标准，截至2013年，划定省级以上生态公益林面积414.3万hm^2，约占全省林业用地面积的37.8%。其中国家级生态公益林面积达150.8万hm^2。

(2)生态公益林示范区建设。2013年全省投入960万元，建设第一批31个省级生态公益林示范区、面积达8.4万hm^2，2014年全省新建60个左右省级生态公益林示范区、新增面积10万hm^2左右。

(二)生态保护

1. 林地保护与管理

(1)林业生态红线划定。按照广东省有关划定林业生态红线、坚守生态底线的指示和主体功能区规划、林地保护利用规划等要求共划分森林、林地、湿地、物种4条生态红线，划分4个保护等级，实行分类分级管理，严格保护。目前，广东省林业厅已经制定了划定工作方案，并通过了省政府审定，用严格的制度体系保护林业生态环境。

(2)严格林地定额管理制度。按照“严格保护、节约集约、保障重点、用途管制”原则，制定了《广东省占用征收林地定额管理办法》，突出林地定额计划管控和林地规划约束，实行差别化的林地管理政策，优先保障国家和省重点项目特别是重要基础设施项目如高速公路、铁路、能源、电力等项目使用林地需要，充分发挥林地定额管理参与宏观调控的作用。

(3)严格征占用林地审核审批管理。修订了《广东省林业厅占用征收林地审核审批会审制度》，建立健全使用林地申请受理登记、审核审批、建档统计等一整套征占用林地审核审批及会审制度，实行使用林地项目清单预报制度，按项目重要性进行排序，有计划、有次序地分批审核审批，从严从紧管理林地资源。同时，对重点项目使用林地坚持依法依规、特事特办、急事急办的原则，简化报批手续，确保重点项目及时使用林地。

(4)严格执行林地保护利用规划。2013年10月省政府批准了《广东省林地保护利用规划(2010~2020年)》，146个县级单位(含国营林场)林地保护利用规划工作也已全部完成，全省林地保护利用规划进入全面实施阶段。

2. 自然保护区体系建设

（1）保护机构建设。截至2013年年底，全省15个地市14个县（市、区）相继设立了野生动植物保护专职管理部门，其余地级市、县（市、区）也将相应的职能设在市、县（市、区）林业局林政科（股）等部门。同时，在广州、深圳、茂名、肇庆等14个市（县）还成立了专门的野生动物救护机构。省直有关部门进一步加强自然保护区机构编制和人员聘用管理，省编办明确了林业系统国家级、省级自然保护区为公益一类事业单位，省人社厅核准了广东省国家级、省级自然保护区管护机构人员聘用结果。

（2）自然保护区建设。截至2013年年底，全省林业部门已建立各种类型、不同级别的自然保护区270个，总面积124.51万hm^2，约占全省国土面积的6.93%。其中国家级自然保护区7个，省级自然保护区51个，市、县级自然保护区212个（附表5）。初步形成了一个以国家级自然保护区为核心，以省级自然保护区为网络，以市、县级自然保护区和自然保护小区为通道的保护类型较齐全、布局较合理、管理较科学、生态效益和社会效益较显著的自然保护区体系。

（3）数字化监测管护平台构建。全省重视自然保护区数字化建设，着手筹建广东省自然保护区监测中心，并于2013年组织相关自然保护区技术骨干50余人进行了为期一周的数字化专项技术培训，为数字化监测平台构建奠定了良好基础；多次召开现场会和座谈会，精心组织编制了数字化监测管护平台建设初步方案、可行性研究报告和相关标准等文本；制定了《广东省林业自然保护区绩效管理评价办法（试行）》。

（4）野外种群和人工繁育保护。组织实施重点物种保护工程，不断加强国家苏铁、兰科植物种质资源保护中心、建立木兰植物保育基地和华南珍稀野生动物保护中心建设，在珍稀濒危野生动植物如苏铁（*Cycas revoluta*）、兰科（Orchidaceae）、木兰科（Magnoliaceae）植物、华南虎、鳄蜥（*Shinisaurus crocodilurus*）、朱鹮（*Nipponia nippon*）、长臂猿（*Hylobatidae sp.*）等物种的迁地保护、繁育和回归野外等方面取得显著效果。其中：曲江罗坑省级自然保护区连续8年人工繁育鳄蜥获得成功，2012年新出生幼蜥79只，野外放归60只，人工饲养种群扩大到205只；苏铁中心收集苏铁植物246种，兰科中心收集兰科植物379种，木兰植物保育基地收集木兰科植物160种，华南珍稀野生动物物种保护中心收集包括朱鹮、金丝猴（*Pygathrix roxellanae*）等86种700多只珍稀濒危野生动物。启动全省第二次陆生野生动物资源调查，编制了广东省第二次野生动植物资源调查工作方案。

（5）极小种群拯救保护。组织编制完成广东省极小种群野生植物拯救保护实施方案，在阳春鹅凰嶂、连州田心等省级自然保护区组织开展了猪血木（*Euryodendron excelsum*）、报春苣苔（*Primulina tabacum*）、四药门花（*Tetrathyrium subcordatum*）、丹霞梧桐（*Firmiana danxiaensis*）等8个极小种群野生植物物种的拯救保护实施工作。2013年3月，向全省各地下发《2013年广东省极小种群野生植物拯救保护工程资金申报指南》，积极做好极小种群野生植物的拯救保护以及项目申报储备工作，使得广东省一批珍稀濒危野生植物和极小种群植物得到有效保护和拯救。

3. 林业有害生物防治

全省加大对林业有害生物灾害防控投入，推行部门间、区域间联防联治，进一步健全省、市、县、乡四级监测网络，建立立体监测体系，强化防控装备，加大检疫执法力度，大力推行无公害防治，积极采用综合治理措施，全省林业有害生物成灾率控制在5‰以上，测报准确率达90%以上，无公害防治率、种苗产地检疫率达95%以上，全面完成了国家林业局下达的任务指标。2013年年底，全省有21个县(市、区)、56个镇(街道)发生松材线虫病，发生面积0.89万hm^2；薇甘菊泛滥成灾和快速蔓延的局势得到缓和，全面完成了国家林业局要求全省到2013年控制松材线虫病发生面积少于0.93万hm^2、镇级疫点数量不超过66个的防控目标。实施松材线虫病、薇甘菊、松突圆蚧、椰心叶甲、松毛虫、阔叶树尺蛾等重大有害生物工程治理面积68.58万hm^2，覆盖了全省110多个县(市、区)，全面防控了林业有害生物灾害。基本遏制住了薇甘菊灾情高发态势，发生面积2.32万hm^2，比2010年底的3.57万hm^2下降了34.9%；松突圆蚧发生面积下降了6.67多万hm^2；椰心叶甲、刺桐姬小蜂发生面积下降，危害程度减轻，疫情得到较好控制。

截至2013年，全省建立陆生野生动物疫源疫病监测站点130个，其中国家级11个、省级30个、市县级89个，初步构建了全省陆生野生动物疫源疫病监测预警体系。2011年以来，国家林业局先后立项并投资建设了广东省松蚧虫等林业有害生物检疫防御体系、广东省沿海防护林有害生物综合防控体系、广东省松材线虫病检疫防控体系等3个基础设施建设项目。完成改造省级防控指挥中心业务用房1处、省直属检疫监管办事处4处、区域检疫监管中心8处、区域防治中心4处及建设县级药剂药械库7处。加强6处松材线虫病区域防控体系、9处松材线虫病疫区减灾灭灾体系和21处松材线虫病非疫区防灾御灾体系建设，配备了74辆检疫执法和一批监测、防治、检疫装备。全省初步建成了较完善的林业有害生物监测预警、检疫御灾、防治减灾和服务保障体系，较好地提升了全省各级森防检疫机构的防灾减灾能力。

4. 森林火灾防控

各级党委、政府重视森林防火工作，森林防火行政首长负责制得到进一步落实。森林防火基础设施建设得到了加强和夯实，森林火险预警监测能力、通信和信息指挥能力、宣传能力、物资储备能力、森林消防队伍的装备水平和扑救森林火灾的综合保障能力得到了进一步提高，森林火灾次数和火灾损失大幅度减少，有效地保护了森林资源。据统计，2009年至2014年6月，全省年均森林火灾次数、受害森林面积比前五年平均分别下降了27%和35%，火灾受害率下降了0.06‰，森林火灾伤亡人数下降了47%，没有发生重大森林火灾，初步扭转了森林火灾多发的被动局面，维护了生态安全，经济效益、生态效益、社会效益显著。

(1)重点火险区综合治理。“十二五”期间，国家林业局共批复广东省森林重点火险区项目17个，批复总投资25 344.23万元，其中中央投资13 414.5万元，地方配套11 929.73万元。目前，已经开工建设的项目有11个，已经完成建设任务的有9个(肇云片、梅州、河源市、清远、肇庆、韶关市、云浮片、省属林场、东莞市周边地区重点火险区综合治理工程项目)，正在实施的项目有2个(河源南片、北片重点火险区综合治理三期工程项目)；国家未下达投资计划的有6个(梅州东片、梅州西片、清远东片、清远西片重点火险区综合治理三期工程项目、潮揭片、惠汕片重点火险区综合治理项目)。

(2)森林火险预警监测系统建设。在韶关、河源、梅州、惠州、清远、肇庆、云浮市等7个森林防火重点市及所辖县(市、区)建成了7个市级调度控制中心、7个有线链路基站、92条无线链路、86个无线链路基站、97个车载移动台、59个固定台、终端设备及

GPS定位系统。全省稳步推进森林火险预警监测体系建设，省级森林火险预警中心、网络传输系统已完成，建成森林火险监测站160个。

(3)森林航空消防系统建设。积极开展森林防火现代化建设，开展航空护林工作。建立了3个森林防空消防基地及21个市的卫星监测林火远程传输终端网络，完成了150个森林火险监测站和34个森林火险因子采集站建设，组建了56支森林消防专业队和398支民兵森林消防队伍，构筑全方位预防扑救、应急指挥、互动合作体系。省财政每年安排1000万专项资金，通过向航空企业购买服务的方式，每年租赁2～3架直升机在全省范围内开展森林航空消防，重点林区和高火险区的森林航空消防需求能基本满足。

(三)生态修复

1. 石漠化综合治理

全省石漠化土地81 329.8hm²，其中林地52 884hm²，占65.0%；潜在石漠化土地404 751.6hm²，其中林地403 728.6hm²，占总面积的99.7%。按照石漠化程度分：轻度石漠化面积14 111.5hm²，占17.4%；中度石漠化面积30 332.5hm²，占37.3%；强度石漠化面积36 394.7hm²，占44.7%；极强度石漠化面积491.1hm²，占0.6%(表3-10)。石漠化土地面积主要分布在乐昌市、阳山县、英德市、乳源县和阳春市。其中乳源县、乐昌市、阳山县和英德市等县(市)是国家石漠化综合治理试点县。

表3-10　广东省石漠化土地面积

序号	统计单位	石漠化土地(hm²)	潜在石漠化土地(hm²)	非石漠化土地(hm²)	小计(hm²)	非石漠化土地比例(%)
1	广东省	81329.8	404751.6	578485.4	1064566.8	54.3
2	乐昌市	26758.9	47719.3	5184.7	79662.9	6.5
3	阳山县	16169.5	119368.5	131246.4	266784.4	49.2
4	英德市	8993.4	88927.2	109596.8	207517.4	52.8
5	乳源县	8958.8	35969.8	32375.1	77303.7	41.9
6	阳春市	5688.6	888.3	71087.9	77664.8	91.5
7	武江区	4580.6	2307.0	29142.7	36030.3	80.9
8	怀集县	4509.8	0.0	13741.4	18251.2	75.3
9	连平县	1711.1	7677.6	33414.5	42803.2	78.1
10	翁源县	1287.5	3966.6	11265.6	16519.7	68.2
11	清新县	1158.5	21716.9	17339.1	40214.5	43.1
12	曲江县	607.9	6162.5	30511.6	37282.0	81.8
13	云城区	316.4	296.9	9375.6	9988.9	93.9
14	罗定市	303.4	1891.2	12598.1	14792.7	85.2
15	封开县	119.4	2076.1	4765.5	6961.0	68.5
16	新丰县	110.1	2262.8	2042.5	4415.4	46.3
17	云安县	55.9	345.4	10306.0	10707.3	96.3
18	连州市	0.0	46433.8	40067.0	86500.8	46.3
19	连南县	0.0	13490.1	5624.4	19114.5	29.4
20	仁化县	0.0	2628.4	0.0	2628.4	0.0
21	新兴县	0.0	530.1	8007.6	8537.7	93.8
22	东源县	0.0	93.1	792.9	886.0	89.5

"十二五"期间，乐昌市、乳源县岩溶地区石漠化综合治理工程综合治理岩溶面积311.34hm^2，封山育林6836.2hm^2，人工造林1727.6hm^2，累计下达林业部分总投资3294.97万元。英德市、阳山县岩溶地区石漠化综合治理工程综合治理岩溶面积60.15hm^2，封山育林3087.5hm^2，人工造林162.8hm^2，下达林业中央投资为624万元。通过石漠化治理，全面遏止岩溶地区石漠化趋势，使已经石漠化地区的生态系统得到逐步恢复或重建，实现生态环境的良性循环，石漠化综合治理区群众贫困问题得到解除或缓解，农民收入较大提高，社会、经济、生态全面协调可持续发展。

2. 沙化土地治理

据初步统计全省沙化土地面积12.03万hm^2，按沙化土地类型分：流动沙地面积0.35万hm^2，占3.3%；半固定沙地面积0.2万hm^2，占1.8%；固定沙地面积4.43万hm^2，占42.3%；沙化耕地面积5.41万hm^2，占52.5%；非生物工程治沙地面积54.6 hm^2，占0.1%。沙化土地已有半数被人耕种和造林利用，基本上不会为风沙侵蚀危害。

（四）生态补偿

1. 完善生态公益林效益补偿制度

2014年6月，省财政厅、省林业厅联合修订完善《广东省生态公益林效益补偿资金管理办法》（粤财农〔2003〕207号），颁布了《广东省省级生态公益林效益补偿专项资金管理办法》（粤财农〔2014〕159号），进一步明确了各级财政、林业部门的职责，信息公开内容和范围，资金申请、分配、下达、拨付流程，资金用途，以及检查监督、绩效考评等内容，加强和规范生态公益林效益补偿资金管理，提高资金使用效益。

2. 建立补偿标准稳定增长机制

为充分尊重市场规律，维护广大农民的切身利益，广东一直致力于构建随GDP和财政收入增长而增长的森林生态效益补偿机制。2012年8月底，广东省要求每年提高生态公益林效益补偿标准，形成不断增长的机制。省政府决定延续2008年以来每亩每年提高2元补偿标准的做法，到2015年平均补偿标准达到每亩每年24元。

3. 建立差异化激励性补助机制

为促进生态公益林建设管理工作，2013年起，广东省全面实施生态公益林激励性补助政策，明确在补偿资金预算总额内，每年拿出一定资金，专门用于对生态区位重要、补偿资金落实到位、管护成效显著、整体质量高的公益林，给予额外的奖励性补助。2013年，全省共有167.07万hm^{2}生态公益林获得每公顷52.5元的激励性补助资金；2014年，激励性补助标准为每公顷75元，补助面积达到285.67万hm^2；2015年，激励性补助标准为每公顷97.5元，预计补助面积将达到297.33万hm^2。通过实施差异化激励性补助政策，各地建设、保护和管理生态公益林的积极性显著增强。

4. 建立权责分明的分级配套补偿机制

为有效解决中央和省级财政补偿不足的问题，从2008年起，全省按照权责明确、事权与财权相统一的原则，建立落实了地方配套资金，逐步形成了中央、省、市、县四级财政森林生态效益补偿体系。2013年，中央财政森林生态补偿投入3.13亿元、省财政投入9.27亿元、市县两级财政投入2.48亿元。中央和省级财政森林生态补偿资金有力地带动了地方各级财政的配套投入，其中：深圳市按省、市、区 1∶1∶1 的比例给予补偿，补偿标准接近每公顷每年 900 元；东莞市除按省、市 1∶1 的比例落实配套补偿资金外，还额外给予每公顷每年 1500 元的补助，2013 年实际补偿标准达到每公顷 2100 元；惠州市区划市级公益林 4.6 万 hm^2，市财政按照省级标准落实补偿资金。各级财政补偿资金的有效落实，大大提高了林农管护生态公益林的热情。

5. 规范透明的补偿资金发放机制

为提高补偿资金发放的透明度，确保群众知情权，保证损失性补偿资金发放到户，全省各级林业部门广泛协助农户开设银信账户，财政部门通过银信账户，直接把补偿资金发放到补偿对象的一卡通中，既方便了群众，又防止了截留和挪用。2014 年全省通过银信账户一卡通发放的补偿资金约占总量的 77%。为方便广大林农随时查询个人补偿信息、补偿资金发放情况，方便各级林业部门更新、查询、统计、汇总、公示公益林补偿信息，2012 年全省依托互联网建立了生态公益林补偿信息系统，补偿资金发放更加规范透明，更加便捷高效。

6. 形成广泛有效的补偿资金发放监督机制

全省坚持把森林生态补偿资金常态化监管与重点整治有机结合，全省成立了 85 个由各级编委批准的市、县级公益林管理机构，加强对公益林补偿资金发放监管。全省组建万人补偿信息联络员队伍，不定时通过邮件、电话等方式向农户调查补偿资金发放情况。此外，广东省还主动通过“民声热线”征求农民意见，及时发现和解决问题。2012 年以来，省纪委每年组织省财政厅、省林业厅开展一次“地毯式”的补偿资金发放专项清理工作，督促各地及时纠治问题。

（五）重点生态工程建设

1. 生态景观林带建设

着眼于打造生态优美的幸福广东，全省启动建设 23 条生态景观林带，建成连接城乡森林系统的绿色廊道，构建高标准、高质量森林生态景观体系。截至 2014 年，全省已建成生态景观林带建设里程 8610km，重点路段生态景观林带基本成行成带。

2. 森林碳汇重点生态工程建设

实施森林碳汇重点生态工程建设，消灭现有的 33.33 万 hm^2 宜林荒山，改造 66.67 万 hm^2 疏残林、纯松林和布局不合理的桉树林，实现以乡土阔叶树种为主体的混交林全省覆盖，增加森林碳汇，提升森林生态功能。截至 2013 年，全年完成森林碳汇造林 24.13 万 hm^2，累计完成 49.67 万 hm^2。

3. 森林进城围城工程建设

全省以创建国家森林城市为目标，全面推进森林进城围城建设，着力提高全省城市化发展水平。截至 2013 年，新增森林公园 90 个、湿地公园 39 个。

4. 乡村绿化美化工程建设

省林业厅组织编制完成《广东省乡村绿化美化工程建设规划（2013～2017 年）》，全面启动城郊型、农村型乡村绿化美化示范村建设，提高村庄绿化率，构建优美宜居生态家园。截至 2013 年，建设乡村绿化美化示范村 960 个。

二、生态产业体系建设

围绕林业增效、林农增收、生态增优的目标，以创办特色、打造品牌、做强龙头为着力点，加快转型升级，优化产业结构，全省林业产业得到持续快速发展。据统计，2013 年全省林业产业总值首次突破 5000 亿元，达到 5595 亿元，比 2012 年增长 12.1%，连续多年位居全国第一，为广东社会经济发展做出了积极贡献。建立各类农民林业专业合作社 1230 个，经营林地面积达 32.73 万 hm^2，加入合作社的农户有 39.7 万户。

从林业产业结构看，目前，全省第一产业产值为 583 亿元，对总产值增长的贡献率为 7.9%；第二产业产值为 3655 亿元，对总产值增长的贡献率为 69.8%；第三产业产值为 1022 亿元，对总产值增长的贡献率为 22.3%。林业三次产业结构为 11.1∶69.5∶19.4。在第二产业中，木材加工业为 570 亿元，同比增长 22.3%；木竹家具业为 1000 亿元，同比增长 14.94%；造纸业为 1800 亿元，同比增长 9.9%。林下经济的发展成为一大亮点，目前全省林下经济面积发展到 100 万 hm^2，产值 239 亿元，涉及的农民人均年收入 2053 元。

1. 基地建设

据统计，2013 年全省有速生丰产林 70.67 万 hm^2、工业原料林 77.33 万 hm^2、竹林 46.67 万 hm^2、经济林基地 100 万 hm^2、珍贵树种 2.13 万 hm^2、油茶基地 15.87 万 hm^2。新一轮绿化广东大行动，林业重点生态工程推动苗木基地建设，全省建有苗圃 2161 个，面积 0.83 万 hm^2。

2. 主要林产品产量

林产化工传统产业有新发展，达到国际先进水平。松香产业是传统的林产化工产业，现有松香加工企业 80 多家，每年松脂产量占全国产量的 1/5 以上。松香、松节油及松香深加工产品的年生产量，占全国总产量的 1/3 左右，位居国内第二。松香年产量提高到 6 万 t 以上，年产值达 10.3 亿元。全省油桐籽、松脂、竹笋干、板栗等主要林产品产量总体上呈增长趋势。此外，水果、林产饮料、林产调料、森林食品、木本药材和林产工业原料等主要经济林林产品产量也逐步提升，已经逐渐成为促进山区群众增收致富，带动农村经济全面发展的新增长点(表 3-11)。

表 3-11　全省 2008～2012 年主要林产品产量

序号	指标	年产量(万 t)				
		2008 年	2009 年	2010 年	2011 年	2012 年
1	水果产量	537.52	666.34	607.98	702.97	699.33
2	干果产量	6.92	7.72	6.88	6.73	6.81
3	林产饮料产品(干重)	2.93	2.8	2.97	3.87	4.66
4	林产调料产品(干重)	5.14	4.15	5.47	5.68	5.71
5	森林食品(干重)	3.59	4.36	3.76	4.67	4.45
6	木本药材	1.28	2.28	1.65	1.71	2.65
7	木本油料	4.44	6.11	8.84	6.53	6.87
8	林产工业原料	13.26	17.78	19.08	20.15	20.77
9	合　计	575.08	711.54	656.63	752.31	751.25

3. 木竹材加工业

全省从事木材加工经营的单位 2 万多家，从业人员 200 多万人，其中规模以上的家具企业6000多家。2013年，木竹家具总产值超2000亿元，出口总值94亿多美元；人造板企业400多家，人造板产量1000多万m^3；上规模的木地板企业160多家，总产量约为1.5亿m^2；木门窗、木线等木制品生产发展很快，年产值150多亿元；现有竹制品企业150多家，年产值80多亿元。

4. **木竹浆纸业**

全省经济的快速发展和人民生活水平的显著提高，极大地带动了纸品市场需求量的增长，推动了造纸工业的高速发展。2013年，造纸产量达1700多万t，产值1767多亿元。

5. **林产品市场设施**

目前，全省各地建成的林产品市场达400多个，既确保了广东省林产品在国内市场占有较大份额，又进一步推动了广东省林产品进出口贸易。2013年，全省林产品市场销售额达3000多亿元。顺德区的乐从家具市场，广州市鱼珠、南海区大转湾、东莞市兴业和吉龙等大型木制品和木材专业市场，在省内外享有很高的知名度。广州、深圳、东莞三地每年的家具展销会已成为国内重要的专业博览会，是广东省乃至全国家具交易的重要平台。林产品市场发达，顺德乐从家具市场延绵十余里，销售量居全国家具市场之冠；广东鱼珠林产集团建立木材市场3个，经营面积140多万m^2，年销售总额达400亿元，建立了中国木材行业第一个移动电子商务平台和中国木材市场第一个现货交易指数——“鱼珠中国木材指数”，引领国内外木材市场价格。2013年，全省林产品市场销售额达3000多亿元。

6. **龙头企业**

全省大力培育扶持龙头企业，带动林业产业发展。坚持规模化、集约化、专业化经营，走“公司+基地+农户”的林业产业化发展模式。每年评定一批省级林业龙头企业和省森林生态旅游示范基地。到2013年，全省评定126家省级林业龙头企业、83家森林生态旅游示范基地，24个林业项目被确定为广东省现代产业500强项目，拥有9个中国名牌产品、55个省驰名商标，电白、怀集、广宁、南雄等县（市）和顺德陈村、中山大涌镇等被认定为中国特色产业之乡。

三、生态文化体系建设

1. **义务植树**

全省各地不断创新义务植树实现形式，拓宽尽责渠道，为推动国土绿化起到很好的示范引领作用。各地广泛发动社会各界积极开展形式多样的主题林活动，鼓励企业、社会团体和个人通过捐资造林、认种认养等各种形式投资参与植树造林。佛山市连续6年新年上班第一天组织机关干部种树拜年，共贺新春。中山市连续2年组织开展全民修身绿化月活动，营造各类主题林200多处。珠海市连续9年开展认种认养活动，共吸纳社会资金3亿多元，先后建成格力滨海公园、澳门回归纪念公园等5个公园。梅州市连续3年举行绿满梅州捐款植树活动，开展“回赠母校一棵树”活动，得到了全市干部职工及中小学校广大校友的支持，25万多人参加活动，捐赠资金8850万多元。据统计，2011~2014年全省有1.15亿人次参加义务植树，植树3.48亿株，全社会办林业、搞绿化的格局不断强化。

2. **森林公园建设与森林生态旅游**

全省森林生态旅游资源十分丰富，随着经济社会的快速发展，森林公园和自然保护区的建设投资不断加大，建设步伐不断加快，以森林公园和自然保护区为依托的森林生态旅游产业体系已初具规模，初见成效。截至2013年，全省已建森林公园431处，总面积106.98万 hm^2，占广东省国土面积的5.9%，占林业用地的9.8%，其中，国家级25处、面积20.67 hm^2，省级76处、面积11.37万 hm^2，市县级330处、面积74.94万 hm^2(附表4)。

截至2013年年底，全省森林公园拥有的旅游车船数、床位数、餐位数和旅游步道分别达到1596台(艘)、311 38张、99 158个和4032km，接待游客8911万人次，森林旅游总体收益达891亿元。森林旅游带动地方经济产值超过100亿元，带动400多个村脱贫致富，受益农村人口300多万人，间接带动3.76万农村人口从事森林旅游业，产业规模进一步壮大，效益和带动功能日益增强。

3. 生态文明万村绿大行动

全省各地积极开展生态文明万村绿大行动，现已基本建成100 00个林业生态文明村，提前完成“十二五”规划任务。生态文明万村绿工程的实施为加快建设宜居村镇，建设绿色美好家园，推动社会主义新农村和生态文明建设做出了重要贡献。

4. 野生动植物保护宣传教育

为进一步提高全民保护野生动植物及其栖息地的意识，广东每年利用3月“鸟节”“爱鸟周”和十一月“野生动物宣传月”，集中开展了保护野生动植物及其栖息地的系列宣传活动。为扩大影响范围，探索宣传新形式，连续多年在广州、深圳2200多个居民社区开展“保护野生动物进社区”公益海报宣传活动，在公众中引起热烈反响。同时，编印全民参与保护野生鸟类摄影宣传画册，印制国家、省重点和“三有”保护野生动物以及54种物种图谱2万份。这些宣传在社会上引起了强烈的反响，有效地增进了全社会的生态文明观念。

四、支撑保障体系建设

(一)政府目标责任制考核

1. 高位推动生态建设

2011年，时任中共中央总书记胡锦涛同志视察广东时明确指出，“加强重点生态工程建设，构筑以珠江水系、沿海重要绿化带和北部连绵山体为主要框架的区域生态安全体系”。为贯彻落实中央领导讲话精神，广东省政府于2011年与国家林业局签署了合作建设广东现代林业强省框架协议，提出在广东城乡打造多层次、多色彩、高标准、高质量的森林景观，在南粤大地构建全国林相最好的大森林。2013年8月，广东省委、省政府出台《关于全面推进新一轮绿化广东大行动的决定》(粤发〔2013〕11号)，要求各地结合实际，以生态景观林带建设工程、森林碳汇重点生态工程、森林进城森林围城工程和乡村绿化美化工程为抓手，扎实推动新一轮绿化广东大行动。

2. 约束性指标考核

广东省政府将森林覆盖率和森林蓄积量2项指标列入领导干部重要考核指标体系，督促各级党委政府切实加强对林业工作的组织领导。特别是在全面推进新一轮绿化广东大行动以来，以森林资源保护和发展目标责任制考核为抓手，建立健全体制机制，改革创新管理方法，加大森林资源保护力度，促进森林资源持续健康稳定增长，有力地夯实了林业生态文明建设的资源基础。

(二)森林资源管护

1. 林木采伐管理

紧紧围绕民生林业，结合集体林权制度改革，不断创新采伐管理，解决采伐难问题，规范林木采伐管理。一是推行采伐指标阳光分配制度。各地公开合理地分配采伐指标，按照商品林可采资源所占份额和分类排序的原则安排采伐指标，实现采伐指标分配的公开、公正、合理，优先解决灾害林木、救灾抢险、重点工程项目建设及困难群众的采伐需要。二是完善森林采伐分类管理，规范生态公益林更新采伐。经省法制办同意，我厅出台了《关于进一步规范省级以上生态公益林更新改造工作的通知》，对省级以上生态公益林中的疏残林、低效纯松林、布局不合理的桉树林、救灾复产林分、自然保护区实验区内人工林(松、杉、桉)以及其他因减灾防灾、抢险救灾、林业科学研究等6个方面需要更新改造的，分别作出了明确规定，进一步规范生态公益林更新采伐管理，顺利推进“一消灭三改造”林业重点生态工程建设。三是网上实时检查监督各地森林采伐。全省森林采伐指标由网上下达，采伐证发放实行全省联网实时查询、追踪，对于采伐蓄积过小、采伐年龄过低、采伐面积过大等异常审批情况重点进行检查、监督。

2. 木材运输巡查

随着广东公路网的快速发展，固定木材检查站作用受到抑制，特别是取消木材经营加工许可制度后，对木材经营加工企业的数量失去实际控制。为扭转“守株待兔”式的木材运输监管落后局面，省政府分别于2011年和2012年批准52个设有木材检查站的县区开展木材运输巡查工作，将木材运输监管工作重心前移至伐区和县、乡道路，实行有针对性布控检查，并依法对木材经营加工单位进行驻厂监控，有效遏制了乱砍滥伐、违法收购和运输木材的行为，木材运输办证率不断提高，维护了林区和木材流通秩序的稳定。同时，全省根据国家林业局的有关要求，进一步加强木材检查站基础建设，投入900多万元用于购置统一的木材检查执法设备，切实提高了木材运输检查执法水平和行业形象。

(三)林业法治体系

1. 林业立法工作

《广东省木材经营加工运输管理办法》于2011年9月1日起施行，标志着广东省木材经营、加工和运输管理纳入了法制化轨道，对保护和合理利用森林资源，维护生态安全具有重要现实意义。《广东省林木种苗管理条例》(新制定)和《广东省森林保护管理条例》(修订)、《广东省野生动物保护管理条例》(修订)、《广东省森林防火管理规定》(修订)已通过论证，相关立法工作正在稳步推进。

2. 林业执法监督机制

制定和修订了《广东省林业部门受理控告申诉办法》《广东省林业行政处罚案件核审办法》《广东省林业厅行政执法责任制实施办法》《广东省林业行政审批管理办法》《广东省林业厅关于规范行政处罚自由裁量权的实施办法(试行)》和《广东省林业厅行政处罚自由裁量实施标准(试行)》等制度，全面规范广东省林业行政执法工作。成立省林业厅重大行政处罚案件会审小组，对以省林业厅名义作出的重大行政处罚进行集体讨论，保障厅作出的重大行政处罚决定程序合法、定性准确，建立健全省林业厅重大行政处罚决定集体讨论制度。

3. **林业行政审批制度改革**

根据《2012年省政府决定取消、下放行政审批项目后续监管办法》，对2012年省政府决定取消、下放的16项林业行政许可审批项目进行合并，制定了13项后续监管办法。制订《国家林业局行政许可专用章(粤)使用管理办法》，规范国家林业局委托省林业厅实施行政许可事项印章管理、使用。开展转变政府职能、清理行政职权和编制权责清单工作，全面梳理，摸清职权底数、编制现有职权目录、提出职权调整意见，拟定《省林业厅拟制订的监管标准、规则目录》，对行政职权和取消、下放及委托的行政审批项目后续监管。推行“信任在先、审核在后”的网上审批办理模式，组织编制行政审批流程图和申请材料范本，进一步规范行政审批办理。启动林业综合执法改革，平远、蕉岭、始兴、翁源和四会被确定为全国林业综合执法示范单位，按照国家林业局的有关要求正式启动相关工作。

4. **林业碳汇交易机制**

《广东省碳排放管理试行办法》将林业碳汇纳入全省碳排放权管理机制中，允许控排企业可利用林业碳汇(不超过10%)抵减实际碳排，为广东省开展林业碳汇抵排交易奠定了制度基础。通过这一制度创新，将企业行为与造林绿化、生态保护有机结合起来，把企业投资碳汇造林与企业的减排挂钩，鼓励企业捐资发展碳汇林，鼓励社会资金通过义务植树、碳交易投入碳汇林业建设，标志着广东在政策机制上的率先突破和先行先试，突出了广东特色。林业部门制订了《广东林业碳汇项目管理和交易实施办法》和《广东省林业碳汇计量、监测与认证核证指南》，与广州碳排放权交易所签署《关于推进林业碳汇交易的合作协议》。积极组织广东长隆碳汇造林项目的交易申报工作，启动广东林业碳汇抵减碳排放的实质交易。

(四)林权争议调处

全省林权争议调处工作紧紧围绕平安林区目标，有效地调处解决了一大批跨林权争议和因林权争议引发的信访案件。2011年以来，全省先后办结了林权争议案件1.8万多宗，解决争议林地22万hm^2，年均办结6000多宗案件。妥善处置化解了因林权争议引发的信访案件8244宗次、43 585人次，年均处置信访量达27 000多宗次。相应建立了粤桂林权争议联防(调)带、粤东、粤西、粤北林权争议联防(调)区及人民调解和行政调解联动的工作体系。

(五)林业科技创新

近年来，紧紧围绕林业重点工程建设，以省林业科技创新专项为重点，结合国家林业公益性行业科研专项和948项目的实施，加强林木良种选育、森林资源培育、生态修复、林产品加工利用等关键技术攻关。在优良乡土阔叶树种、珍贵树种、油茶研究及薇甘菊防治技术研究等方面取得重要进展，尤其在乡土阔叶树种选育方面取得了新突破，成绩显著。

1. **乡土阔叶树种选育**

选择出樟树、木荷、黎蒴、枫香和火力楠优良种源5个、家系110个、单株152株，其材积平均增益分别达5%、39%和138%以上，突破了优良材料种苗无性繁殖的技术瓶颈，樟树、枫香组培达产业化技术水平，樟树生根率达92.6%、枫香生根率达98%，移栽成活率均达到90%以上，黎蒴扦插成活率90%以上。通过项目实施，收集林木优良种质资源 272 份，建立种质资源圃 133. 33hm^2。近 3 年共获得国家科技奖二等奖 1 项，省部级科技奖 24 项。

2. **林业科技创新平台建设**

近年来，广东省把整合林业科技资源、构建林业科技创新平台、提升林业科技引领和创新能力作为林业科技工作的一个战略重点，充分发挥中央在粤林业相关科研院所、高等院校及省内科研、教学单位所具有的科技资源优势，通过组建科研团队、成立联合攻关协作组、共建试验示范基地等形式，促进产学研联合，提升林业科技创新水平和竞争力。先后构建了乡土阔叶树种、珍贵树种、油茶良种选育与高效栽培等创新研发团队，成立了由在粤相关科研院所、高等院校、推广机构、林业企业及管理部门等组成的全省油茶科技攻关协作组，统筹协调各方力量，加强协作攻关，整体推进油茶科研开发与成果转化。同时，积极推进合作共建，广东省林业科研试验示范基地、广东省优良珍贵树种培育试验示范基地、广东大南山现代林业试验示范基地等综合性林业科技创新基地较好地发挥了其示范带动作用。国家林业局在广东范围内立项建立了广东沿海防护林，东江源、南岭、珠三角城市森林，湛江桉树人工林，海丰湿地等 6 个生态系统定位研究站。林业有害生物防治重点实验室、林产品质量检验检测中心(广州)等省部级重点实验室和质检机构条件也逐步得到提升，省林产品检验检测中心项目已进入建设施工阶段，将建成省林产品检验检测中心和森林标本馆共 3. 9 万 m^2。这些试验示范基地、生态研究站点及重点实验室等已经成为广东省聚集优势科技人才、科技成果和科技品牌，推动人才和资源共享，推进林业科技创新、研发、推广的重要平台。

3. **林业科技成果转化**

以中央财政林业科技推广示范项目及林业工程建设为依托，加快推进林业科技成果转化，重点开展了油茶、红锥、樟树、黎蒴、笋用竹、湿加松、高脂马尾松、杉木、桉树、南洋楹、相思等树种优良品系和丰产栽培及重大病虫害防治技术成果的转化应用与示范，推广了经国家或广东省审(认)定的良种及优良无性系 51 个，共建立成果转化示范基地 70 多个、面积达 3300hm^2，繁育各类优良苗木 2000 多万株，辐射带动全省推广种植各类优良树种达 5. 33 万 hm^{2}以上，加快了林业科技成果的转化速度。大力开展形式多样的林业科技宣传和送科技下乡、科技咨询、技术培训等科技活动，编印了《乡土阔叶树种栽培实用技术》《珍贵树种栽培实用技术》《优良竹种栽培实用技术》《广东生态景观树种栽培技术》《南方主要珍贵树种栽培技术》等技术丛书，共选派了 4 批共 342 人次林业科技特派员，深入基层，针对林业基层单位和林农面临的技术、经营等问题，采取新技术新品种推介、举办技术培训班与现场指导、发放技术手册、建立科技示范基地、结合各类科技项目实施等形式开展技术服务，帮助林农解决生产上的技术难题。据不完全统计，实施林业科技特派员活动以来，已累计培训林农 2 万多人次，对带动林业增产、林农增收发挥了较好的作用。2011 年以来，有 31 项成果推广项目获得省农业技术推广奖。

4. **林业标准化和知识产权工作**

围绕新一轮绿化广东大行动和绿色生态省建设，结合苗木、种植、抚育、管护全链条质量管理等要求，加快推进标准的制修订。2011 年以来，立项制定广东省地方标准 70 项、参与制定林业国家标准和行业标准 30 项、有 38 项广东省地方标准和 11 项林业行业标准经广东省质监局和国家林业局批准发布，建立国家级和省级林业标准化示范区 30 个。目前，全省已立项的林业方面的省地方标准制修订项目达200多项，批准发布实施的有110多项，这些标准的实施将为广东省林业工程建设和产业发展提供强有力的技术支撑，更好地促进林业建设水平的提高。继续推进名牌产品的培育，现获得广东省名牌产品称号的林产品有92个(包括农业类和工业类)。进一步加强林业知识产权保护，加快林木花卉新品种的培育，促进林业植物新品种创造、运用和转化，37个林木花卉新品种申请植物新品种权，30个新品种获得植物新品种授权。2011年以来，广东省有5家林业企事业单位列入第二、三批全国林业知识产权试点单位，全省列入全国林业知识产权试点的单位共达到了7家，是全国列入试点单位较多的省份之一。积极开展打击林业植物新品种和林木种苗的侵权假冒工作，切实保护品种所有权人的权益，保障林业重点生态工程建设种苗质量。

5. **林业科技交流合作**

近年来，积极推进纵向和横向林业科技合作，一些市县级林业科研机构加强了与省级科研院所、高校的交流合作，不断提升区域林业科研水平。如韶关、梅州、阳江、揭阳、紫金等市、县林科所均参与了由省林业科学研究院牵头的乡土阔叶树种协作研究，肇庆市北岭山林场、大南山林场通过与省林业科技推广总站、省林业科学研究院、中国林业科学研究院热带林业研究所合作共同推进珍贵树种等研究与综合示范推广，江门市则强化与中国林业科学研究院、省林业科学研究院、华南农业大学等科研院校的合作，开展松、桉、相思、珍贵乡土树种等合作研究；韶关市采用“院校共建”和“产学研结合”研发模式，推动区域林业科技的发展与技术应用。继续推进粤港澳林业科技交流合作，每年为香港渔农自然护理署举办培训班，培训专业技术人员；与港澳经常性地开展自然保护区建设、湿地与野生动植物保护、有害生物防治等方面的合作交流。大力开展国际林业科技交流合作，组织学习交流和引进国外林业先进技术和经验，促进广东省林业科研、建设和管理水平的提高。

(六)林业人才队伍建设

造就高素质林业干部队伍，大力实施人才强林战略，坚持服务发展、人才优先、以用为本、创新机制、正确引领、整体提高的指导方针，切实加强生态文明建设需要的林业人才队伍建设，是全省加快转变经济发展方式、实现科学发展、努力建设全国一流世界先进的现代大林业的重要保障。

1. **突出培养造就创新型林业人才**

围绕提高创新能力、建设创新型林业，以创新型人才为重点，造就一批全国一流、世界先进的科技领军人才、工程师和创新团队。创新培训方式，突出培养科学精神、创造性思维和创新能力。加强实践培养，依托重大科研项目和重大工程、重点学科和重点科研基地、国内外学术交流合作项目，建设高层次、实用性、创新型科技人才培养基地和院校。注重培养一线创新人才和青年科技人才，积极引进和用好海外高层次创新创业人才。

2. **促进各类人才队伍协调发展**

大力开发林业领域急需紧缺的专门人才，统筹推进党政和事业单位经营管理、专业技术、节能减排、实际应用、社会工作等各类人才队伍建设，实现人才数量充足、结构合理、整体素质和创新能力显著提升，满足现代大林业发展对人才的多样化需求。

3. **营造优秀人才脱颖而出的环境**

坚持党管人才原则。建立健全政府宏观管理、市场有效配置、单位自主用人、人才自主择业的体制机制。建立人才工作目标责任制。推动人才管理职能转变，规范行政行为，扩大和落实单位用人自主权。深化事业单位人事制度改革。创新人才管理体制和人才培养开发、评价发现、选拔任用、流动配置和激励保障机制，营造尊重人才、有利于优秀人才脱颖而出和充分发挥作用的工作环境。改进人才服务和管理方式，落实党和国家相关人才政策，抓好选人用人机制建设，推动人才与事业全面发展。

（七）涉林违法犯罪处置

全省森林公安机关在各级党委、政府及林业、公安部门的正确领导下，紧紧围绕保护森林资源和"生态立省"目标，坚持服务林业建设大局，严厉打击各类破坏森林和野生动植物资源的违法犯罪活动，有力地维护了林区社会治安持续稳定，为加快实现新一轮绿化广东、建设现代林业强省、构建生态文明创造了良好的林区环境。

1. 打击涉林违法犯罪成效明显

据统计，"十二五"期间，广东省森林公安查处各类森林和野生动物案件近3万起，打击处理违法犯罪人员5.3万人(次)，收缴林木63.6万多m^3，收缴各类野生动物24.3万多头(只)，为国家挽回直接经济损失2.24亿元，为广东省林业改革发展提供了坚强保障。

2. 林区社会治安环境持续稳定

深入组织创建平安广东工作，开展创建平安林区活动，积极做好群众信访工作，深入开展矛盾纠纷排查化解，全省森林公安机关共受理信访案件和化解矛盾纠纷2450起，查处2342起，处置了多起社会关注、反映强烈的信访案件，维护了广东省林区社会持续稳定。按上级的部署和广东省林区治安环境适时组织开展专项行动，特别是林区禁种铲毒和治枪缉爆等行动的开展，有效消除了林区的安全隐患。

3. 队伍正规化建设得到全面加强

全省森林公安机关以正规化建设为抓手，坚持抓能效、强队伍，抓基层、促保障，民警的业务素质和知识结构得到了极大的改善，全省97%的森林公安主要领导进入林业主管部门班子或实现高配，177个派出所实现了科级建制。

4. 警务保障能力建设得到加强

一是森林公安基层基础设施建设步伐加快。积极争取各级政府、财政和林业主管部门的支持，新建基层业务技术用房67处、改造业务技术用房17处、购置警务用车236辆，极大改善全省森林公安基层办公和执法办案条件。加快森林公安执法办案场所规范化建设，建成规范的执法办案场所60个，其中市级分局8个，县级分局25个，派出所27个。二是警用装备投入明显加大。随着中央财政转移支付资金的实施和中央森林公安警用装备项目经费的逐年投入，有效地改善了广东省各级森林公安机关基层单位装备落后状况和民警的执法办案条件，提高了民警的自身防护能力，为推动广东省森林公安机关的科技强警和规范执法工作起到了重要作用。"十二五"期间，广东省森林公安机关共投入资金7358万元用于警用装备建设，购置办公设备、警用装备4000余套，购置2000多台(套)单警装备配置到一线民警手中。三是警务信息化建设快速推进。坚持高位推动，积极争取省公安厅支持，出台文件规定，为加快推进全省森林公安信息化建设提供了政策保障和技术支持。据统计，全省各级森林公安机关共投入信息化建设资金3259万元，实现全省公安民警计算机配备率达100%，全省森林公安322个单位中已有282个接入公安网，民警数字证书办理率已达80%。全省森林公安民警信息化总体培训率达到120%，实现了全体民警均已参加信息化技能培训，圆满成功国家下达的“十二五”期间信息化建设任务。全省已有16个市250多个单位部门在全面推行应用警综平台办理案件，实现网上执法办案。

第四节　林业生态文明建设问题分析

一、森林资源总体水平不高

据国家林业局第8次全国森林资源连续清查结果，广东与邻省在森林资源总量和质量上仍存在较大差距。广东省森林覆盖率(51.26%)与福建省(65.95%)相差14.69%，单位面积森林蓄积量(49.9m^3/ hm^2)仅为福建省(100.2m^3/ hm^2)的一半水平，生态功能等级达到中等以上的比例(74.4%)与福建省(95.0%)更是相差20.6%(表3-12)。

表3-12　广东及周边省份第8次全国森林资源连续清查主要数据

序号	省份	森林面积(万 hm^2)	森林覆盖率(%)	森林蓄积(万 m^3)	森林每公顷蓄积量(m^3/ hm^2)	生态功能等级达到中等以上的比例(%)
1	广东	906.1	51.26	35682.7	49.9	74.4
2	福建	801.0	65.95	60796.0	100.2	95.0
3	江西	1001.8	60.01	40840.0	51.7	81.6
4	湖南	1011.9	47.77	33099.3	45.3	78.0
5	广西	1342.7	56.51	50936.8	56.3	76.0
6	海南	188.0	55.38	8904.0	91.7	88.0

二、森林生态体系布局不合理

随着广东省林业生态建设的稳步推进和发展，林业生产技术条件、森林资源结构、生产要素、产业结构以及社会对林业需求等都发生了深刻的变化，多年来林业生态建设形成的总体布局和体系构成已经不能适应现代林业发展和维护广东省国土生态安全的要求，森林生态体系的系统性和整体性不强，特别是北部连绵山体生态屏障的构建、道路防护林带建设、珠江水系等主要水源地的生态保护和生态修复、珠三角城市群森林绿地建设以及沿海防护林体系建设等方面还相对薄弱，需要从空间布局上进行整合优化、科学布局。

三、生态产品供给不足

广东生态公益林面积占林业用地面积比例(37.8%)较低，与北京市(79.9%)、四川省(71.7%)、内蒙古自治区(58.4%)和云南省(49.7%)存在较大差距，与建设全国绿色生态第一省的目标要求不符。随着经济发展和人民生活水平提高，公众对森林、湿地、清洁空气等生态产品的需求日益增加。森林还面对火灾、气象灾害、森林病虫害、外来有害生物、滥砍滥伐等因素的威胁，导致生态产品短缺问题将更为加剧。

四、林业产业竞争力不强

虽然广东林业产业总值连续多年居全国首位，但全省林业产业综合竞争力并不强。主要表现在以下三个方面：一是林产企业数量多，整体素质不高，技术装备水平低，自主创新能力弱；二是以森林旅游为代表的第三产业发展不够完善，没能形成自身特色的森林旅游品牌；三是全省扶持产业发展优惠政策不多，促进产业发展激励机制较少。

五、生态文化传播载体不够完善

自然保护区宣教中心、湿地文化博物馆、森林文化博物馆、森林公园、湿地公园等森林生态文化传播载体数量不足、覆盖面窄、形式单一，在宣传教育中缺乏公众的参与和体验，缺乏互动性强的高科技手段和智能设备。

六、森林资源保护压力大

森林火灾、气象灾害、森林病虫害及外来物种入侵等面临较大的威胁。木材少批多砍及无证砍伐现象屡禁不止，乱捕滥猎野生动物、乱采滥挖野生植物现象仍时有发生。林地开发与保护的矛盾仍很突出，林地无序开发现象在一定程度上仍然存在，少量采石采矿及新农村建设中占用林地难以履行申报审核程序。

七、建设资金投入不足

国家和广东省对林业生态建设的投入总量和增长速度远不适应广东省经济社会的快速发展和全面推进现代林业建设的需要，缺口大、配套不到位。重点林业生态工程任务主要分布在山区县，地方财政薄弱，配套资金的硬性要求加剧了地方财政负担，地方配套资金的不足成为制约工程推进的一大瓶颈。如碳汇工程林按最低标准每亩 1000 元计，全省需碳汇造林资金 90 亿元，造林资金缺口仍然很大。除珠三角部分市(县、区)外，安排林业有害生物防治、森林防火、野生动植物保护、林业科技创新的专项资金严重不足。

八、科技支撑服务水平较低

科技支撑作用不强，科技创新能力较为薄弱，科技人才较为缺乏等。林业碳汇基础研究还处于起步阶段，森林固碳及碳汇监测技术研发、森林碳汇交易平台建设、碳汇林工程项目管理、碳汇资源本底调查等基础工作仍比较薄弱。林业有害生物防治检疫体系不健全，设备技术水平较低。保护区监测和科研工作开展不够深入。部分自然保护区仍然没有开展本底资源调查，大多数自然保护区日常管护工作仍停留在简单的巡山护林层面，没有配备相应的设施设备，科研、宣传、监测等多功能作用未能充分发挥。基层林业科技推广服务系统不够健全，全省 21 个地级以上市只有 12 个市成立了林业技术推广站；121 个县(市、区)中只有 37 个县(市、区)成立了林业技术推广站，仅占 30%，众多山区市、县或林业重点县尚未成立林业技术推广机构。

九、生态文明制度不健全

生态文明相关政策法规体系不完善，尚未形成可靠的法治保障，监管力度不够，执法不到位，破坏生态成本低。体制机制创新不足，生态环境保护统筹协调机制尚不健全，有利于生态环境保护的价格、财税、金融等激励政策和约束机制亟需健全和完善。社会生态意识较弱，没有将生态建设和生态保护变成自觉行动。

第四章

广东林业生态文明建设综合评价与潜力分析

第一节　综合评价

一、森林生态状况评价

（一）时间序列评价

1. 森林资源持续增长

1978～2013 年广东省森林资源总体上实现了良性发展，质量和数量均有稳步提升。全省林地面积从 1978 年的 1051.8 万 hm^2 增加到 2013 年的 1096.7 万 hm^2，增加了 44.9 万 hm^2；森林覆盖率从 1978 年的 30.2% 增加到 2013 年的 58.2%，增长了 1.9 倍；活立木总蓄积量从 1978 年的 144 48.9 万 m^3 增加到 2013 年的 524 24.67 万 m^3，增长了 3.6 倍（表 4-1）。

表 4-1　1978～2013 年广东省森林资源主要指标

统计年份(年)	林地面积(万 hm^2)	森林覆盖率(%)	活立木蓄积量(万 m^3)
1978	1051.8	30.2	14448.9
1995	1084.8	55.9	27313.3
1997	1083.3	56.6	29143.6
1998	1082.8	56.6	29982.3
1999	1082	56.8	30764.1
2000	1077.6	56.9	31634.2
2001	1082.5	57.1	32856.9
2002	1083.5	57.2	33949.3
2003	1082.1	57.3	35112.4
2004	1081.82	57.4	36614.35
2005	1087.33	55.5	36074.4
2006	1086.84	55.9	37890.28
2007	1100.58	56.3	40320.1
2008	1099.65	56.3	39953.89

（续）

统计年份(年)	林地面积(万 hm^2)	森林覆盖率(%)	活立木蓄积量(万 m^3)
2009	1099.06	56.7	41811.97
2010	1098.06	57.0	43935.57
2011	1097.31	57.3	46328.59
2012	1097.16	57.7	49204.08
2013	1096.7	58.2	52424.67

2. 森林质量不断提高

全省乔木林单位面积蓄积量从2005年的39.35m^3/hm^2提高到2013年的53.3m^3/hm^2。其中：商品林单位面积蓄积量为49.72m^3/hm^2、生态公益林单位面积蓄积量为59.21m^3/hm^2（图4-1）。

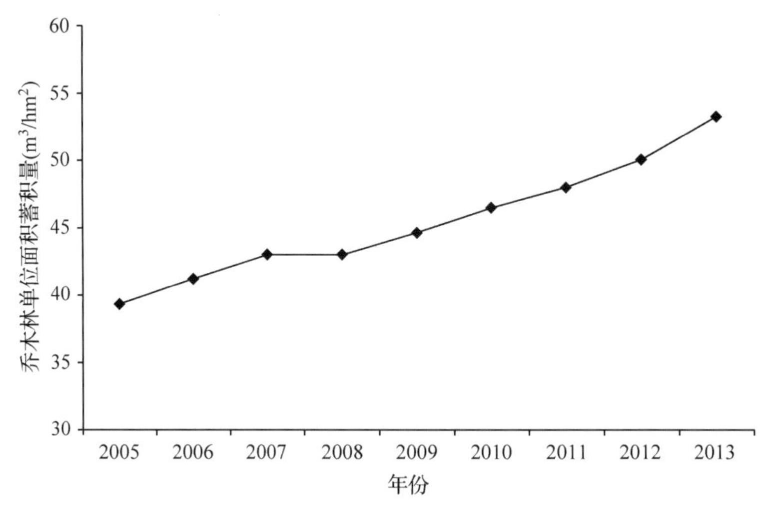

图4-1　广东省近10年乔木林单位面积蓄积量变化趋势

全省林地单位面积生物量从2005年的43.56t/ hm^2提高到2013年的57.85t/ hm^2，其中乔木林单位面积生物量为59.71t/ hm^2（图4-2）。

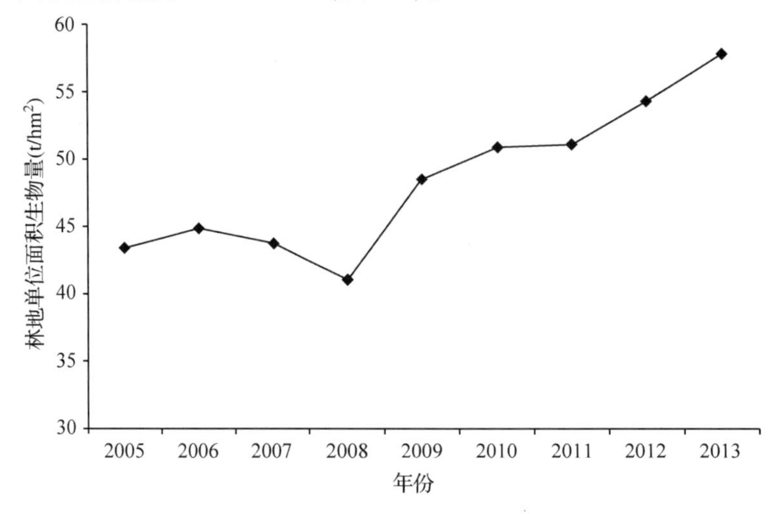

图4-2　广东省近10年林地单位面积生物量变化趋势

3. 生态公益林比重逐年加大

全省森林林种结构不断优化，生态公益林的比例逐年增加。生态公益林面积比例由2004年的32.7%上升为2013年的37.8%，商品林面积由2004年的67.3%下降为2013年的62.2%（图4-3）。

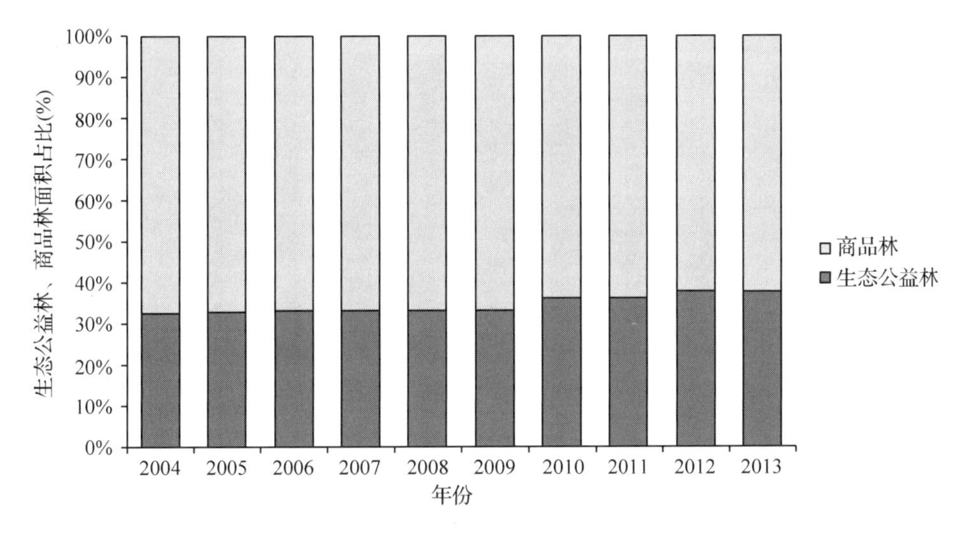

图4-3　广东省近10年林种结构变化趋势

4. 乔木林龄组结构不断优化

幼龄林、中龄林占总面积的比重呈现逐年下降趋势，成熟林和过熟林呈现逐年上升趋势，到2013年幼龄林、中龄林、近熟林、成熟林、过熟林占乔木林面积的比例分别为17.4%、23.0%、19.7%、19.4%和12.5%（图4-4）。

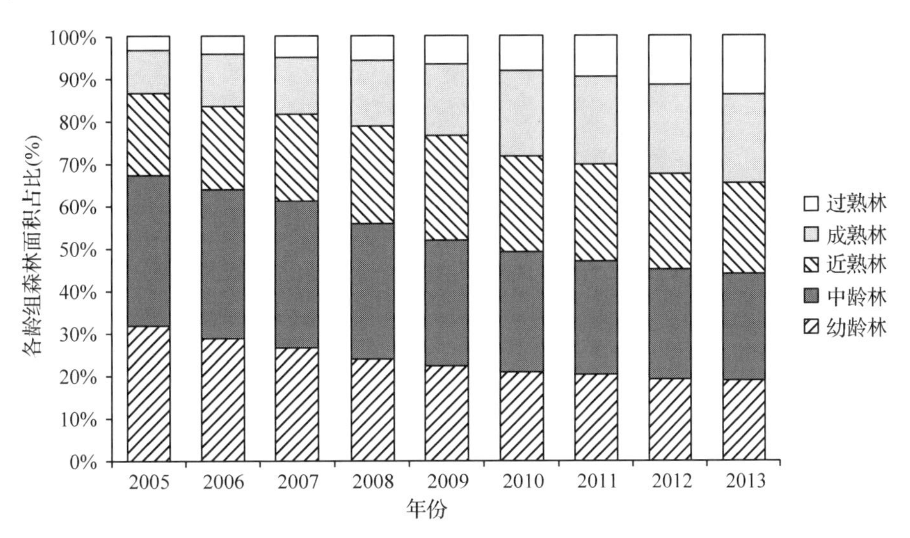

图4-4　广东省近10年乔木林龄组结构统计

5. 生态状况明显改善

（1）生态功能等级。全省森林（地）中，生态功能等级不断提高，一类林比重总体稳定，二类林比重逐年上升，由2005年的57.7%提高到2013年的69.9%；三、四类林比重逐年下降，分别由2005年的26.8%、10.1%下降到2013年的25.8%、4.3%(图4-5)。

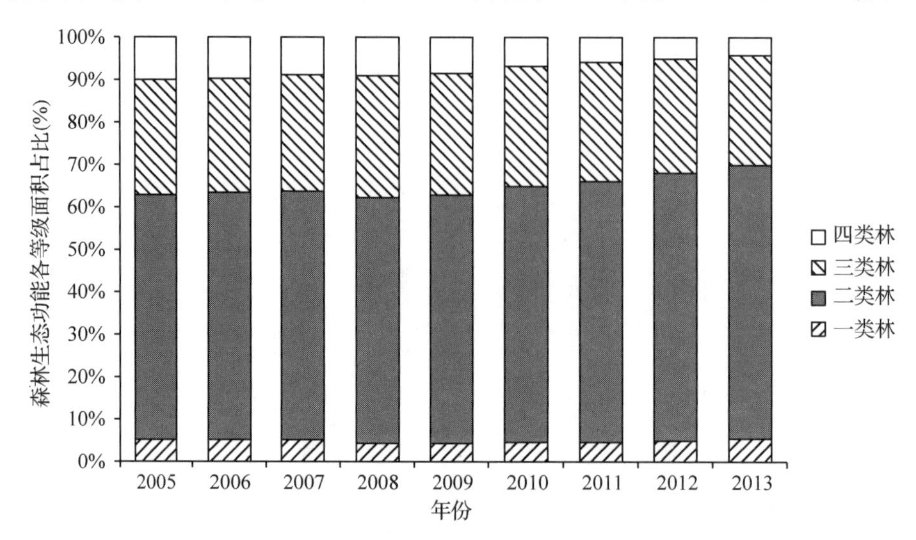

图4-5 广东省近10年森林生态功能等级变化趋势

(2)森林健康。全省森林(地)中，森林健康等级不断提高。健康和较健康森林面积不断增加，由2004年的94.5%提高到2013年的98.4%；亚健康和不健康森林面积不断下降，由2004年的5.5%降低到2013年的1.6%(图4-6)。

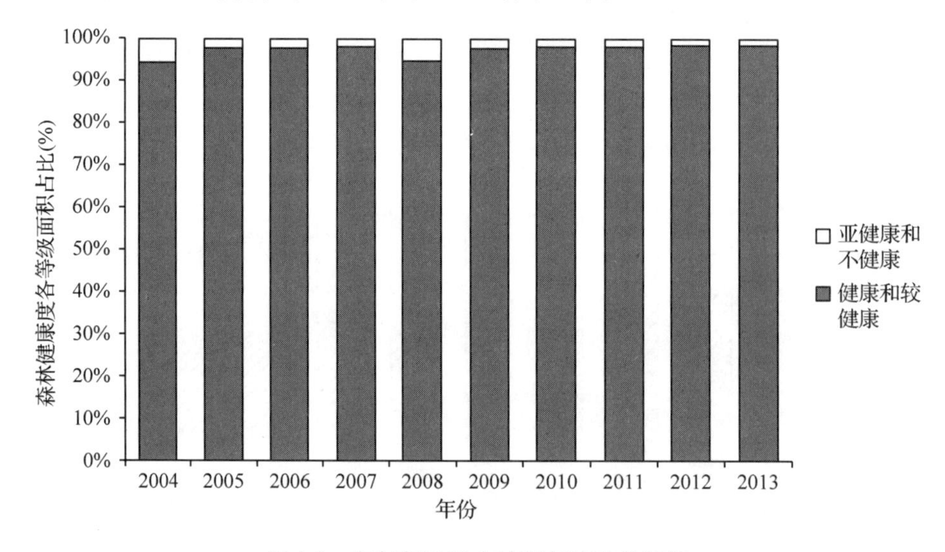

图4-6 广东省近10年森林健康变化趋势

(3)森林自然度。全省森林(地)中，近十年来森林自然度等级变化明显。其中：Ⅰ、Ⅱ、Ⅲ类林面积变化不大；Ⅳ类林面积比重由2004年的40.8%提高到2013年的52.4%；Ⅴ类林面积比重由2004年的30.9%降低到2013年的13.7%(图4-7)。

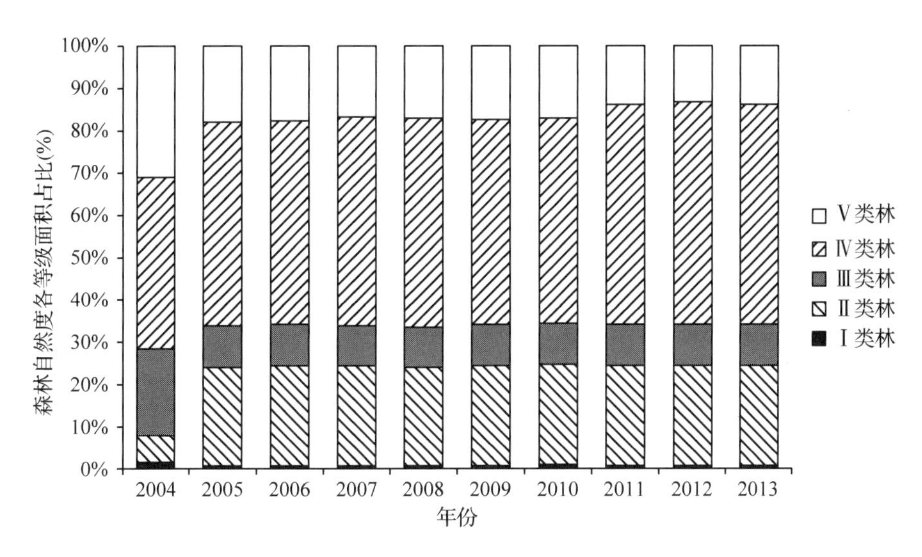

图 4-7 广东省近 10 年森林自然度变化趋势

(4)森林景观。全省森林(地)中，森林景观等级中Ⅰ级景观面积略呈上升趋势，由 2005 年的 0.9% 提高到 2013 年的 1.4%，其他等级的景观面积变化不大(图 4-8)。

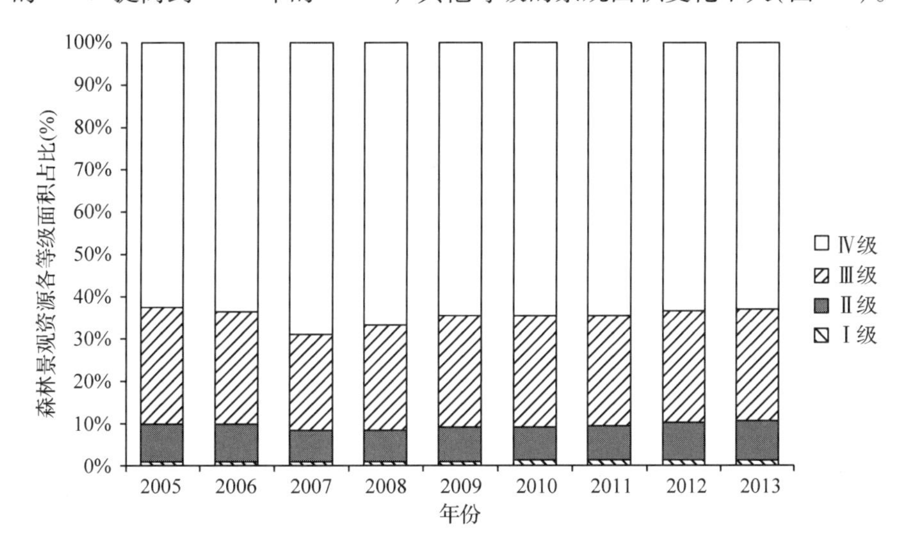

图 4-8 广东省近 10 年森林景观质量等级变化趋势

6. 森林生态效益明显提升

森林生态效益包括同化二氧化碳、森林放氧、涵养水源调节水量、净化大气、森林保土、森林生态旅游、森林储能、生物多样性保护、减轻水灾旱灾等 8 个主要方面。根据统计数据显示，近 10 年来，全省森林生态总效益明显提升，由 2004 年的 6205.38 亿元提高到 2013 年的 120 62.8 亿元(图 4-9)。

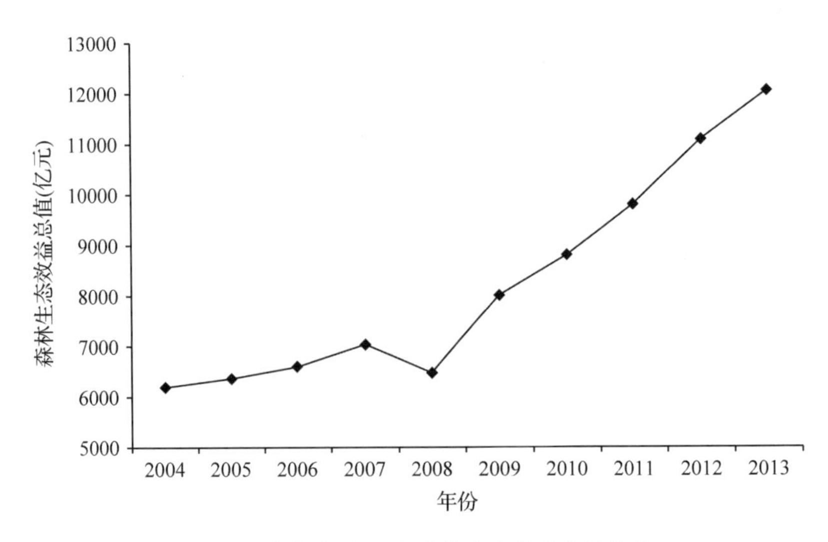

图 4-9　广东省近 10 年森林生态效益变化趋势

(二)空间序列评价

1. 与周边省份森林资源主要数据对比评价

主要采用国家林业局发布的《第八次全国森林资源清查各省(自治区、直辖市)主要结果》中的数据，将广东与福建、江西、湖南、广西和海南等 5 个周边省份森林资源主要数据进行对比评价。

(1)森林覆盖率和森林单位面积蓄积量。6 省份的森林覆盖率、森林单位面积蓄积量两项指标中，福建省最高，分别为 65.9%、100.2m^3/hm^2，湖南省最低，分别为 47.8%、45.3m^3/hm^2。广东省分别为 51.3%、49.9m^3/hm^2，仅高于湖南省，低于其他 4 省(图 4-10)。

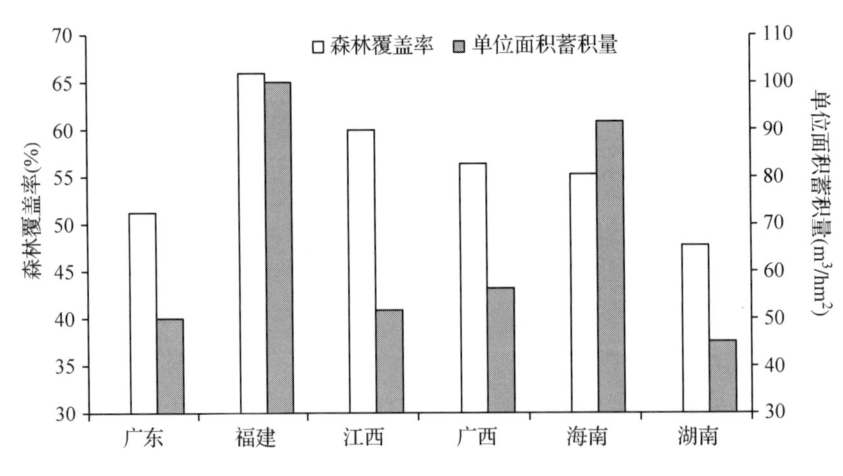

图 4-10　6 省份森林覆盖率、单位面积蓄积量对比

(2)林种结构。6 省份的林种结构，江西省生态公益林比例最大，其生态公益林和商品林面积比为 1∶1.31；福建省省生态公益林比例最低，其面积比为 1∶2.34。广东省生态公益林比重仅高于福建省，低于其他四省，比例为 1∶2.32(图 4-11)。

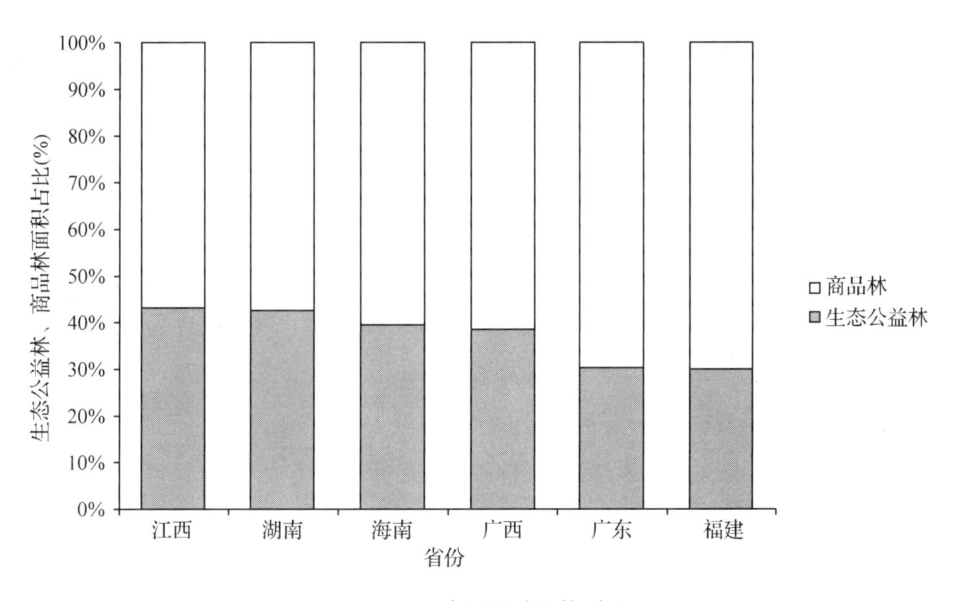

图 4-11　6 省份林种结构对比

(3)龄组结构。6 省份森林资源中，均是中幼林面积占有较大比重。其中，福建省中幼林面积比重最小，为 61.74%；江西省中幼林面积比重最大，为 87.36%。广东省中幼林面积比重大于福建和海南，位列第 3(图 4-12)。

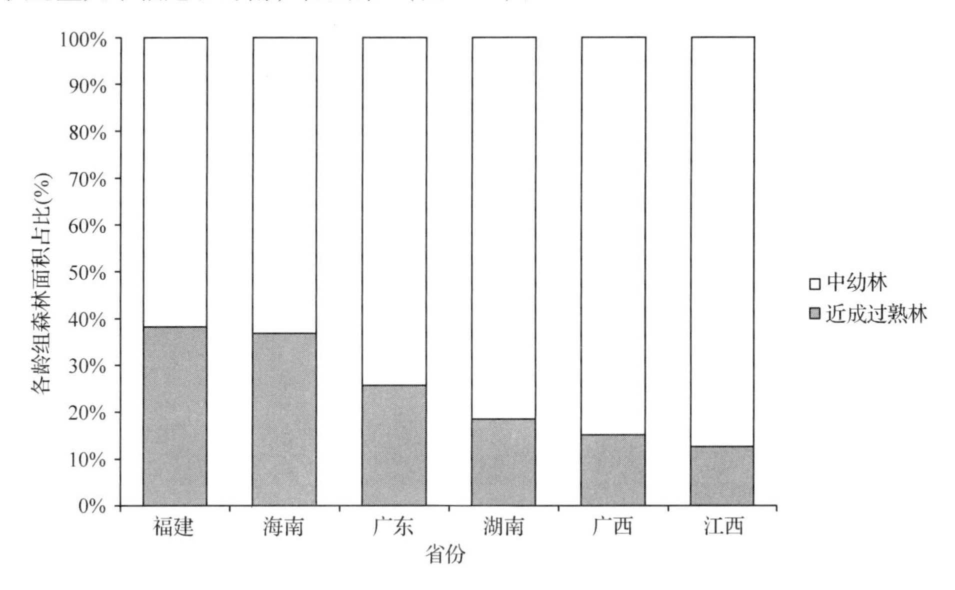

图 4-12　6 省份龄组结构对比

(4)树种结构。6 省份的优势树种(组)，以杉木、马尾松、湿地松和桉树为主，其中海南省的橡胶林面积占有一定比例。由此可见，杉木作为南方传统的速生丰产树种，目前其总面积仍占有较大比重(表 4-2)。

表 4-2　6 省份主要优势树种(组)统计

统计单位	排序	优势树种(组)	面积比例(%)	统计单位	排序	优势树种(组)	面积比例(%)
	1	桉树	23.96		1	杉木	27.76
广东	2	杉木	10.07	湖南	2	马尾松	15.45
	3	马尾松	9.13		3	湿地松	3.15
	1	杉木	22.36		1	桉树	18.28
福建	2	马尾松	13.79	广西	2	杉木	14.51
	3	桉树	4.47		3	马尾松	13.92
	1	杉木	23.34		1	阔叶混	53.47
江西	2	马尾松	14.59	海南	2	桉树	15.06
	3	湿地松	6.48		3	橡胶林	11.98

2. **广东省森林资源区域特征评价**

(1)森林资源分布不均，林种结构有待优化。森林资源主要分布在粤北地区，其次分别是珠三角、粤西和粤东地区，林地面积占总面积的比例分别是 54.5%、25.9%、12.2% 和 7.5%(图 4-13)；有林地面积占总面积的比例分别是 53.2%、26.6%、12.7% 和 7.4%(图 4-14)。

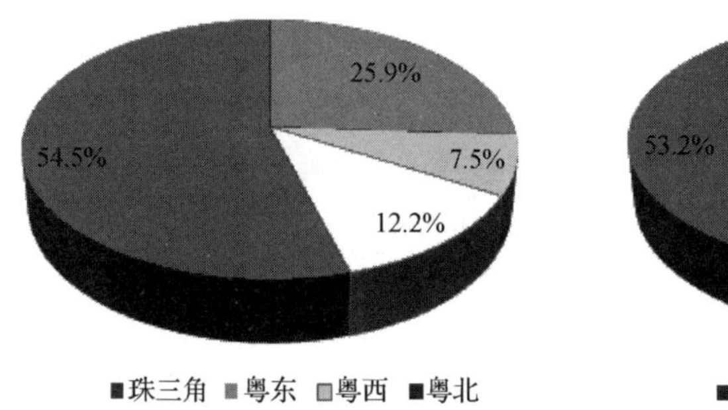

图 4-13　林地面积比例图

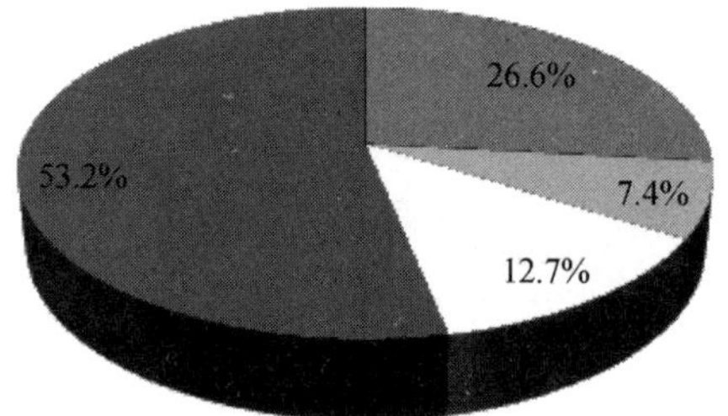

图 4-14　有林地面积比例图

从各区域林中结构看，珠三角、粤东和粤北地区生态公益林和商品林的比例分别为1∶1.8、1∶1.5、1∶1.3，而粤西地区的比例达到 1∶2.5，粤西地区的林种结构有待进一步优化(图 4-15)。

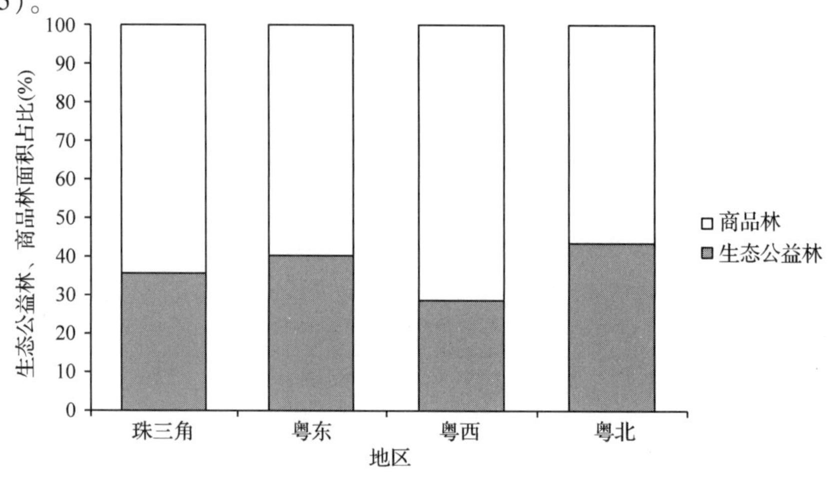

图 4-15　林种结构面积比例

(2)中幼龄林比重较大，中幼林抚育需加强。当前，全省森林乔木林中的中幼龄林在乔木林总面积中占有一定比例，且不同区域的龄组结构不尽相同。从面积和蓄积比重看：粤西地区中幼龄林面积和蓄积比重最小，粤东地区中幼龄林面积和蓄积比重最大(图4-16，4-17)。因此，需要进一步加强全省乔木林的经营管理，促进中幼龄林向近、成、过熟林发展。

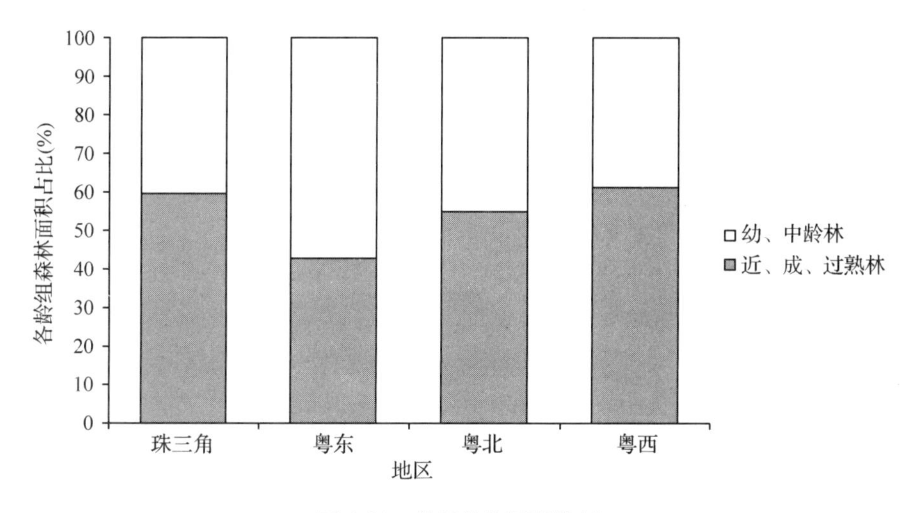

图4-16　龄组结构面积比例

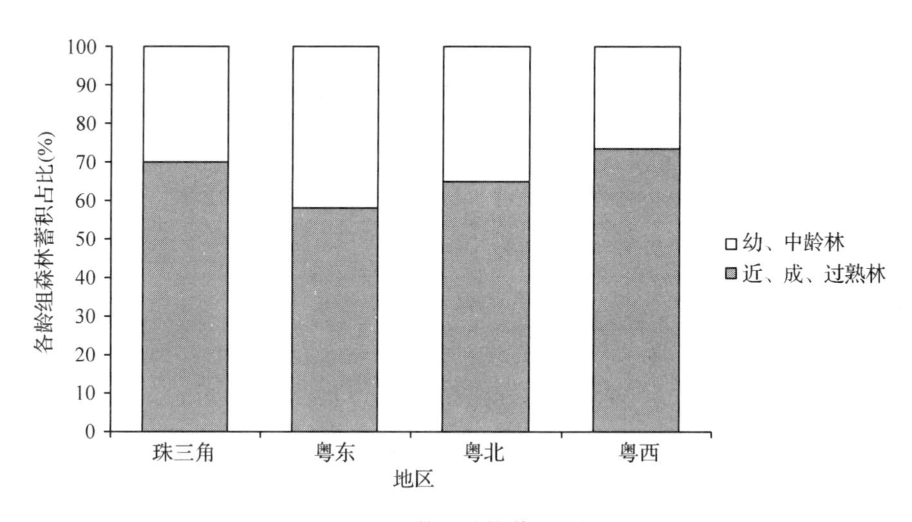

图4-17　龄组结构蓄积比例

(3)纯林占有较大比重，树种结构有待调整。全省森林资源中纯林面积(含针叶纯林、阔叶纯林)占有较大比重，阔叶林面积(含针叶混交林、阔叶混交林和针阔混交林)比重较小，其中粤西地区纯林比例更是达到92.5%。纯林中又以阔叶纯林占优势，混交林中以针阔混交林占优势(图4-18)。

从优势树种(组)的蓄积量分析，全省仍是马尾松、桉树和杉木的蓄积比重占前3位，分别是22.3%、14.7%和12.3%。从不同区域看，珠三角地区以马尾松、桉树和它软阔蓄积比重占优，分别是20.2%、18.4%和12.6%；粤东地区以马尾松、针阔混和桉树蓄

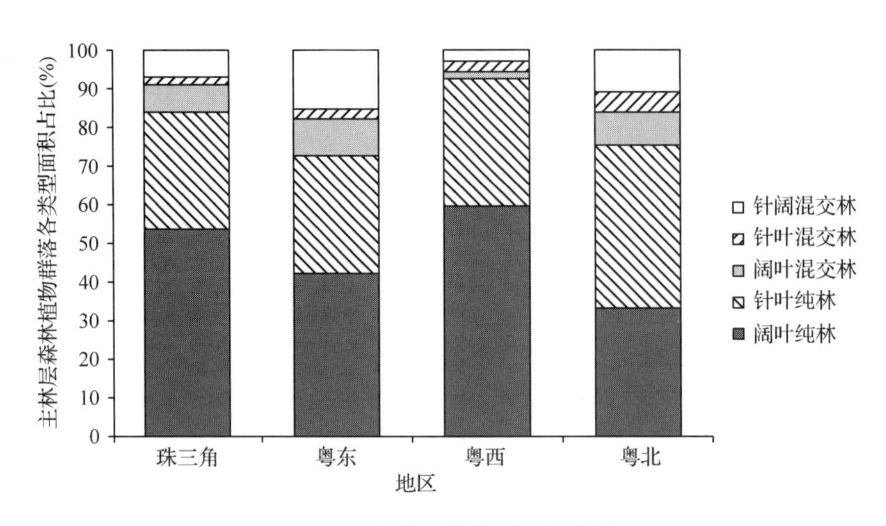

图 4-18　植物群落类型面积比例

积比重占优，分别是 24. 1%、16. 3% 和 11. 5%；粤西地区以桉树、马尾松和杉木的蓄积比重占优，分别是 32. 4%、23. 4% 和 12. 9%；粤北地区以马尾松、桉树和它软阔蓄积比重占优，分别是 23. 4%、15. 0% 和 12. 9%(图 4-19)。

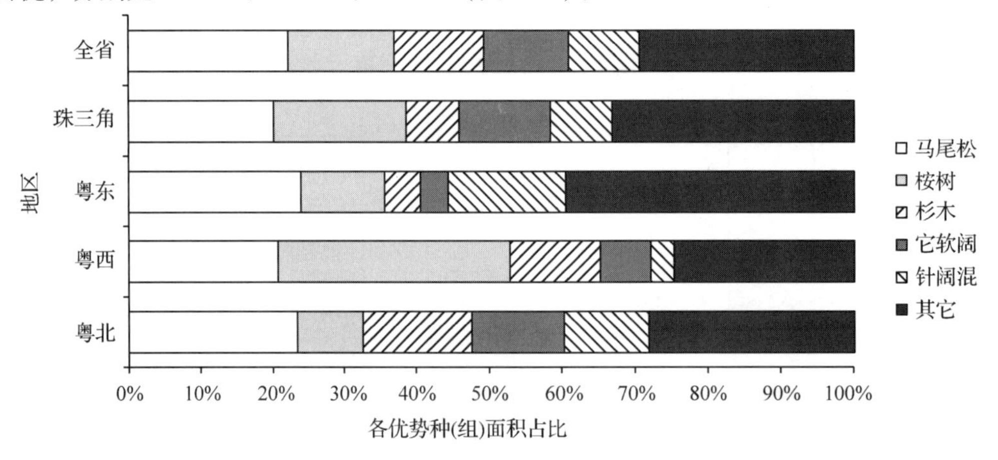

图 4-19　优势树种(组)蓄积比例

(4)生态状况总体良好，有进一步提高空间。①森林景观质量等级。全省森林景观质量等级总体水平不高，地区之间的差异不大，以Ⅳ级林占主要，Ⅲ级林次之，Ⅰ、Ⅱ级林面积相对很少(图 4-20)。②森林生态功能等级。全省森林生态功能等级以二类和三类林占多数、一类和四类林占少数，其中粤东地区四类林面积比重稍大，为 7. 1%(图 4-21)。③森林自然度。全省森林自然度等级以Ⅳ级为主，Ⅰ、Ⅱ级森林较少。从区域看，粤北地区森林自然度等级优于其他他地区，其Ⅰ、Ⅱ级森林面积比重达到 26. 6%，粤东地区森林自然度等级相较于其他地区较低，其Ⅰ、Ⅱ级森林面积比重仅为 15. 3%，而Ⅴ级森林仍占有一定比重，为 21. 5%(图 4-22)。④森林健康度等级。全省范围内，健康和较健康的森林占多数，亚健康和不健康的森林占少数。从地区看，珠三角和粤东地区森林健康度等级优于粤西地区和粤北地区，其中粤西和粤北地区亚健康、不健康的森林面积占总面积的比例达到 2. 02% 和 2. 04%(图 4-23)。

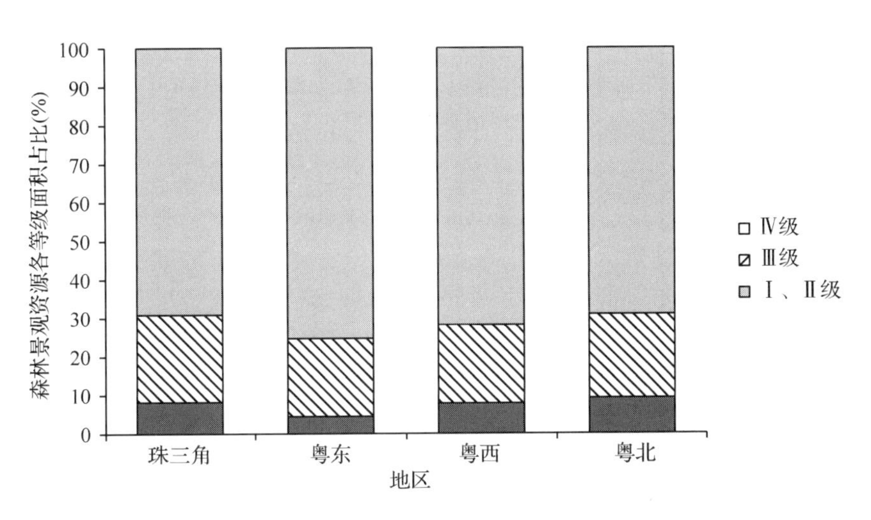

图 4-20 森林景观质量面积比例

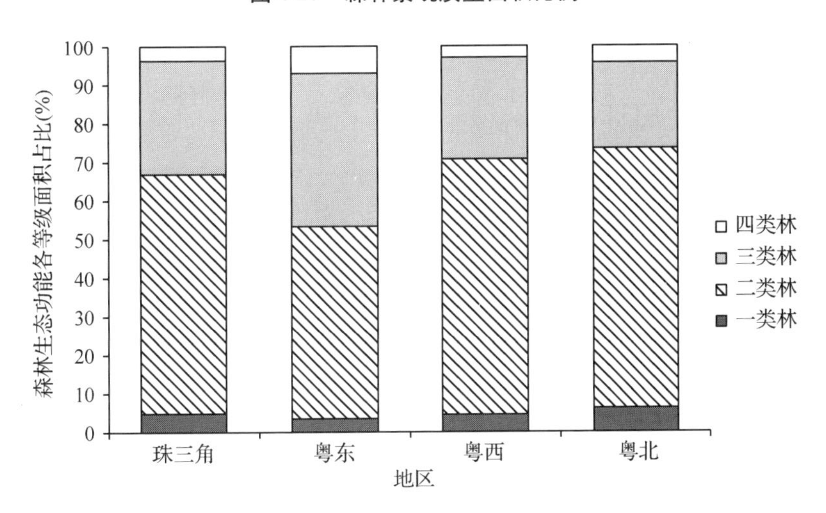

图 4-21 森林生态功能面积比例

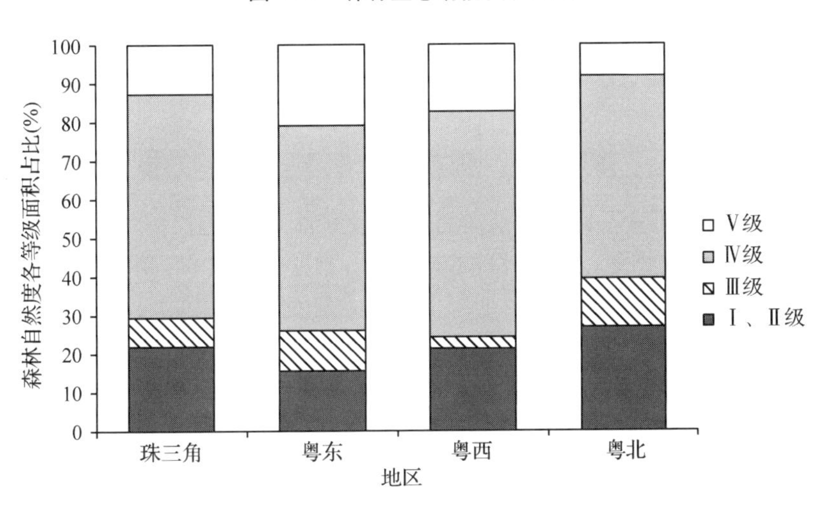

图 4-22 森林自然度面积比例

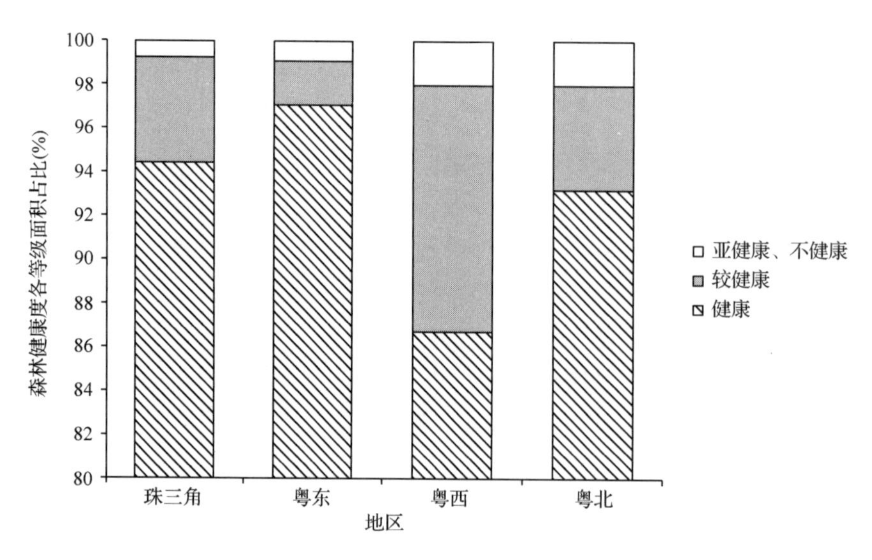

图 4-23　森林健康度面积比例

二、林业产业发展评价

1. 产业结构不断优化

2012 年全省林业总产值比 2007 年增加 3315.4 亿元，其中第一、二产业稳步增长，第三产业增幅较大(图 4-24)。第三产业的蓬勃发展，一方面得益于近年森林生态旅游产业的兴起，并以此带动相关旅游服务行业的快速发展；另一方面也得益于全省进一步加大和完善森林生态旅游产业产值的科学统计工作。

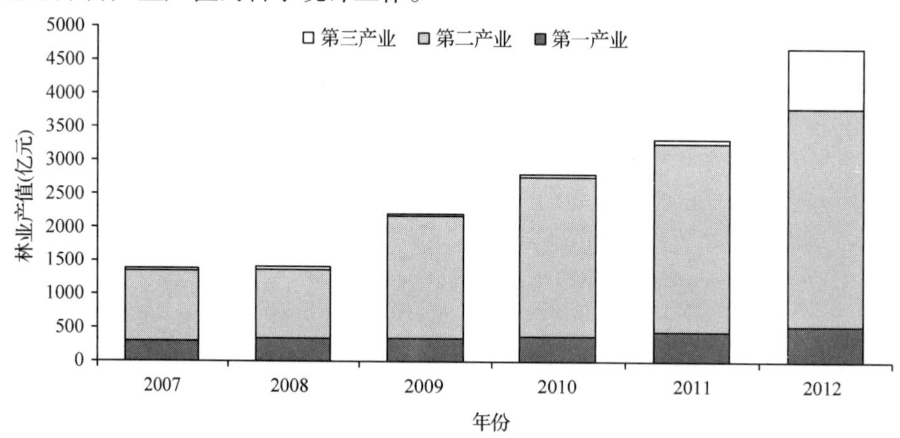

图 4-24　广东省近 6 年林业产业总产值变化趋势

2. 木材产量持续增长

全省木材产量自 1978 年的 305.8 万 m^3 增长到 2012 年的 759.86 万 m^3，总体上呈现大幅增长趋势(图 4-25)。全省木材产量占全国木材总产量的比例由 2005 年的 6.5% 上升到 2012 年的 9.3%(图 4-26)。

3. 人造板产量稳步提升

全省人造板产量多年来呈现上升趋势，从 1978 年到 2000 年增幅缓慢，2000 年人造板产量是1978年的35.6倍；从2000年到2012年增幅不断加大，2012年人造板产量为2000年的6.8倍，其中纤维板的产量增幅最大(图4-27)。

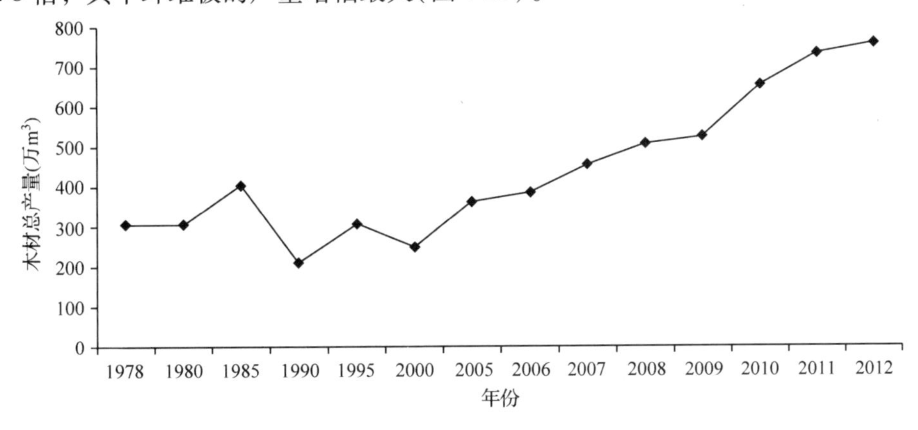

图4-25　广东省木材产量变化趋势

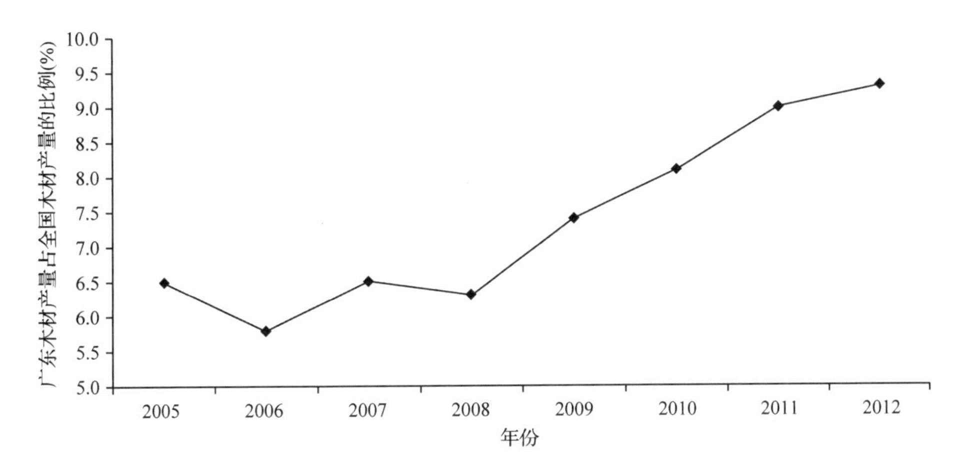

图4-26　广东省木材产量占全国木材总产量比例变化趋势

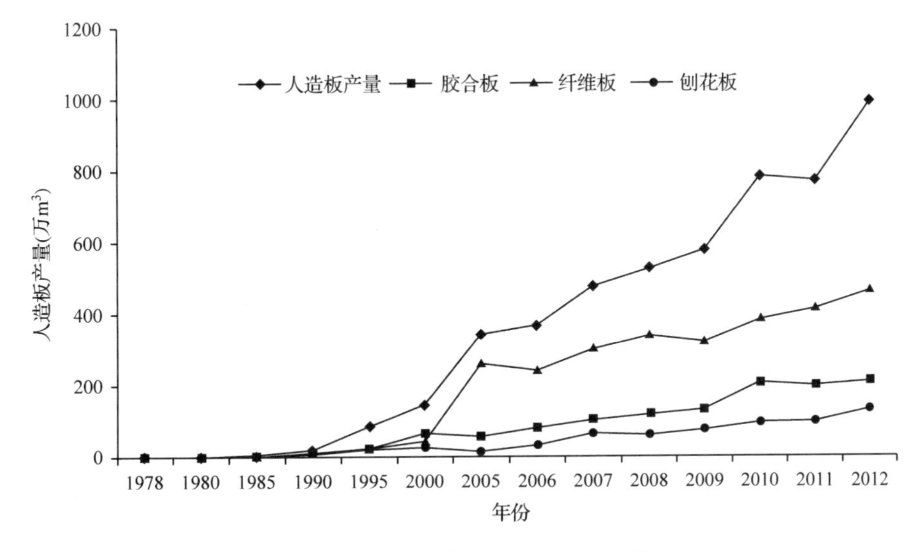

图4-27　广东省人造板产量变化趋势

三、生态文化发展评价

1. 自然保护区体系日益完善

从2004年至2013年，全省自然保护区总数稳步增加，总面积从103.3万hm^2增加到124.51万hm^2，占国土面积比重由5.7%提高到6.9%。其中省级自然保护区和市、县级自然保护区数量增加尤为显著(图4-28)。

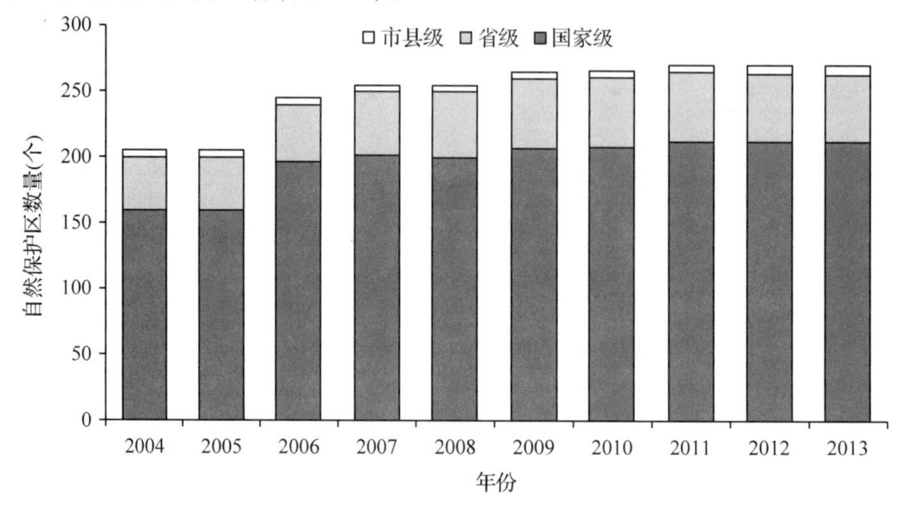

图4-28　广东省自然保护区数量变化趋势

2. 森林公园建设步伐加快

从2004年至2013年，全省森林公园总数由315处增加到431处，总面积由91.77万hm^2增加到106.98万hm^2，占国土面积比例由5.13%提高到5.9%。其中：国家级森林公园由17处增加到25处，省级森林公园由47处增加到76处，市、县级森林公园由251处增加到330处。

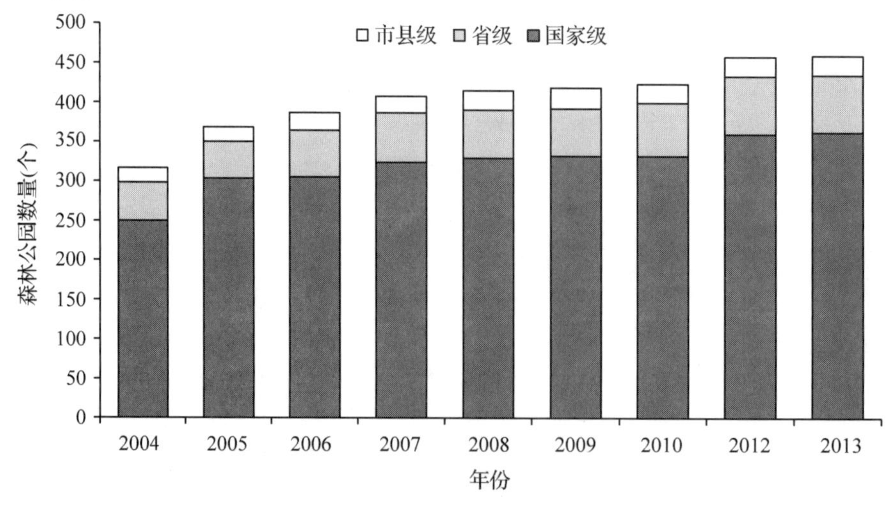

图4-29　广东省森林公园数量变化趋势

3. **义务植树活动如火如荼**

以每年3月12日植树节为契机，全省各地积极响应号召，组织党政军民开展全民义务植树活动，以实际行动推进广东绿化，建设美丽广东。同时积极开展形式多样的主题林活动，鼓励企业、社会团体和个人通过捐资、认种认养、租地造林等各种形式投资参与植树造林，积极营造“共建林”“和谐林”“幸福林”和“生态林”。省民族宗教委连续6年开展“广东省宗教界万人植树活动”共发动33万人次，投入资金2500余万元，植树250多万棵。团省委联合省绿委、省林业厅开展主题为“保护母亲河 青春绿万村”活动。2005~2012年，全省义务植树累计达到701 00.16万株(图4-30)。

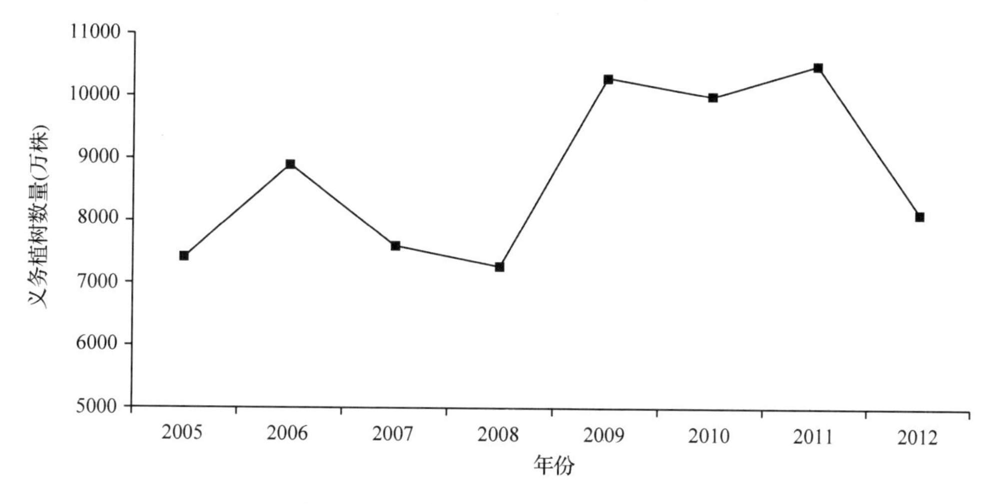

图4-30 广东省义务植树数量变化趋势

第二节 潜力分析

一、森林资源增长潜力分析

根据2013年《中共广东省委广东省人民政府关于全面推进新一轮绿化广东大行动的决定》的有关目标分解“森林面积、森林蓄积”指标数据对森林生物量及森林碳储量进行测算。

(一)森林面积测算

1. **面积增量测算**

结合近年来广东省开展生态景观林带、森林碳汇、森林进城围城和乡村绿化美化等重点林业生态工程建设情况，对广东省2014~2017年可增加的森林面积进行测算。2015年比2013年增加森林面积15.80万hm^2，2017年比2015年增加8.00万hm^2。2014~2017年期间，广东省增加森林面积23.80万hm^2，年均增加5.95万hm^2，年增长率0.54%(表4-4)。

表 4-4　广东省森林面积增量测算　　单位：万 hm^2

序号	单位	合计	2014 年	2015 年	2016 年	2017 年
1	全省	23. 80	8. 35	7. 45	4. 30	3. 70
2	珠三角地区	4. 90	1. 12	1. 71	0. 85	1. 22
3	粤东地区	1. 87	0. 59	0. 64	0. 36	0. 28
4	粤西地区	1. 55	0. 27	0. 32	0. 58	0. 38
5	粤北地区	8. 65	2. 56	1. 76	2. 51	1. 82
6	其他	6. 83	3. 81	3. 02	0. 00	0. 00

2. 面积测算

根据测算，2015 年全省森林面积达 1076. 03 万 hm^2，2017 年广东省森林面积达 1084. 03 万 hm^2（表 4-5）。

表 4-5　广东省森林面积测算　　单位：万 hm^2

序号	单位	2014 年	2015 年	2016 年	2017 年
1	全省	1068. 58	1076. 03	1080. 33	1084. 03
2	珠三角地区	277. 69	279. 4	280. 25	281. 47
3	粤东地区	80. 56	81. 2	81. 56	81. 82
4	粤西地区	137. 76	138. 08	138. 66	139. 04
5	粤北地区	551. 65	553. 41	555. 92	557. 74
6	省直属林场	12. 6	12. 6	12. 6	12. 6
7	其他	8. 32	11. 34	11. 34	11. 34

（二）森林蓄积量测算

1. 蓄积增量测算

根据测算，2015 年比 2013 年增加森林蓄积量 4838. 7 万 m^3，2017 年比 2015 年增加 6603. 4 万 m^3。2014～2017 年期间，广东省新增森林蓄积 114 42. 1 万 m^3，年均增加 2860. 5 万 m^3，年增长率 5. 5%（表 4-6）。

表 4-6　广东省森林蓄积增量测算　　单位：万 m^3

序号	单位	合计	2014 年	2015 年	2016 年	2017 年
1	全省	11442. 1	2223. 6	2615. 1	3004. 2	3599. 2
2	珠三角地区	3090. 7	643. 7	732. 7	813. 3	901
3	粤东地区	438. 6	91. 4	88	112. 6	146. 6
4	粤西地区	1427. 9	268. 8	325. 2	379	454. 9
5	粤北地区	6385. 1	1219. 6	1469. 4	1699. 5	1996. 6
6	省直属林场	100	0	0	0	100

2. 蓄积量测算

根据测算，2015 年全省森林蓄积量达 55 289. 8 万 m^3，2017 年广东省的森林蓄积量可达 618 93. 2 万 m^3（表 4-7）。

表 4-7　广东省森林蓄积量测算　　单位：万 m^3

序号	单位	2014 年	2015 年	2016 年	2017 年
1	全省	52749.9	55289.8	58527.2	61893.2
2	珠三角地区	13424.3	14066.4	14899.5	15780.7
3	粤东地区	2224.8	2302.2	2430.3	2561.4
4	粤西地区	7384.7	7765.9	8245.9	8599.8
5	粤北地区	28541.4	29980.7	31776.98	33676.7
6	省直属林场	780.4	780.4	780.4	880.4
7	其他	394.4	394.3	394.3	394.3

(三)森林植物生物量测算

森林植物生物量包括林木生物量(含茎、枝、叶、花、果和根等)和林下植被层的生物量，通常以干物质量表示。根据测算，2015 年全省森林植物生物量将达 74 850.8 万 t，2017 年将达 838 04.9 万 t。2014～2017 年期间，广东省森林植物生物量增加 12 523 万 t，年增长率 5.8%(表 4-8)。

表 4-8　广东省森林植物生物量测算　　单位：万 t

序号	单位	2014 年	2015 年	2016 年	2017 年
1	全省	71281.9	74850.8	78938.5	83804.9
2	珠三角地区	22257	23480.2	24837.4	26341.4
3	粤东地区	2759.2	2868.8	3009.2	3192
4	粤西地区	9272.3	9677.4	10149.7	10716.7
5	粤北地区	35529.5	37360.5	39478.2	41966.3
6	省直属林场	972.5	972.5	972.5	1097.1
7	其他	491.4	491.3	491.3	491.3

二、森林碳汇潜力分析

(一)森林碳储量

根据测算，2015 年全省森林碳储量将达 117 266.2 万 t，2017 年将达 131 294.4 万 t。2014～2017 年期间，预计增加森林碳储量 19 619.4 万 t，年增长率 5.9%(表 4-9)。

表 4-9　广东省森林碳储量测算一览表　　单位：万 t

序号	单位	2014 年	2015 年	2016 年	2017 年
1	全省	111675	117266.2	123670.4	131294.4
2	珠三角地区	34869.3	36785.6	38912.1	41268.4
3	粤东地区	4322.8	4494.6	4714.5	5000.8
4	粤西地区	14526.7	15161.5	15901.3	16789.4
5	粤北地区	55662.9	58531.3	61849.2	65747.1
6	省直属林场	1523.5	1523.5	1523.5	1718.7
7	其他	769.9	769.8	769.8	769.8

(二)森林碳汇

根据测算，2015 年全省森林碳汇预计达 7585.5 万 t，2017 年预计将达 10 343.2 万 t。

2014~2017 年广东省森林碳汇总量预计为 33 085. 2 万 t(表 4-10)。

表 4-10 广东省森林碳汇测算

单位：万 t

序号	单位	合计	2014 年	2015 年	2016 年	2017 年
1	全省	33085. 2	6468. 2	7585. 5	8688. 3	10343. 2
2	珠三角地区	10965. 2	2283. 8	2599. 8	2885. 2	3196. 4
3	粤东地区	1161. 9	242	233. 1	298. 3	388. 5
4	粤西地区	3781. 8	712	861. 2	1003. 6	1205
5	粤北地区	16911. 6	3230. 6	3891. 5	4501. 2	5288. 3
6	省直属林场	264. 9	0	0	0	264. 9

(三)森林碳汇贡献率

森林碳汇占 CO_2 排放量的百分比为森林碳汇贡献率。根据测算，2015 年全省森林碳汇贡献率达 11. 04%，2017 年达 13. 92%(表 4-11)。

表 4-11 广东省各地级市森林碳汇贡献率测算

单位:%

序号	单位	2014 年	2015 年	2016 年	2017 年
0	全省	9. 80	11. 04	12. 17	13. 92
1	广州市	1. 76	1. 85	2. 24	2. 36
2	深圳市	0. 51	0. 56	0. 46	0. 54
3	珠海市	2. 78	2. 84	2. 66	2. 82
4	汕头市	1. 55	1. 80	1. 84	2. 61
5	佛山市	1. 24	1. 42	1. 39	1. 43
6	韶关市	90. 16	110. 42	137. 93	163. 62
7	河源市	112. 43	148. 92	150. 17	153. 64
8	梅州市	68. 81	75. 59	80. 66	85. 39
9	惠州市	19. 59	21. 04	23. 03	25. 46
10	汕尾市	17. 01	17. 07	17. 14	17. 24
11	东莞市	0. 71	0. 73	0. 68	0. 68
12	中山市	1. 33	1. 55	1. 79	1. 84
13	江门市	14. 30	16. 35	18. 54	19. 09
14	阳江市	33. 43	44. 83	48. 40	51. 15
15	湛江市	10. 25	10. 43	10. 27	8. 03
16	茂名市	11. 68	12. 84	14. 53	20. 49
17	肇庆市	26. 34	28. 64	29. 12	30. 15
18	清远市	76. 86	82. 06	86. 52	95. 92
19	潮州市	7. 98	9. 03	10. 14	11. 63
20	揭阳市	6. 74	4. 01	8. 13	11. 32
21	云浮市	45. 29	42. 85	40. 53	40. 56

(四)人均森林碳汇

根据测算，2015 年全省人均森林碳汇为 0. 70 t/人，2017 年为 0. 94 t/人(表 4-12)。

表 4-12　广东省各地级市人均森林碳汇测算　　单位：t/人

序号	单位	2014 年	2015 年	2016 年	2017 年
0	全省	0. 60	0. 70	0. 79	0. 94
1	广州市	0. 19	0. 20	0. 26	0. 27
2	深圳市	0. 06	0. 07	0. 06	0. 07
3	珠海市	0. 29	0. 32	0. 29	0. 33
4	汕头市	0. 04	0. 04	0. 05	0. 07
5	佛山市	0. 12	0. 14	0. 15	0. 15
6	韶关市	2. 78	3. 38	4. 65	5. 47
7	河源市	2. 21	2. 90	2. 90	3. 44
8	梅州市	1. 26	1. 54	1. 63	1. 91
9	惠州市	1. 11	1. 23	1. 38	1. 62
10	汕尾市	0. 28	0. 28	0. 28	0. 28
11	东莞市	0. 05	0. 05	0. 05	0. 05
12	中山市	0. 11	0. 13	0. 16	0. 17
13	江门市	0. 66	0. 78	0. 92	0. 98
14	阳江市	0. 93	1. 24	1. 52	1. 60
15	湛江市	0. 24	0. 26	0. 27	0. 22
16	茂名市	0. 50	0. 59	0. 69	1. 03
17	肇庆市	2. 28	2. 60	2. 76	2. 98
18	清远市	2. 41	2. 76	3. 11	3. 67
19	潮州市	0. 20	0. 26	0. 29	0. 37
20	揭阳市	0. 13	0. 09	0. 17	0. 26
21	云浮市	1. 11	1. 05	1. 15	1. 14

第五章

广东林业生态文明建设评价指标体系

第一节 生态文明建设评价指标体系构建

生态文明建设评价指标体系是生态文明制度建设的重要内容，也是生态文明建设顶层设计的关键环节。科学构建生态文明指标体系、进行生态文明评价是测量生态文明状态、考核生态文明建设绩效和对生态系统健康进行预警的重要实践内容。虽然国外没有比较成熟的生态文明评价指标体系，但20世纪60年代以来建立的可持续发展、生态现代化、生态省份(城市、县)、宜居城市等评价指标体系对于我国生态文明建设及评价具有重要的参考价值。生态文明评价指标体系是一个涉及多部门多学科的复杂研究，包括概念界定、指标取舍、数据采集等方面的内容。随着国内生态文明相关理论与实践模式研究的深入，国内学者提出了国家、省域、区域、城市等多套生态文明评价指标体系，总体说来，已有的生态文明评价指标体系为生态文明的建设和发展提供了量化的标准，在引导生态文明建设不断深入、完善、扩展和提升上产生了积极的作用。

一、国家层次

生态文明建设既要实现生态环境好转，又要实现经济社会发展，也做到协调发展。它要求生态充满活力，环境质量优良，社会事业发达，高度协调发展，是一项涉及经济、政治、文化、社会、生态、环境的系统工程。2009年9月，北京林业大学生态文明研究中心ECCI(Eco-Civilization Construction Indices)课题组，提出了全国首份综合性省级生态文明建设评价指标体系，于2009年9月发布了2005~2007年中国省级生态文明建设评价报告，评价各省、自治区、直辖市(未含香港、澳门、台湾)的生态文明建设水平。通过多年的跟踪研究，评价各省份生态文明建设的发展趋势，优势、劣势和建设目标，将各省份生态文明建设类型划分为均衡发展型、社会发达型、生态优势型、相对均衡型、环境优势型和低度均衡型共6大类型(表5-1)。

表 5-1 2005～2008 年各省份生态文明建设排名

名次＼年份(年)	2008	2007	2006	2005
1	北京	北京	北京	北京
2	浙江	海南	天津	天津
3	海南	浙江	广东	海南
4	广东	天津	上海	福建
5	福建	福建	福建	广东
6	四川	四川	海南	浙江
7	上海	广东	江苏	上海
8	天津	上海	重庆	江苏
9	吉林	江西	浙江	吉林
10	重庆	广西	四川	辽宁
11	江苏	江苏	辽宁	西藏
12	江西	吉林	吉林	四川
13	广西	重庆	江西	云南
14	辽宁	西藏	山东	广西
15	黑龙江	湖南	广西	重庆
16	湖南	云南	陕西	湖北
17	云南	辽宁	湖南	江西
18	西藏	安徽	西藏	山东
19	山东	山东	黑龙江	黑龙江
20	陕西	黑龙江	湖北	湖南
21	安徽	湖北	河北	河南
22	湖北	陕西	云南	青海
23	河南	河南	安徽	安徽
24	内蒙古	青海	宁夏	陕西
25	青海	贵州	青海	新疆
26	河北	河北	新疆	河北
27	宁夏	新疆	河南	内蒙古
28	贵州	宁夏	甘肃	贵州
29	新疆	内蒙古	贵州	甘肃
30	山西	山西	内蒙古	宁夏
31	甘肃	甘肃	山西	山西

ECCI 包含 4 大核心考察领域：生态活力、环境质量、社会发展、协调程度，共 20 项具体指标。对 20 个具体指标的相关性分析显示，相关度最高的 6 个指标分别为：单位 GDP 能耗、单位 GDP 二氧化硫排放量、服务业产值占 GDP 比例、城市生活垃圾无害化率、城镇化率和森林覆盖率。这 6 个指标囊括了节能、减排、产业结构升级、资源循环综合利用、城市化集约发展、生态建设等生态文明建设的核心内涵，突出了目前生态文明建设的重点(表 5-2)。

表 5-2 ECCI 指标体系及其说明

一级指标	二级指标	三级指标
生态文明建设评价指标体系（ECCI）	生态活力	森林覆盖率(%) 建成区绿化覆盖率(%) 自然保护区的有效保护
	环境质量	地表水体质量 环境空气质量 水土流失率(%) 农药施用强度(%)
	社会发展	人均 GDP(元) 服务业产值占 GDP 比例(%) 城镇化率(%) 人均预期寿命(岁) 教育经费占 GDP 比例(%) 农村改水率(%)
	生态、资源、环境协调度	工业固体废物综合利用率(%) 工业污水达标排放率(%) 城市生活垃圾无害化率(%)
	生态、环境、资源与经济协调度	环境污染治理投资占 GDP 比重(%) 单位 GDP 能耗(t 标准煤 /万元) 单位 GDP 水耗(t /万元) 单位 GDP 二氧化碳排放量(t /万元)

基于生态系统视角，张欢(2014)按照“压力—状态—响应”模型(PSR 模型)框架，对生态文明建设压力系统、状态系统和响应系统进行分析，遵循全面性、典型性、定量性、操作性原则，构建了包括生态系统压力、生态系统健康状态和生态环境管理水平 3 个子系统，27 个评价指标的省域生态文明评价指标体系(表 5-3)。

表 5-3 省域生态文明评价指标体系

要素层	指标层	指标说明
生态系统压力(压力)	人口密度(人/km^2) 人口自然增长率(%) 人均 GDP(元)	人口压力 经济压力
	城区占国土面积比例(%) 水资源开发保障倍数(倍) 人均耕地面积(亩)	国土承载压力
	单位 GDP 能耗(t 标准煤/万元) 单位 GDP 用水量(t /万元) 单位 GDP 固体废弃物排放量(t /万元)	资源环境消耗压力
生态系统健康状态(状态)	森林覆盖率(%) 建成区绿化率(%) 湿地覆盖率(%) 水资源净化倍数(倍)	生态保育状态
	居民平均预期寿命(岁)	居民健康状态
	城区环境空气二氧化硫含量(mg/m^3) 城区环境空气 PM10 含量(mg/m^3) 城区环境噪声平均值(dB)	城区环境健康状态
	农业受灾面积占播种面积比重(%)	自然灾害情况

（续）

要素层	指标层	指标说明
生态环境管理水平（响应）	工业成本费用利润率（%） R&D 经费占 GDP 比重（%）	经济高度化
	自然保护区占国土面积比重（%） 单位国土面积林业投资强度（万元/km^2） 环境污染治理投资占 GDP 比重（%）	生态环境保护与投入
	工业固体废弃物综合利用率（%） 用水重复利用率（%） 城市污水处理率（%） 生活垃圾无害化处理率（%）	面源污染的治理能力

二、省域层次

北京生态文明评价指标体系由 4 个领域组成，分别是生态经济（包含生态产业、生态消费）、生态环境（包含生态资源）、生态文化、生态制度（包含生态科技），涉及多部门多学科（刘薇，2014）。在此基础上，对北京市 2006～2011 年生态文明建设进行实证研究。总体而言，北京的生态文明总水平从 2006 年的 0.111 上升到 2011 年的 0.2457，说明北京的生态文明建设取得了很好的成效（表 5-4）。

表 5-4　北京生态文明建设评价指标体系

领域	二级指标	三级指标
生态经济	产业结构	高新技术产业增加值占工业增加值的比重（%） 第三产业增加值占 GDP 比重（%）
	消费模式	新能源消耗占消费总量的比重（%）
	污染减排	万元 GDP 化学需氧量排放量（kg/万元） 万元 GDP 二氧化硫排放量（kg/万元） 万元 GDP 氨氮排放量（kg/万元） 万元 GDP 氮氧化物排放量（kg/万元）
	节能降耗	万元 GDP 能耗（t 标准煤） 万元 GDP 水耗（m^3） 节能居住建筑占全部居住建筑的比重（%） 新能源汽车占汽车消费的比重（%）
	循环利用	工业重复用水率（%） 固体废弃物综合利用率（%）
生态环境	资源使用	人均水资源量（m^3/人） 森林覆盖率（%） 土地集约利用指数
	环境保护	城市环境空气质量优良率（%） 地表水质达标率（%） 土壤环境质量指数（%） 生活污水集中处理率（%） 生活垃圾无害化处理率（%） 人均公共绿地面积（m^2/人）
生态文化	环保意识	生态文明教育宣传普及率（%） 生态环境质量公众满意度（%）
	生态创建	绿色创建活动指数 市级以上生态乡镇、街道、社区的比重（%） 新建绿色建筑比率（%）

（续）

领域	二级指标	三级指标
生态制度	政策保障	环境污染治理投资占 GDP 比重(%)
		重点企业实施清洁生产审核比重(%)
		环境科技授权专利数(个)
	科学执政	规划环评执行率(%)
		政府绿色采购比率(%)

湖北省从资源条件优越、生态环境健康、经济效率较高、社会稳步发展四个方面建立了 3 个层次，4 个准则层，20 个评价指标的生态文明评价指标体系(表 5-5)，并对 2010 年湖北省及 13 个地级市(州)生态文明水平状态的评价，指出湖北省及各地级市生态文明建设的对策措施(张欢，2013)。

表 5-5　湖北省生态文明评价指标体系

准则层	指标层	权重	评价意义
资源条件优越	从业人员占总人口比重(%)	0.15	评价劳动力资源、耕地资源、水资源、森林资源和矿产资源状况
	人均耕地面积(亩/人)	0.2	
	人均水资源量(m^3/人)	0.27	
	森林覆盖率(%)	0.27	
	单位国土面积采矿业产值(万元/km^2)	0.11	
生态环境健康	建成区绿地覆盖率(%)	0.26	评价城镇绿化
	环境保护财政支出占财政支出比重(%)	0.13	评价环保投入
	万元产值二氧化硫排放规模(kg/万元)	0.25	评价污染气体排放强度和污水人均排放强度
	入河污水人均排放量(m^3/人)	0.25	
	三废综合利用产值占工业产值比重(%)	0.11	评价循环经济规模
经济效率较高	规模以上工业企业平均产值(亿元/单位)	0.2	评价经济的规模效率、科技效率、人均效率、投资效率和能源效率
	科技产业产值占 GDP 比重(%)	0.2	
	人均 GDP(元/人)	0.2	
	单位社会固定资产投资拉动 GDP 增长系数(元)	0.2	
	单位 GDP 能耗(吨标准煤/万元)	0.2	
社会稳步发展	城镇居民人均可支配收入(元)	0.2	评价居民收入水平和购买力水平
	居民人均社会消费品零售额(元/人)	0.2	
	城镇居民人均住房面积(m^2/人)	0.2	评价居民住房、教育和医疗状况
	教育财政支出占 GDP 比重(%)	0.2	
	每千人医生数(人/千人)	0.2	

根据生态文明的内涵和本质特征，河南从自然生态环境、经济发展、社会进步 3 个方面建立评价子系统指标体系(表 5-6)，每个子系统又分若干指标，形成 20 个单项评价指标，对该省 2001～2005 年生态文明建设进行综合评价(蒋小平，2008)。

表 5-6　河南省生态文明评价指标体系

序号	一级指标	二级指标
1	生态环境保护	森林覆盖率(%)
2		城市人均公共绿地面积(m^2/人)
3		自然保护区面积占辖区面积比例(%)
4		水土流失土地治理率(%)

（续）

序号	一级指标	二级指标
5	生态环境保护	工业废水达标率（%）
6		万元 GDP 二氧化碳排放量（kg/万元）
7		主要河流三级以上水质达标率（%）
8		工业固体废弃物综合利用（%）
9		城市垃圾无害化处理率（%）
10		单位种植面积用化肥量（kg/hm^2）
11		单位种植面积用农药量（kg/hm^2）
12	经济发展	人均国内生产总值（元/人）
13		农民年人均纯收入（元/人）
14		城镇居民年人均可支配收入（元/人）
15		第三产业占 GDP 比重（%）
16		万元 GDP 能源消耗量（标准煤）（t/万元）
17		污染治理投资占 GDP 比重（%）
18	社会进步	人口自然增长率（%）
19		城市化水平（%）
20		每万人中拥有大学生人数（人）

三、区域层次

长株潭城市群生态文明程度综合评价指标体系，由生态经济、民生改善、生态环境、生态治理、生态文化等五类一级指标，28 个具体明细指标构成（表 5-7）。这 5 个一级指标和 28 个具体明细指标相辅相成，构成一个严密完整的总体，其中生态经济是基础，生态治理和生态文化是保障，民生改善和生态环境是目标（朱玉林，2010）。

表 5-7　长株潭城市群生态文明程度综合评价指标体系

序号	一级指标	二级指标
1	生态经济	人均地区生产总值（元）
2		单位地区生产总值能耗（t 标准煤/万元）
3		单位地区生产总值电耗（KWH/万元）
4		第三产业在地区生产总值的比重（%）
5		大中型工业企业科技人员高中级职称人员比例（%）
6		城市化率（%）
7	民生改善	城市居民人均可支配收入（元）
8		农村居民人均可支配收入（元）
9		恩格尔系数（%）
10		城镇居民医疗保险参保率（%）
11		新型农村合作医疗农民参合率（%）
12		城镇登记失业率（%）
13		城镇居民人均住房面积（m^2）
14	生态环境	城市绿化覆盖率（%）
15		每万人拥有园林绿地面积（hm^2）
16		城市水源地水质达标率（%）
17		酸雨频率（天/年）
18		城市交通噪声平均值（dB）
19	生态治理	工业用水重复使用率（%）
20		工程固体废弃物综合利用率（%）
21		全年空气质量达标率（%）

（续）

序号	一级指标	二级指标
22	生态治理	生活污水处理率(%)
23		城市生活垃圾无害化处理率(%)
24	生态文化	每万人拥有普通高中等学校个数(个)
25		有线电视入户率(%)
26		每万人公共图书馆藏书量(册)
27		教育支出占地方财政支出的比例(%)
28		平均每万人中普通高校在校学生数(人)

四、城市层次

城市生态文明指标体系是对所评城市的生态文明建设进行科学规划、定量评价和具体实施的依据，其目的是合理引导政府部门和社会成员的行为，促进生态文明建设目标的实现。

表 5-8　贵阳市建设生态文明城市指标

一级指标	二级指标
一、生态经济	1. 人均生产总值(元)
	2. 服务业增加值占 GDP 的比重(%)
	3. 人均一般预算收入增速(%)
	4. 高新技术产业增加值增长率(%)
	5. 单位 GDP 能耗(t 标准煤/万元)
	6. R&D 经费支出占 GDP 的比重(%)
二、生态环境	7. 森林覆盖率(%)
	8. 人均公共绿地面积(m^2/人)
	9. 中心城区空气良好以上天数达标率(%)
	10. 主要饮用水源水质达标率(%)
	11. 清洁能源使用率(%)
	12. 工业用水重复利用率(%)
	13. 工业固体废物综合利用率(%)
	14. 二氧化硫排放总量(万 t)
三、民生改善	15. 城市居民人均可支配收入(元)
	16. 农民人均纯收入(元)
	17. 人均受教育年限(年/人)
	18. 出生人口性别比(女生 =100)
	19. 社会保险覆盖率(%)
	20. 新型农村合作医疗农民参合率(%)
	21. 城镇登记失业率(%)
	22. 人均住房面积不足 12 m^2 的城镇低收入群体住户降低率(%)
	23. 社会安全指数(%)
四、基础设施	24. 人均道路面积(m^2/人)
	25. 城市生活污水集中处理率(%)
	26. 城市生活垃圾无害化处理率(%)
	27. 万人拥有公交车辆(辆/万人)
五、生态文化	28. 生态文明宣传教育普及率(%)
	29. 文化产业增加值占 GDP 比重(%)
	30. 居民文化娱乐消费支出占消费总支出的比重(%)
六、廉洁高效	31. 行政服务效率(%)
	32. 廉洁指数(%)
	33. 市民满意度(%)

在城市生态文明建设领域引入指标体系，是建设生态文明的内在需求，通过对具体指标以及指标体系的分析，对生态文明城市建设水平进行量化，有助于评价和监测一定时期内生态文明发展的客观实际，通过指标体系所传递的信息亦可为决策者的科学决策提供重要的参考。

贵阳市生态文明指标体系的制定主要依据《中共贵阳市委关于建设生态文明城市的决定》。该决定第3条明确要求"建立由基础设施指标、生态产业指标、环境质量指标、民生改善指标、文化指标、政府责任指标等构成的，充分体现生态优先和人民群众满意度的生态文明城市指标体系。指标制定的目的是要全面反映贵阳市生态文明城市的建设和发展，为贵阳市生态文明城市规划编制提供依据、为相关决策提供参考。贵阳市的指标反映的是对生态文明广义内涵的理解，体现了把生态文明融入其他4个建设的最初探索。在这一指标的引领下，《贵阳市生态文明城市总体规划(2007～2020纲要》通过了住房和城乡建设部工作组的评审。2012年12月，《贵阳建设全国生态文明示范城市规划(2012～2020年)》成为国家发改委审批的全国首个生态文明城市规划(表5-8)。

根据党的十八大提出的经济建设、政治建设、文化建设、社会建设和生态文明建设"五位一体"的总体布局，以及城市生态化发展的理论，提出了由生态自然建设、生态经济建设、生态社会建设、生态政治建设、生态文化建设等五个方面组成的衡量城市生态文明建设水平的指标体系(齐心，2013)，见表5-9。

表5-9 生态文明建设指标体系

一级指标	二级指标	三级指标
生态自然	生态保护	生态用水比例、生态用地比例、森林覆盖率
	污染控制	全年空气质量达标率、地表水功能达标率、主要重金属污染物排放量
	资源利用	人均淡水资源量、耕地保有量、生态能源利用率
生态经济	产业结构	第三产业增加值占GDP的比重、高新技术产业增加值占GDP比重、循环经济增加值占GDP的比重
	清洁生产	单位GDP主要工业污染物排放强度、污水处理率、"三废"综合利用产值占GDP比重
	节能降耗	万元GDP能耗、万元GDP水耗、土地产出率
生态社会	生活方式	公共交通出行率、绿色产品占消费产品比例、绿色建筑占当年竣工建筑比例
	人居环境	人均公园绿地面积、生活垃圾处理率、公众对城市环境的满意率
	人口健康	人口出生率、居民期望寿命、出生婴儿缺陷发生率
生态政治	政府管制	环保投资占GDP的比重，环境管理能力标准化建设达标率，人大、政协生态环境议案、提案、建议所占比例
	企业责任	主要企业环保信息公开率、重点行业清洁生产审核执行率、重点企业ISO14000认证率
	公众参与	生态环境破坏事件的公众举报率、公众生态文明建设活动参与率、环境保护志愿者数量
生态文化	生态意识	公众生态知识普及率、公众生态伦理观人数比重、公众对生态文明建设的认可度
	生态教育	中小学生生态环境保护课时数、生态教育基地数量、环境保护宣传教育普及率
	生态科技	从事生态问题研究的科研人员数量、每年生态方面可研论文发表数量、生态领域科研成果推广率

秦伟山(2013)从地理学的角度探讨了生态文明城市的内涵，从制度保障、生态人居、环境支撑、经济运行和意识文化5个方面选择35项指标构建了对生态文明城市建设水平进行评价的指标体系，提出了相应的测度方法，并对沈阳市和平区、苏州市相城区、西安市浐灞区、成都市温江区和贵阳市等5个典型城市的生态文明城市建设水平进行测度分析。结果显示：苏州市相城区、成都市温江区和沈阳市和平区属于生态文明建设模范城市；贵阳市和西安市浐灞区属于生态文明建设先进城市。最后针对各市、区的生态文明城

市建设现状对其生态文明城市发展提出对策和建议(表5-10)。

表5-10　苏州市相城区生态文明城市评价指标体系

体系	序号	指标
意识文化	1	生态文明知识普及率(%)
	2	生态环境教育课时比例(%)
	3	节能电器普及率(%)
	4	节水器具普及率(%)
	5	政府进行生态文明宣传的比例(%)
	6	居民生态文明行为普及率(%)
	7	绿色出行率(%)
经济运行	8	人均GDP(万元)
	9	服务业增加值占地区生产总值比重(%)
	10	单位GDP能耗(t标煤/万元)
	11	单位工业增加值新鲜水耗(m3/万元)
	12	农业灌溉水有效利用系数(%)
	13	碳排放强度削减率(%)
	14	科技进步贡献率(%)
	15	主要农产品中有机、绿色品种种植面积比重(%)
	16	应实施清洁生产审核企业的审核比例(%)
环境支撑	17	环境功能区(水、气、声)达标率(%)
	18	农业面源污染防治率(%)
	19	化学需氧量排放量(kg/万元)
	20	二氧化硫排放量(kg/万元)
	21	氨氮排放量(kg/万元)
	22	氮氧化物排放量(kg/万元)
	23	植被覆盖率(%)
	24	生态拦截系统覆盖率(%)
	25	生物多样性指数(香农威纳指数)(%)
生态人居	26	千人拥有卫生技术人员(人)
	27	公众对居住环境的满意度(%)
	28	新建绿色建筑比例(%)
	29	人均公共绿地面积(m2/人)
	30	垃圾处理率(%)
	31	污水处理率(%)
制度保障	32	环保工作占党政工作实绩考核的比例(%)
	33	政府采购环境标志产品所占比例(%)
	34	政府经济社会发展决策环境影响评价率(%)
	35	环境信息公开率(%)

生态文明城市是一个多功能、多层次、多目标的评价对象，其建设指标体系的构建可从生态经济文明、生态社会文明、生态环境文明、生态文化文明、生态制度文明五个层面来进行(覃玲玲，2011)。生态经济文明是将人和自然作为生态系统的主体，统筹考虑经济发展和自然生态平衡，力求人与自然和谐发展，达到经济的发展、社会的进步和生态的平衡等完美结合。生态社会文明表现为人们有自觉的生态意识和环境价值观，生活质量、人口素质及健康水平与社会进步、经济发展相适应，有一个保障人人平等、自由、教育、人权和免受暴力的社会环境。生态环境文明是以实现城市的自然环境和人工环境相互协调为目标，具体体现为城市发展以保护自然生态为基础，发展速度及规模与自然及环境的承载能力相协调，自然资源得到高效、合理利用和保护，城市具有良好的环境质量和环境容量，

自然生态系统及其演进过程得到最大限度的保护。生态文化是物质文明与精神文明在自然与社会生态关系上的具体表现，是生态文明城市建设的原动力。生态制度是建设生态文明城市强有力的保障，它不仅约束社会关系，也对人与自然的生态关系进行约束(表5-11)。

表5-11　生态文明城市建设指标体系

序号	层面	指标名称
1	生态经济文明	人均国内生产总值(元/人)
2		城镇居民年人均可支配收入(元/人)
3		生态产业占GDP比例(%)
4		单位GDP能耗(吨标准煤/万元)
5		单位GDP水耗(m^3/万元)
6		工业用水量重复利用率(%)
7		生态能源占总能源比例(%)
8		单位土地产出值(亿元/km^2)
9	生态社会文明	主城区人口密度(人/km^2)
10		城市居民人均住房面积(m^2)
11		城市生命线完好率(%)
12		城市化水平(%)
13		每万人拥有公交车辆(台)
14		恩格尔系数
15		基尼系数
16		社会保障覆盖率(%)
17		就业率(%)
18	生态环境文明	全年API指数优良天数(天)
19		区域环境噪声达标率(%)
20		城市水功能区水质达标率(%)
21		生活垃圾无害化处理率(%)
22		城市生活污水集中处理率(%)
23		农药使用强度(kg/hm^2)
24		化肥使用强度(kg/hm^2)
25		二氧化硫排放强度(kg/万元GDP)
26		化学需氧量排放强度(kg/万元GDP)
27		建成区绿化覆盖率(%)
28		森林覆盖率(%)
29		生态用地比例(%)
30		退化土地恢复治理率(%)
31	生态文化文明	环境教育普及率(%)
32		受高等教育人数比例(%)
33		城市人均拥有公共图书册数(册)
34		公共文化设施免费开放程度(%)
35		公众对环境的满意度(%)
36		环保产品占社会总产品比例(%)
37		绿色产品占消费产品比例(%)
38	生态制度文明	环保法律制度占法律制度比例(%)
39		环境友好项目比例(%)
40		生态环境议案比例(%)
41		公众对政府生态文明建设满意度(%)
42		重点行业清洁生产审核执行率(%)
43		重点企业ISO14000认证率(%)
44		环境管理能力标准化建设达标率(%)
45		规划环境影响评价执行率(%)

根据森林生态文明的本质和特征，广东省珠海市提出了森林生态文明城市评价指标体系，按照生态环境保护，林业经济发展和社会文化保护三个评价层次，选取了30项指标。其中：生态环境保护主要从生态环境质量和森林抗逆水平等方面反映生态支撑水平状况；林业经济发展主要从林业经济效益和产业管理水平等方面反映林业经济可持续发展水平状况；社会文化保护主要从生态文明成果及生态文明意识等相关方面来反映生态文明水平发展状况(周命义，2012)。森林生态文明城市实现程度的基本评价以每年的得分与标准得分(100)比较，来衡量建设森林生态文明城市的实现程度。综合评分高于90分，基本建成森林生态文明城市；低于90分，则没有完成森林生态文明城市建设，还需要继续加大投入，以更高的热情建设森林生态文明(表5-12)。

表5-12　珠海市森林生态文明城市评价指标体系

系统层	状态层	变量层	要素层
生态环境保护系统	生态支撑水平	生态环境质量	森林覆盖率(%)
			城市郊区森林覆盖率(%)
			建成区绿化覆盖率(%)
			建成区绿地率(%)
			建成区人均公共绿地面积(m^2)
			建成区绿地森林率(%)
			村庄林木覆盖率(%)
			水土流失生物治理率(%)
			沿海宜林滩涂绿化率(%)
			农田防护林网绿化率(%)
			水岸绿化率(%)
			线路绿化率(%)
		森林抗逆水平	综合物种指数
			森林自然度
			森林生态功能等级比例(%)
			乡土树种比例(%)
林业经济发展系统	可持续发展水平	经济效益程度	商品林经营集约化程度(%)
			森林旅游区单位面积年森林旅游人数(人/hm^2)
			林业第三产业比重(%)
			绿色林产品比重(%)
			森林单位面积蓄积量(m^3/hm^2)
		产业管理水平	林业科技贡献率(%)
			木质林产品循环利用率(%)
社会文化保护系统	生态文明水平	生态文明意识	古树名木保护率(%)
			保护区体系占国土面积比例(%)
			生态文明市民支持率(%)
			年生态科普活动次数
			全民义务植树尽责率(%)
			湿地保护面积比例(%)
		生态文明成果	森林村庄比例(%)

总体来看，这些指标体系为生态文明建设提供了量化依据，在引导生态文明建设不断扩展、提升、深入和完善上产生了积极的作用。从系统论的角度来看，生态文明建设评价指标体系是一个结构复杂的系统，在这个系统中又有众多相互联系的子系统(或称构成要素)。生态文明社会的构建状况是各个子系统综合作用的结果，但这种“综合作用”并不是

靠各个子系统的简单相加，而是靠各个子系统科学地组合以求得系统“整体效应”的最优化。这样，指标体系中的各个指标应围绕这个系统结构进行选择，每一个指标要能够从其所代表的某一个侧面反映生态文明社会的本质特征，所有指标组合起来能够从各个侧面全面系统地反映一个区域生态文明社会构建进程的整体状况。

第二节　林业生态文明建设评价指标体系

林业生态文明建设，首先，需要维护好森林、湿地、生物多样性之间的关系，重点在森林生态系统保护上下工夫，因为该系统对湿地生态系统、荒漠生态系统又具有多重保障作用，具有涵养水源、保持水土、防风固沙、调节气候、蕴育物种等多种生态功能，又有贮碳释氧、吸纳粉尘、降解有害气体、阻消噪声、美化环境等防治环境污染功能。其次，通过林业来带动经济结构调整，扩大绿色增长。生态文明物质成果、精神成果和制度成果的取得是绿色增长的结果，而林业在推动绿色增长中承担主要任务，通过发展林业能够促进“自然—人—社会”复合生态系统的和谐协调、共生共荣、共同发展，统一与最优化生态、经济和社会效益。

一、构建原则

1. 实事求是原则

对林业生态文明建设战略目标的制定，要充分考虑国民经济发展历史和现状，从实际出发，提出林业生态文明建设战略目标并进行客观监测。

2. 定性与定量相结合原则

定量方法与定性评价相结合，特别是在评价标准的确定上，只有依据定性分析才有可能正确把握量变转化为质变的“度”，也才能对林业生态文明建设战略目标进行科学合理的把握。生态文明的许多指标不易量化，这些指标的获取对评价又比较重要，应采用定性指标进行描述，在实际评价时再用一定方法进行量化处理。

3. 主要因素原则

指标体系要能综合反映林业生态文明建设水平，实现资源、环境、经济和社会和谐发展。在具有同等代表性前提下，尽可能保证数据来源的可靠性，不但使指标少而精，而且又能客观合理地反映林业生态文明建设战略进程。

4. 整体性原则

指标体系是对林业生态文明的总体描述和抽象概括，要求所选择的各个指标能够作为一个有机整体在其相互配合中比较全面、科学、准确地反映和描述生态文明社会的内涵和特征。

5. 相对独立性原则

所选择的各个指标必须相互独立，不应存在交叉及相互关联现象。要互不重叠、互不取代，尽量避免信息上的重复。

6. 理论与实践相结合原则

首先评价指标体系必须具有科学性和系统性，同时与现实数据采集的可操作性相结合。此外，评价指标应与广东省森林资源保护和发展目标责任制考核评分标准相结合，能够通过评价促进各级政府推动林业生态文明建设工作。

二、指标选取

(一)构建框架

根据林业生态文明的概念和内涵，选择了林业生态安全、林业生态经济、林业生态文化、林业生态治理等4个方面，共22项指标，构成了林业生态文明建设评价指标体系的总体框架。

1. **林业生态安全**

狭义的生态安全包括自然和半自然生态系统的安全，可以从生态风险和生态健康两方面来表征。现代工业化对土地、水资源、林业资源和矿产资源等自然资源的大量快速消耗，形成了社会经济发展的资源约束。因此，森林、湿地和荒漠等生态系统的安全，可为林业生态文明建设提供相应的物质载体。主要通过林地、森林和湿地的数量、质量和功能方面反映区域生态安全状况。

2. **林业生态经济**

生态经济是在保障区域生态安全的基础上，以林业资源优势为基础，以市场需求为导向，优化配置林业生产力布局，为生态文明建设提供经济活力。主要从林业产业总产值、森林生态服务功能价值、森林单位面积蓄积量等方面考虑。

3. **林业生态文化**

生态文化是人类从古到今认识和探索自然界的高级形式体现，从大自然整体出发，把经济文化和伦理结合，重点在于传播生态知识、培育人与自然的生态伦理、传播生态行为，直接反映当地民众的生态文明素养。主要从生态宜居家园、古树名木保护和义务植树等方面考虑指标。

4. **林业生态治理**

创新和完善林业治理体系，建立健全各项林业制度，提升各项治理能力，创新各项治理模式等，为林业生态文明建设提供支撑保障。主要从基础设施、森林火灾防控、苗木生产、林业人才队伍建设等方面考虑。

(二)指标体系

根据林业生态文明的特征、内涵和总体目标，设立了林业生态安全、林业生态经济、林业生态文化、林业生态治理4个一级指标，具体包含22项具体指标(表5-13)。

表5-13 林业生态文明建设评价指标体系

一级指标	二级指标	指标属性
林业生态安全	人均林地面积(hm^2/万人)	正指标
	人均湿地面积((hm^2/万人)	正指标
	人均森林蓄积量(m^3/人)	正指标
	人均森林碳汇(t/人)	正指标
	森林覆盖率(%)	正指标
	生态公益林比例(%)	正指标

（续）

一级指标	二级指标	指标属性
林业生态安全	自然保护区面积占国土面积比例(%)	正指标
	森林自然度	正指标
	林业重点生态工程综合成效分数	正指标
林业生态经济	人均林业产业总产值(万元/人)	正指标
	林业产业总产值占当地 GDP 的比重(%)	正指标
	林业第三产业比重(%)	正指标
	人均森林生态服务功能年价值量(元/人)	正指标
	森林单位面积蓄积量(m^3/hm^2)	正指标
林业生态文化	城区绿化覆盖率(%)	正指标
	城区人均公园绿地面积(m^2)	正指标
	村屯林木绿化覆盖率(%)	正指标
	古树名木保护率(%)	正指标
	人均义务植树(株/人)	正指标
林业生态治理	森林火灾受害面积占森林面积的比例(‰)	逆指标
	人均管理林地面积(hm^2/人)	逆指标
	苗木生产供应能力(株/ hm^2)	正指标

三、计算方法

1. 人均林地面积

人均林地面积 = 林地面积/常住人口。林地面积数据来源于各省份林业厅发布的年度森林资源主要数据统计表，常住人口数据来源于各省份 2013 年统计年鉴。

2. 人均湿地面积

人均湿地面积 = 湿地面积/常住人口。湿地面积数据来源于各省份湿地资源专项监测调查报告。

3. 人均森林蓄积量

人均森林蓄积量 = 森林蓄积量/常住人口。森林蓄积指所有达到森林标准(包括非林地上的森林)的胸径达 5cm 以上林木蓄积量的总和，反映一个地区森林资源总规模和水平的基本指标之一，也是反映森林资源的丰富程度、衡量森林生态环境优劣的重要依据。

4. 人均森林碳汇

人均森林碳汇 = 森林碳汇/常住人口。数据每年由省林业行政主管部门定期公布。

5. 森林覆盖率

森林覆盖率是指以行政区域为单位的森林面积与土地面积的百分比。森林面积，包括郁闭度 0.2 以上的乔木林面积(包括非林地上的森林)和竹林面积、国家特别规定的灌木林地面积。计算公式为：森林覆盖率 = (有林地面积 + 国家特别规定灌木林面积)/土地总面积 ×100%。

6. 生态公益林比例

生态公益林是指为维护和改善生态环境、保持生态平衡、保护生物多样性等满足人类社会的生态、社会需求和可持续发展为主体功能，主要提供公益性、社会性产品或服务的森林、林木、林地。生态公益林比例为区域生态公益林面积占林地面积的比例。

7. 自然保护区面积占国土面积比例

自然保护区面积占国土面积比例 = 自然保护区面积/土地总面积 ×100%。保护区数量和面积数据来源于广东省自然保护区管理办公室(2013 年统计报表)。

8. **森林自然度**

区域内森林资源原生乡土树种群落变量，计算公式为：

$$N = \sum_{i=1}^{v} M_i \cdot Q_i / \sum_{i=1}^{v} M_i (i = \text{I}, \text{II}, \cdots, \text{V})$$

式中：N——区域森林自然度；

M_i——区域内自然度等级为 i 的森林群落面积；

Q_i——区域内自然度等级为 i 的森林群落权重。

一般根据森林群落类型或种群结构特征位于次生演替中的阶段划分等级。

9. **林业重点生态工程综合成效分数**

数据来源于省林业行政主管部门林业重点生态工程核查报告。

10. **人均林业产业总产值**

人均林业产业总产值 = 林业产业总产值/常住人口。林业产业是指以获取经济效益为目的，以森林资源为基础，以技术和资金为手段，有效组织生产和提供各种物质和非物质产品的行业。

11. **林业产业总产值占当地 GDP 的比重**

林业产业总产值占当地 GDP 的比重 = 林业产业总产值/当地 GDP ×100%。

12. **林业第三产业比重**

林业第三产业比重 = 林业第三产业产值/林业产业总产值 ×100%。

13. **人均森林生态服务功能年价值量**

人均森林生态服务功能年价值量 = 森林生态服务功能年价值量/常住人口。森林生态服务功能主要包括森林碳储量、森林放氧量、森林储能量、森林调水蓄水量、森林保育土壤量等。数据来源于广东省林业厅 2013 年发布的生态公报。

14. **森林单位面积蓄积量**

森林单位面积蓄积量 = 森林蓄积量/森林面积。单位面积的森林蓄积量，是反映林分质量的重要指标之一。

15. **城区绿化覆盖率**

城市建成区的绿化覆盖面积占建成区面积的百分比。绿化覆盖面积是指城市中乔木、灌木、草坪等所有植被的垂直投影面积。

16. **城区人均公园绿地面积**

城市常住人口每人拥有的公共绿地面积。

17. **村屯林木绿化覆盖率**

村旁、路旁、水旁、宅旁绿化覆盖面积占土地面积的比例。数据来源于各市上报数据。

18. **古树名木保护率**

已采取保护措施的古树占现有古树的比例。数据来源于各市上报数据。

19. **人均义务植树株数**

人均义务植树株数 = 义务植树株数/常住人口。

20. **森林火灾受害面积占森林面积的比例**

森林火灾受害面积占森林面积的比例 = 森林火灾受害面积/森林面积 ×100%。

21. 人均管理林地面积

人均管理林地面积 = 林地面积/林业系统单位从业人员数量。

22. 苗木生产供应能力

苗木生产供应能力 = 苗木生产株数/林地面积。

四、评价模型

设 $X = \{x_1, x_2, \cdots, x_i\}$，$i = 1, 2, 3, 4$，表示广东省林业生态文明建设评价有 i 个准则层指标；设 $x_i = \{x_{i1}, x_{i2}, \cdots, x_{ij}\}$，$j = 1, 2, \cdots, 9$，表示准则层一个指标 x_i 有 j 个指标层指标，该准则层内各指标对应的权重为 $y_i = \{y_{i1}, y_{i2}, \cdots, y_{ij}\}$，$j = 1, 2, \cdots, 9$，且 $y_1 + y_2 + \cdots + y_9 = 1$。通过指标层各指标的无量纲化处理，得到各指标的评价值 x_{ijk}；准则层评价采用各指标线性加权综合法，评价公式为：$xi = \{y_{i1}x_{i1k}, y_{i2}x_{i2k}, \cdots, y_{ij}x_{ijk}\}$，$j = 1, 2, \cdots, 9$。

1. 无量纲化

林业生态文明建设评价指标体系涉及大量相互关系、相互影响、相互制约的评价指标，各指标均具有不同的量纲，缺乏统一的衡量性。为此，必须将各指标统一进行无量纲化处理，以便于评价在一致化的状态下进行。经过反复比较分析和试算，最终选择指数法对各项指标进行无量纲化处理。单项正指标无量纲化公式为 $x_{ijk} = H_{ij}/T_{ij} \times 100$，单项逆指标无量纲化公式为 $x_{ijk} = T_{ij}/H_{ij} \times 100$，式中：$H_{ij}$为指标 X_{ij}的统计值或测算值，T_{ij}为指标 X_{ij}的全省平均值。当 $R_{jk} > 1$ 时，则取 $R_{jk} = 1$。

2. 指标权数的确定

采用 AHP 法和 Delphi 法相结合，对生态安全、生态经济、生态文化、生态治理等 4 个方面给与不同权重，对于 4 个方面的组成指标，区别重要程度给与不同权重(表 5-14)。

表 5-14　林业生态文明建设评价一级指标权重

序号	一级指标	权重
1	林业生态安全(X_1)	0.40
3	林业生态经济(X_2)	0.25
3	林业生态文化(X_3)	0.20
4	林业生态治理(X_4)	0.15

林业生态安全是林业生态文明建设重点，占指标权重的 40%。其次是林业生态经济，占指标权重的 25%。林业生态文化和林业生态治理分别占权重比为 20% 和 15%(表 5-15)。

表 5-15　林业生态文明建设评价二级指标权重

序号	二级指标	指标属性	权重
1	X_{11}人均林地面积(hm^2/万人)	正指标	0.05
2	X_{12}人均湿地面积(hm^2/万人)	正指标	0.05
3	X_{13}人均森林蓄积量(m^3/人)	正指标	0.04
4	X_{14}人均森林碳汇(t/人)	正指标	0.04
5	X_{15}森林覆盖率(%)	正指标	0.05
6	X_{16}生态公益林比例(%)	正指标	0.04

（续）

序号	二级指标	指标属性	权重
7	X_{17}自然保护区面积占国土面积比例(%)	正指标	0.04
8	X_{18}森林自然度	正指标	0.04
9	X_{19}林业重点生态工程综合成效分数	正指标	0.05
10	X_{21}人均林业产业总产值(万元/人)	正指标	0.06
11	X_{22}林业产业总产值占当地 GDP 的比重(%)	正指标	0.06
12	X_{23}林业第三产业比重(%)	正指标	0.03
13	X_{24}人均森林生态服务功能年价值量(元/人)	正指标	0.06
14	X_{25}森林单位面积蓄积量(m^3/hm^2)	正指标	0.04
15	X_{31}城区绿化覆盖率(%)	正指标	0.06
16	X_{32}城区人均公园绿地面积(m^2)	正指标	0.04
17	X_{33}村屯林木绿化覆盖率(%)	正指标	0.05
18	X_{34}古树名木保护率(%)	正指标	0.02
19	X_{35}人均义务植树(株/人)	正指标	0.03
20	X_{41}森林火灾受害面积占森林面积的比例(‰)	逆指标	0.06
21	X_{42}人均管理林地面积(hm^2/人)	逆指标	0.04
22	X_{43}苗木生产供应能力(株/ hm^2)	正指标	0.05

五、综合评价指数合成

综合评价指数采用各准则层无权重开放式加总评价，评价公式为：$X = x_1 + x_2 + x_3 + x_4$。根据综合评价值 X，对全省 21 个地级市林业生态文明建设成效进行排序。

第三节　林业生态文明建设评价实证研究

从生态安全、生态经济、生态文化、生态治理 4 个子系统对广东省 21 个地级市 2013 年林业生态文明建设状态进行评价分析。

一、生态安全维度

从生态安全维度评价结果看，全省得分最高的是河源市(39.95)，最低的是佛山市(13.94)。河源、清远、惠州、韶关和梅州等市森林资源丰富、森林生态功能较强、自然保护区面积占国土面积比例较高，在生态安全维度评价中排在全省前列。(图 5-1，表 5-16)。

从生态安全各个二级指标来看，韶关市的人均林地保有量、人均森林蓄积量、人均森林碳汇、森林覆盖率均为全省第一，且远远高于全省平均水平。珠海市的人均湿地面积和生态公益林比例均为全省最高。河源市自然保护区面积占国土面积比例最高，为 16.31%，远远高于全省 6.9% 的平均水平。珠三角地区的东莞市人均林地、湿地等指标均为全省最低。湛江市的生态公益林比例全省最低，仅为 16.42%，低于全省平均水平的 50%。

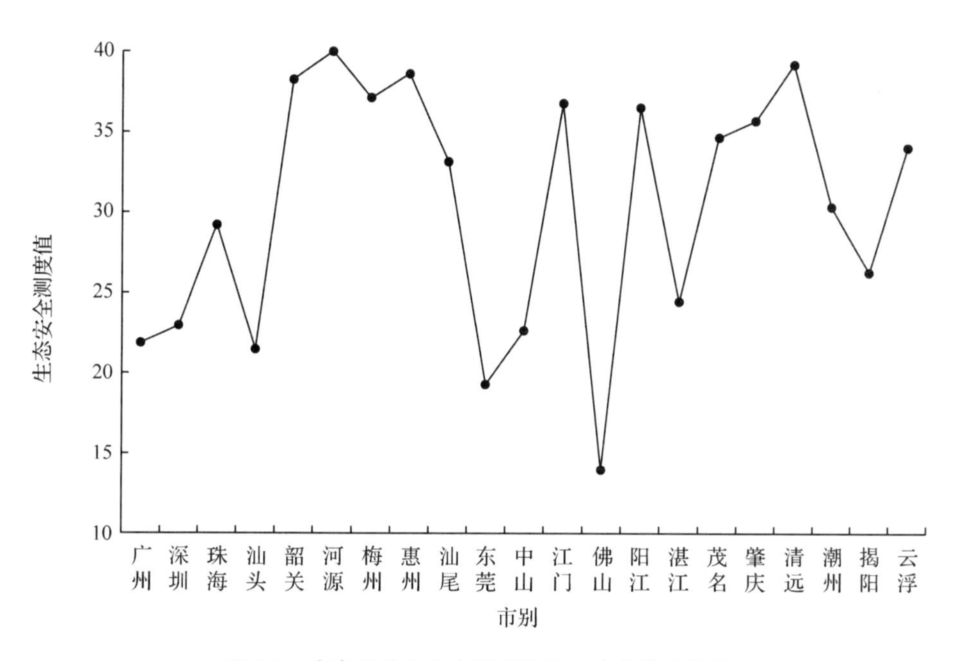

图 5-1　广东林业生态文明建设生态安全维度评价

表 5-16　林业生态安全评价指标最优值、最低值和全省平均值

序号	指标	全省现状值	最高		最低	
			单位	数值	单位	数值
1	C_{11}人均林地面积(hm²/人)	986.57	韶关	4950.33	东莞	64.75
2	C_{12}人均湿地面积(万 hm²)	161.97	珠海	1207.78	东莞	36.44
3	C_{13}人均森林蓄积量(m³/人)	4.77	韶关	27.52	深圳	0.28
4	C_{14}人均森林碳汇(t/人)	0.49	韶关	2.42	汕头	0.03
5	C_{15}森林覆盖率(%)	58.20	韶关	73.63	中山	19.43
6	C_{16}生态公益林比例(%)	37.78	珠海	73.56	湛江	16.42
7	C_{17}自然保护区面积占国土面积比例(%)	6.9	河源	16.31	佛山	0.23
8	C_{18}森林自然度	0.49	清远	0.55	东莞	0.37
9	C_{19}林业重点生态工程综合成效分数	70.4	潮州	86.5	佛山	6

二、生态经济维度

从生态经济维度评价结果看，全省最高的为肇庆市(24.72)，最低的为汕头市(9.24)。全省前5名分别是肇庆、清远、阳江、云浮和江门(图5-2，表5-17)。

中山市人均林业产业总产值为1.10万元/人，为全省最高，汕尾市最低，仅为0.07万元/人。东莞林业产业总产值在当地GDP比重达到17.82%，为全省最高。韶关市人均森林生态服务功能年价值量53 402.59元/人，是全省平均值的4.8倍。珠海市林分质量较高，每公顷森林蓄积量为96.37m³，为全省最高。

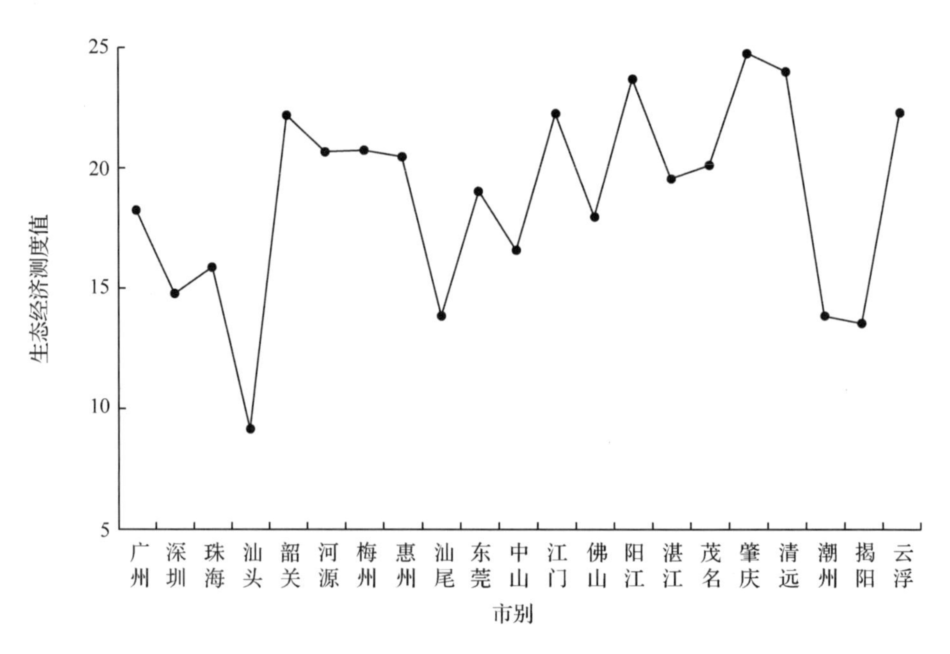

图 5-2　广东林业生态文明建设生态经济维度评价

表 5-17　林业生态经济评价指标最优值、最低值和全省平均值

序号	指标	全省现状值	最高		最低	
			单位	数值	单位	数值
1	C_{21}人均林业产业总产值(万元/人)	0.43	中山	1.10	汕尾	0.07
2	C_{22}林业产业总产值占当地 GDP 的比重(%)	7.48	东莞	17.82	汕尾	3.27
3	C_{23}林业第三产业比重(%)	19.07	潮州	58.95	中山	0.00
4	C_{24}人均森林生态服务功能年价值量(元/人)	11140.79	韶关	53402.59	佛山	772.66
5	C_{25}森林单位面积蓄积量(m^3/hm^2)	53.79	珠海	96.37	揭阳	28.25

三、生态文化维度

从生态文化维度评价结果看，全省最高的为惠州市(18.96)，最低的为揭阳市(13.56)。全省前5名分别是惠州、江门、肇庆、清远和韶关(图5-3，表5-18)。

珠海市城区绿化水平高，城区绿化覆盖率和人均公园绿地面积均为全省最高。梅州市近年来在生态文明万村绿行动中，成效显著，村屯林木绿化覆盖率为30%，高于全省25%的平均值。深圳、珠海、汕头、梅州、东莞、中山、江门、佛山、阳江、肇庆、揭阳、云浮等市古树名木保护方面效果明显，古树名木保护率均达到100%。韶关市人均义务植树株数为2.12株/人，远远高于全省平均水平。

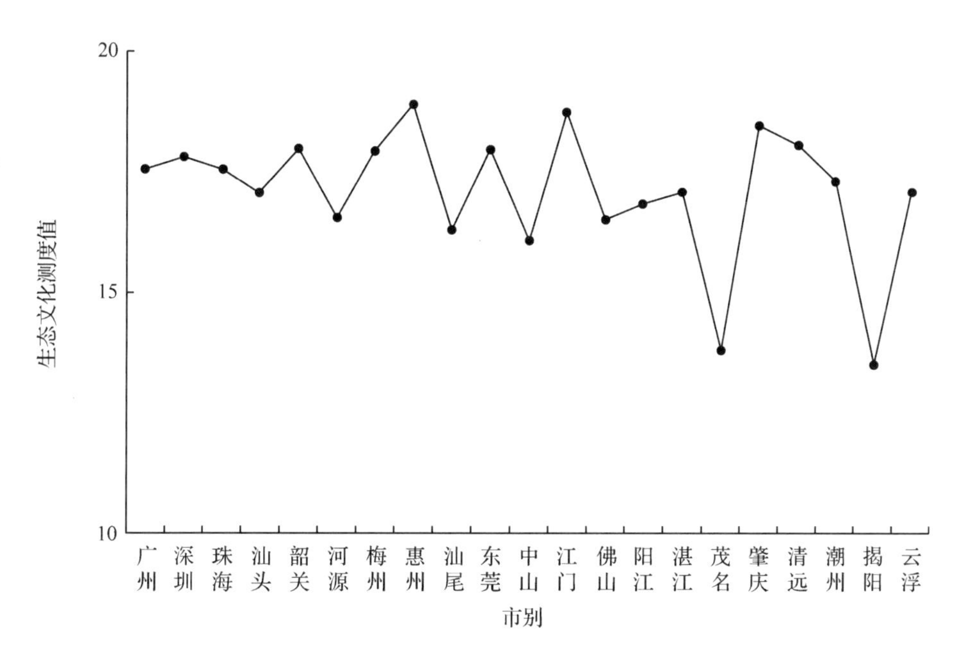

图 5-3　广东林业生态文明建设生态文化维度评价

表 5-18　林业生态文化评价指标最优值、最低值和全省平均值

序号	指标	全省平均值	最高		最低	
			单位	数值	单位	数值
1	C_{31}城区绿化覆盖率(%)	39.95	珠海	52.15	揭阳	26.92
2	C_{32}城区人均公园绿地面积(m^2)	15.29	珠海	19.32	揭阳	7.80
3	C_{33}村屯林木绿化覆盖率(%)	25.00	梅州	30.00	揭阳	12.50
4	C_{34}古树名木保护率(%)	90.00	深圳、珠海、汕头、梅州、东莞、中山、江门、佛山、阳江、肇庆、揭阳、云浮	100.00	汕尾	50.00
5	C_{35}人均义务植树(株/人)	0.75	韶关	2.12	中山	0.1

四、生态治理维度

深圳、湛江、汕头和汕尾等市在森林防火、林业人才队伍和苗木生产方面为林业生态文明建设提供了较强的支撑保障(图 5-4，表 5-19)。

佛山、珠海、东莞、中山、佛山、阳江、湛江、肇庆等市森林防火工作突出，在 2013 年度内未发生森林火灾。云浮市林业系统从业人员较少，人均管理林地面积达 709.05 hm^2。汕尾市苗木生产能力强，可满足区域内造林绿化的要求，适当外调给其他地区使用。

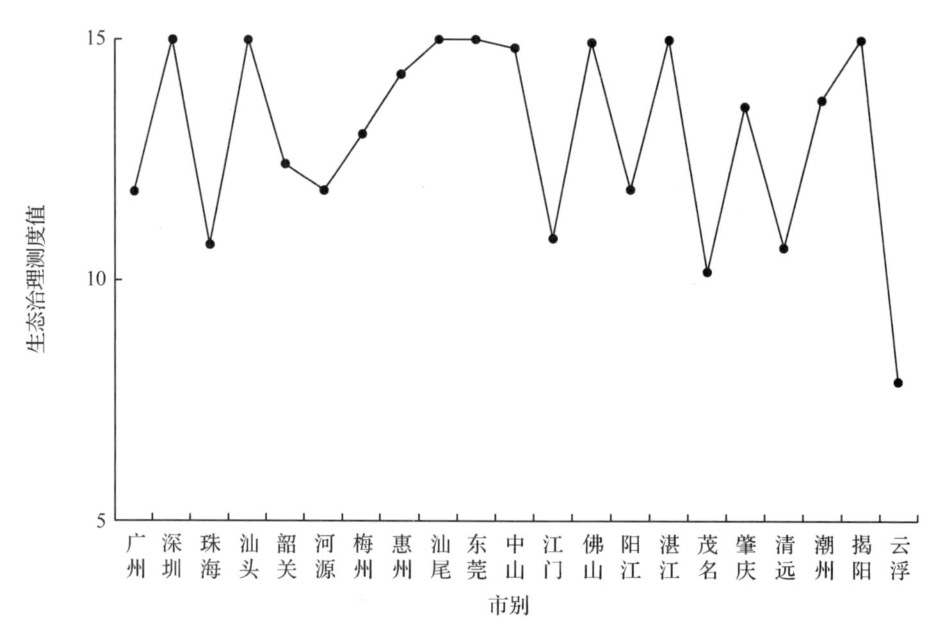

图 5-4　广东林业生态文明建设生态治理维度评价

表 5-19　林业生态治理评价指标最优值、最低值和全省平均值

序号	指标	全省平均值	最高		最低	
			单位	数值	单位	数值
1	C_{41}森林火灾受害面积占森林面积的比例(‰)	0.04	云浮	0.23	佛山、珠海、东莞、中山、佛山、阳江、湛江、肇庆	0.00
2	C_{42}人均管理林地面积(hm^2/人)	341.35	云浮	709.05	东莞	69.92
3	C_{43}苗木生产供应能力(株/ hm^2)	46.39	汕尾	148.64	珠海	7.2

五、综合评价

从综合评价结果看，全省各市生态文明建设指数最高的为肇庆市(92.54)，最低的为汕头市(62.87)。全省前 5 名分别是肇庆、惠州、清远、韶关和河源(表 5-20)。

表 5-20　广东林业生态文明建设综合评价结果

序号	单位	生态安全维度(X_1)	生态经济维度(X_2)	生态文化维度(X_3)	生态治理维度(X_4)	综合评价
1	肇庆市	35.68	24.72	18.54	13.60	92.54
2	惠州市	38.55	20.44	18.96	14.28	92.23
3	清远市	39.15	23.95	18.10	10.74	91.94
4	韶关市	38.20	22.12	18.04	12.43	90.79
5	河源市	39.95	20.66	16.62	11.88	89.11
6	阳江市	36.45	23.62	16.86	11.92	88.85
7	梅州市	37.00	20.72	18.00	13.04	88.76
8	江门市	36.69	22.18	18.80	10.94	88.61
9	云浮市	34.02	22.31	17.16	7.94	81.43
10	茂名市	34.62	20.08	13.85	10.20	78.75

（续）

序号	单位	生态安全维度（X_1）	生态经济维度（X_2）	生态文化维度（X_3）	生态治理维度（X_4）	综合评价
11	汕尾市	33.09	13.86	16.36	15.00	78.31
12	湛江市	24.38	19.51	17.15	15.00	76.04
13	潮州市	30.30	13.78	17.37	13.75	75.20
14	珠海市	29.10	15.88	17.63	10.80	73.41
15	东莞市	19.14	19.00	17.99	15.00	71.13
16	深圳市	22.91	14.82	17.87	15.00	70.60
17	中山市	22.59	16.60	16.15	14.80	70.14
18	广州市	21.85	18.26	17.63	11.87	69.61
19	揭阳市	26.26	13.52	13.56	15.00	68.34
20	佛山市	13.94	18.01	16.56	14.95	63.46
21	汕头市	21.50	9.24	17.13	15.00	62.87

肇庆市森林、湿地资源丰富、林业产业发达，特别是近年来在生态公益林建设、珍贵树种培育、林下经济发展和森林公园建设方面成效显著。惠州市积极推动各项林业重点工程建设，构筑城乡一体的城市森林生态网络，于 2014 年 9 月顺利获得“国家森林城市”称号。韶关、清远和河源市为粤北地区的林业大市，也是推进新一轮绿化广东大行动，实施四大重点林业生态工程的主战场，林业生态文明建设水平居于全省前列。

第六章

广东林业生态文明建设理念与空间布局

第一节　建设理念及发展目标

一、建设理念

1. 划定林业生态红线，优化国土生态空间

根据党的十八大"加快实施主体功能区战略"和《全国主体功能区规划》要求，结合广东省实际情况，划定森林、林地、湿地、物种4条红线，同时按照全面保护与突出重点相结合的原则，将全省林地、湿地划分为4个保护区域等级，实施四级管控，严格保护森林、湿地、荒漠植被等各类生态用地，明确区域功能定位、目标任务和管理措施等，优化国土生态空间。

2. 构建生态安全体系，保障国土生态安全

根据林业生态建设和生态景观格局现状，以森林生态网络体系点、线、面布局理念为指导，以山、水、海、路、城为要素，构建广东北部连绵山体森林生态屏障体系、珠江水系等主要水源地森林生态安全体系、珠三角城市群森林绿地体系、道路林带与绿道网生态体系、沿海防护林生态安全体系等五大林业生态安全体系。重点建设粤北森林生态屏障、珠江水系沿江水源涵养林、沿海防护林及城市人居森林等，加强湿地保护与修复，维护生物多样性，努力构建资源丰富、布局合理、功能完善、结构稳定、优质高效的林业生态安全体系，保障国土生态安全。

3. 构建生态经济体系，提升兴林富民能力

在满足保障区域生态安全的基础上，以林业资源优势为基础，以市场需求为导向，优化配置林业生产力布局，大力发展以速生丰产用材林基地、短轮伐期工业原料林基地、名特优稀经济林基地、竹林基地、油茶林基地、珍贵树种基地、种苗花卉基地等商品林基地建设为主要内容的林业第一产业；优先发展以原料基地化供应、规模化经营、科技含量高的木浆造纸业、人造板业、松香深加工业、家具制造业、林果加工业、森林食品业及野生动(植)物繁殖利用业等林产工业为主的第二产业；以森林公园、湿地公园、自然保护区、森林旅游景区和绿道网为主要载体，打造一批旅游示范基地，加快发展森林生态旅游休闲产业。构建以第一产业发展为基础，第二产业建设为突破口，第三产业发展为重点的惠民、富民绿色产业经济发展框架，提升兴林富民能力，为生态文明建设提供经济活力。

4. 构建生态文化体系，弘扬岭南森林文化

繁荣的林业生态文化，对社会意识有引领作用，对生产生活方式转变有促进作用，对政府部门决策有影响作用，对国家形象有维护作用，对科学技术有推广作用，对林业事业有凝聚作用。林业生态文化体系建设坚持走生产发展、生活富裕和生态良好的文明发展道路，普及生态知识，增强生态意识，树立生态道德，倡导人与自然和谐的重要价值观，培育生态文明价值体系；建设和保护包括森林公园、自然保护区、古树名木、科普教育基地等森林文化载体，夯实生态文明建设基础；开展形式多样的生态文化活动，强化生态文化传承创新和宣传实践，推动形成绿色发展、循环发展、低碳发展的文明发展模式，弘扬岭南特色森林文化，努力构建主题突出、内容丰富、贴近生活、富有感染力的生态文化。

5. 构建生态治理体系，推动林业改革创新

按照国家治理体系和治理能力现代化的总要求，全面深化林业改革，创新林业体制机制，加快建立健全生态资源产权制度、生态资源监管制度、自然生态系统保护制度、生态修复制度、生态监测评价制度、森林经营制度、生态资源市场配置和调控制度、生态补偿制度及财税金融扶持制度，加强组织保障、依法治林、科技支撑、灾害防控、林业信息化、基础设施、生态文化、国际交流合作及人才队伍等方面建设，推动林业改革创新，实现林业治理体系和治理能力现代化，为建设美丽幸福广东提供支撑保障。

二、发展目标

紧紧围绕“三个定位、两个率先”总目标，按照中央提出的“要把发展林业作为建设生态文明的首要任务”的要求，从广东省情、林情出发，参照国内外林业发展经验，将广东省建设成为森林生态体系完善、林业生态经济发达、林业生态文化繁荣、林业治理体系完善、人与自然和谐的全国绿色生态第一省，为广东省经济社会科学发展提供有力的生态支撑，实现“美丽广东”“幸福广东”的美好愿景。

1. 完备的生态安全体系

划定生态安全红线，对重点公益林、重要湿地等生态区位重要、生态环境脆弱的区域实施重点保护，为生态安全保留适度的自然本底。通过开展生态系统保护、修复和治理，优化森林、湿地生态系统结构和功能，使生物多样性丧失与流失得到基本控制，防灾减灾能力、应对气候变化能力、生态服务功能和生态承载力明显提升，基本形成国土生态安全体系的骨架。

2. 发达的生态经济体系

通过推进绿色转型、发展绿色科技，大力发展特色产业，鼓励发展新兴产业，重点发展生态经济型产业，增强木材、森林食品、林化产品等有形生态产品的供给能力。最大限度地提升森林和湿地生态系统固碳释氧、涵养水源、保持水土、防风固沙、消噪滞尘、调节气候、生态疗养等无形生态产品的供给能力。

3. 繁荣的生态文化体系

积极传播人与自然和谐相处的理念，丰富生态文化载体，开展林业生态创建，不断完善林业生态制度，在全社会树立良好的生态文明意识，推动生态文明成为社会主义核心价值观的重要组成部分。

4. 完善的林业治理体系

创新林业治理体系，提升林业治理能力，确保把林业治理体系的制度优势转化为政府治理林业的效能。建立健全生态资源产权制度、生态资源监管制度、自然生态系统保护制度、生态修复制度、生态监测评价制度、森林经营制度、生态资源市场配置和调控制度、生态补偿制度和财税金融扶持制度，为推动新一轮绿化广东大行动提供制度保障。

第二节　建设空间布局

根据党的十八大“加快实施主体功能区战略”和《广东省主体功能区规划》要求，结合广东自然地理特征、社会经济差异性、社会生态需求及林业生态建设现状等，通过合理布局，明确区域功能定位、发展方向和建设重点等，进一步优化国土生态空间。

一、布局依据

1. 区域自然地理地貌特征

从广东自然地理空间分布特点来看，北部连绵山体是全省最重要的生态屏障区，也是全省主要河流水系的水源汇集区；中部的河网平原地区是全省城市群、城镇群较为集中的地区，面临资源环境挑战最突出的地区；南部沿海地区受台风影响较为频繁，平均每年有3.54个台风登陆，占全国台风登陆数的37%，林地瘠薄，是生态重要性地区和典型的生态脆弱区。

2. 区域经济差异发展特点

从广东社会经济发展区域特点来看，珠江三角洲地区城镇化水平、经济规模及经济水平较高，但是环境污染问题也最为突出，公众对改善生活环境和提高生活质量的需求最为强烈；粤北山区是全省的天然生态屏障，是重要的水源区，生态区位和地理位置十分重要，但经济发展水平相对缓慢；东西两翼地区的社会经济发展和城市化进程相对落后，东西两翼有较长的海岸线，拥有优越的地理条件，环境容量相对较大，对林业生态建设的投入不足。

3. 区域生态安全格局需求

根据《广东省生态文明建设规划纲要》，提出坚持尊重自然、顺应自然、保护自然的发展理念，加强生态环境保护与修复治理，促进生态环境不断优化，提高生态产品供给能力，加快形成“两屏、一带、一网、多核”生态安全战略格局，主要包括北部环形生态屏障、珠三角外围生态屏障、蓝色海岸带、生态廊道网络体系、生态绿核。森林生态安全体系的建设须服从及服务于全省生态安全格局需要。

4. 区域林业发展特点

粤北地区森林覆盖率达67.6%，为广东森林资源分布面积最大的区域，也是广东生态公益林较为集中的区域，区域内林业产业以松香、竹为主。珠江三角洲地区森林覆盖率49%，森林资源分布不均，绿量少，主要以发展城市林业、林业第三产业为主。粤东地区森林覆盖率48.3%，是广东茶叶、橄榄等主要产区，林业重点是以沿海防护林带为主的防护林和经济林建设。粤西地区森林覆盖率50%，是广东龙眼、荔枝等水果主要产区，也是短周期工业原料林发展重点区域，林业重点是以沿海防护林带为主的防护林和以经济林、短周期工业原料林为主的林业产业建设。

二、布局原则

1. 立足广东省域范围，兼顾泛珠三角区域

广东既是我国南部沿海经济发达的省份，又是泛珠三角生态一体化建设的重要组成部分，已经打下了比较雄厚的发展基础。因此，广东林业生态文明建设必须立足区域生态安全，着眼整个泛珠江三角地区的生态、经济、社会协调发展，与周边省市的生态林业建设规划相衔接，达到互相补充、互相促进，实现区域生态建设的一体化发展。

2. 树立生态优先原则，倡导持续发展模式

生态需求是广东林业发展建设的第一需求，林业发展应将生态建设作为首要任务，通过生态建设与环境整治的协调，国土资源保护与利用的协调，行政地域间的协调，将林业建设与区域经济发展、农业产业结构调整和农民脱贫致富结合起来，保证全社会的整体协调性，确保区域生态步入良性循环，促进经济社会的可持续发展。

3. 服务社会发展需求，促进人与自然和谐

林业生态文明建设不仅成为全省生态安全的重要保障，而且成为创造巨大财富的绿色产业。广东林业生态文明建设要结合广东新的发展形势，特别是要围绕实施“三个定位 两个率先”及“绿色生态发展”等战略，突出服务型林业的特点，为广东人居环境改善和生态化城市建设服务，促进人与自然和谐相处。

4. 统筹山城江海路田，构筑森林生态网络

广东是“七山一水二分田”的林业大省，陆地海岸线长，山地的森林保育和沿海防护林建设显得极为重要。林业生态文明建设以山地森林为核心，同时结合大四江、小四江等主要水系、沿海海岸线、高速公路铁路等主干道路和绿道网绿化，完善道路、水系、农田、沿海防护林网，建成遍及整个省域的森林生态网络体系，为广东社会经济可持续发展提供长期稳定的生态支撑。

5. 发展惠民效益林业，促进区域协调发展

林业产业是实现林业富民的根本途径，也是生态林得以保护和维持的重要保障。对于山地面积占七成的广东来说，要全面建设小康社会和社会主义新农村，实现城乡共同富裕、区域经济协调发展，大力发展高效林业产业具有重要意义。因此，应根据广东的地域特点、现有林业产业的发展状况，以市场为导向，产业保生态、产业促生态，促进区域协调发展。

6. 培养环境保护意识，弘扬岭南生态文化

广东林业生态文明建设必须与岭南文化相结合，大力弘扬爱护自然、保护环境的生态文化。尽可能保留自然景观，营造低维护、高效益的近自然林，加强古树名木和各类森林公园、风景名胜区森林保护。同时顺应现代城市居民生态文化的需求，大力发展以各类纪念林为代表的文化林，丰富文化内涵，弘扬绿色文明，把广东建设成为生产发展、生活富裕、生态良好的和谐社会。

三、空间布局

根据广东的地形地貌、森林资源分布格局、区域社会经济发展方向差异性等特征，分为珠三角森林城市群建设区、粤北生态屏障建设区、粤东防护林建设区和粤西绿色产业基地建设区等四个发展区域(表6-1)。

表6-1　各分区功能定位一览

分区名称	范围	建设目标	功能定位
珠三角森林城市群建设区	广州市、深圳市、中山市、珠海市、佛山市、东莞市、惠州市、肇庆市和江门市	打造城乡一体、连片大色块特色的森林生态系统，城市生态建设水平明显提升	全国林业生态文明建设先行区，全国苗木、家具、人造板等林产品的主要生产地和流转中心，珠三角国家森林城市群和以湿地公园为主体的绿色生态水系
粤北生态屏障建设区	韶关市、清远市、梅州市、河源市和云浮市	构建具有山区特色的森林生态系统，生态安全屏障作用进一步显现	全省重要的生态屏障，全省重要的水源涵养区，全国重要的林产品生产示范区，全国重要的生态旅游示范区，全国人与自然和谐相处的示范区
粤东防护林建设区	汕头市、汕尾市、潮州市和揭阳市	建设海岸防护特色的森林生态系统，生态防灾减灾的能力逐步提高	全国沿海防护林建设示范区，全省重要的水源地保护区，全省重要的林业产业协调发展示范区
粤西绿色产业基地建设区	湛江市、茂名市和阳江市	建设兼顾沿海生态防护和产业高效集约的森林生态系统，实现生态保护和林业产业发展的“双赢”	全国最美丽的半岛，全国红树林可持续利用和海岸基干林带发展示范区，全国速生丰产林示范区，全国重要的热带水果种植、加工和集散基地，全省重要的自然保护区示范基地

(一)珠三角森林城市群建设区

1. 区域范围

包括广州市、深圳市、中山市、珠海市、佛山市、东莞市、惠州市、肇庆市和江门市共九个地级市。该区国土面积548万hm^2，林地面积278万hm^2，湿地面积79万hm^2，森林面积280万hm^2，公益林面积100万hm^2，森林覆盖率为51.1%。

2. 功能定位

(1)全国林业生态文明建设先行区。加快经济发展转型升级，着力优化产业布局和生态空间布局，树立山水林田湖综合治理的观念，会同国土、住建、环保、农业、水利和海洋渔业等部门统筹协调区域生态安全一体化建设，探索经济发展与生态保护有机结合的文明发展道路。

(2)全国苗木、家具、人造板等林产品的主要生产地和流转中心。珠三角地区现已基本形成以花卉、木材加工、家具制造、造纸、木制工艺品和木质文教体育用品制造为主的发达林业产业体系。以花卉苗木产业为重要突破口，继续发展人造板、家具等外向型产业，大力发展森林生态旅游业，适当发展野生动(植)物繁殖利用业，建设具有珠江三角洲特色的林业产业，建成林产品区域流通中心和生产基地。

(3)珠三角国家森林城市群。加强森林公园和湿地公园两体系建设，推动森林进城围城，推进城市空间增绿，构建全国首个区域性的国家森林城市群。

(4)以湿地公园为主体的绿色生态水系。依托珠三角地区自然水网，大力建设以湿地公园为主体的绿色生态水系，建设新常态下香飘四季的水乡风貌。结合乡村污水处理建设乡村小型湿地，实施工程措施与生物措施相结合的治污治水，恢复湿地功能，丰富森林进城围城的建设内容，进一步拓展绿色发展空间。

3. 发展方向

通过林业生态一体化建设，构筑一体化的林业生态体系、互助的林业产业体系、互补的城乡绿化建设体系、联动的森林保护防控体系和共享的数字林业信息体系。以推进城市林业建设和发展绿化苗木业、花卉业为突破口，拓展新兴产业，建立野生动植物培育基地，发展速生丰产林，巩固提高人造板和家具业。巩固和建设以沿海防护林、防浪护堤林、平原农田防护林、城郊风景林和工业区环保林为主的珠江三角洲防护林体系，优化林业生态环境建设，增强抵御热带风暴、洪涝灾害的能力。加快森林进城围城建设，建设“城在林中、房在园中、人在景中、生态良好、人居和谐”的森林城市群。

(二)粤北生态屏障建设区

1. 区域范围

包括韶关市、清远市、梅州市、河源市、云浮市共五个地级市。该区国土面积768万hm^2，林地面积578万hm^2，湿地面积18万hm^2，森林面积507万hm^2，公益林面积233万hm^2，森林覆盖率为66.0%。

2. 功能定位

(1)全省重要的生态屏障。北部山区生态区位极其重要，林地资源、森林资源丰富，生物多样性保育良好，对保障全省的生态安全具有无可替代的作用。

(2)全省重要的水源涵养区。是北江、东江、西江、韩江等流域上游重要的水源涵养区，对于保障全省乃至港澳地区的饮水安全具有重要意义。

(3)全国重要的林产品生产示范区。利用丰富的林地资源，开展森林多种经营，大力发展林下经济和商品林基地、名优特经济林、木本粮油基地建设。

(4)全国重要的生态旅游示范区。该区省级以上自然保护区、森林公园数量多，森林植被质量高，生态旅游基础设施建设良好，应充分利用丰富的旅游资源，大力发展生态旅游业。

(5)全国人与自然和谐相处的示范区。以生态保护为主，集生态保护和山区生态经济发展为一体，大力发展与生态功能相适应的特色产业，促进人与自然和谐共处。

3. 发展方向

以保护和修复生态环境、提供生态产品为首要任务。禁止非保护性采伐，保护和恢复植被，涵养水源，保护珍稀动物，维护生物多样性，保持生态系统的完整性，构建生态屏障。加快水土流失区林草植被建设和岩溶地区石漠化防治，修复被破坏的生态环境。加强生态公益林和水源涵养林建设，改造林相，力争使阔叶林和针叶阔叶混交林达到90%以上。加快自然保护区、森林公园、湿地公园建设，保护亚热带常绿阔叶林和珍稀野生动植物资源，保存物种基因库。切实加强水生生物资源养护和水域生态修复。加强城镇集中区的城市风景林和城市森林建设。禁止可能威胁生态系统稳定、生态功能正常发挥和生物多样性保护的各类林地利用方式和资源开发活动；严格控制城市建设、工矿建设和农村建设占用林地数量。因地制宜发展资源环境可承载的特色产业。依托山地以及资源优势，巩固松香、松节油等传统出口产品的同时，大力发展林化产品的精深加工，扶持油茶、竹笋、茶叶、木本药材等产业，建设致富的绿色银行、永恒的绿色财富，并积极发展森林生态旅游等服务业。

（三）粤东防护林建设区

1. 区域范围

包括汕头市、汕尾市、潮州市、揭阳市共四个地级市。该区国土面积153万hm^2，林地面积82万hm^2，湿地面积19万hm^2，森林面积73万hm^2，生态公益林地面积31万hm^2，森林覆盖率为47.7%。

2. 功能定位

（1）全国沿海防护林建设示范区。该区所在潮汕城镇密集区，是广东省未来社会经济发展的三架新引擎之一，台风、干旱等自然灾害频繁，是全省沿海防护林建设的重点地区。

（2）全省重要的水源地保护区。凤凰山脉—莲花山脉是该区重要的生态屏障和榕江、韩江等河流的重要的水源区，对于保障潮汕平原乃至全省饮水安全具有重要意义。

（3）全省重要的林业产业协调发展示范区。一方面以竹笋、油茶、茶叶和青榄等名优特经济林产品为特色，发展水果种植和加工产业；另一方面开展海滨风光与潮汕文化结合的特色生态旅游，推动林业产业协调发展。

3. 发展方向

加强沿海防护林建设，维护粤东沿海地区生态安全。重点保护粤东凤凰山脉—莲花山脉生态屏障区林地，保护粤东沿海主要河流发源地和集水区林地，加强水土保持林和水源涵养林建设。加强湿地保护与恢复，加快湿地公园和重点湿地修复建设，进一步增强湿地功能稳定性。大力扶持茶叶、青榄等经济林产品的发展，重点扶持区域森林生态旅游发展，打造潮汕文化生态旅游品牌，建成具有潮汕文化特色的生态旅游示范区。调整种植结构，选育优良果树品种，提高茶叶和青榄等林产品加工技术，建成闻名全国的特色水果种植和加工基地。抓好城乡绿化美化，按照以城带乡、以乡促城、城乡联动的要求，逐步形成以城镇乡村绿化为点，以基干林带和绿色通道为线，以覆盖沿海地区的森林为面，“点—线—面”相结合，彰显潮汕生态文化的城乡绿化美化格局。

（四）粤西绿色产业基地建设区

1. 区域范围

包括湛江市、茂名市、阳江市共三个地级市。该区国土面积294万hm^2，林地面积130万hm^2，湿地面积59万hm^2，森林面积123万hm^2，生态公益林地面积为35万hm^2，森林覆盖率为41.8%。

2. 功能定位

（1）全国最美丽的半岛。依托雷州半岛独特的地形地貌，加快生态修复，恢复和重建热带雨林，建设具有热带特色的森林体系、湿地体系，打造全国最美丽的半岛。

（2）全国红树林可持续利用和海岸基干林带发展示范区。以湛江红树林国家级自然保护区为品牌，加强沿海红树林资源的保护，积极培育发展红树林，总结红树林人工恢复的技术，探索红树林资源可持续利用的发展道路。阳东、阳西和电白等地的海岸基干林带建设基础好，具有良好的生态防护效应，对全国海岸基干林带的建设具有很好的示范作用。

（3）全国速生丰产林示范区。雷州半岛属热带季风气候，热量资源丰富，是广东省工业原料林的主要基地。利用区域丰富的热量资源和林地资源，提高现有工业原料林和速生丰产林的集约经营水平，提高林地生产力，建成全国重要的速生丰产林示范区。

（4）全国重要的热带水果种植、加工和集散基地。大力发展热带水果，创建荔枝、龙眼、砂姜等优质林产品品牌，扩大化州橘红和电白县沉香基地建设规模，建成闻名全国的热带水果种植、加工和集散基地。

（5）全省重要的自然保护区示范基地。该区北部云开大山—云雾山脉地区分布着3个省级以上森林类型保护区，是粤西地区主要河流的水源地、集水区和生态屏障，通过加强自然保护区建设和生物多样性保护，建成全省重要的自然保护区示范基地。

3. **发展方向**

加强红树林保护与恢复，提升抵御风暴、海潮和海啸等自然灾害的能力。进一步扩大沿海滩涂红树林人工造林面积，保护红树林生物多样性和迁徙候鸟。加强高州水库、鉴江和漠阳江等生态敏感性区域水源涵养林建设，使粤西河流的主要水源地和高州水库等地的生态状况得到明显改善。调整种植结构，选育优良果树品种，提高林果加工技术，加强基础设施建设，延长林产品加工产业链。保护生态屏障区、自然保护区、主要河流和重要水库集水区的林地，保护南亚热带季风常绿阔叶林和杜鹃红山茶、猪血木等珍稀濒危植物野生种群。发展工业原料林及速生丰产林，在提高现有基地建设的前提下，加强科技自主创新，选育优良种质资源，建成全国示范性的工业原料林基地。

第七章

广东林业生态文明建设途径与远景展望

第一节　林业生态安全体系建设

完善的林业生态安全体系是广东林业生态文明建设的重点。根据广东省林业生态建设和生态景观格局现状，以森林生态网络体系点、线、面布局理念为指导，以山、水、海、路、城为要素，构建广东北部连绵山体森林生态屏障体系、珠江水系等主要水源地森林生态安全体系、珠三角城市群森林绿地体系、道路林带与绿道网生态体系、沿海防护林生态安全体系等五大森林生态安全体系，稳固生态基础、丰富生态内涵、增加生态容量，为全省生态文明建设提供安全保障。

一、构建北部连绵山体森林生态屏障体系(山)

以南岭山脉、云开山脉、凤凰—莲花山脉等北部连绵山体为主，涉及韶关、河源、梅州、茂名、肇庆、清远、云浮共7个地级市的25个县(市、区)和北部山区的省属林场。

按照“生态修复与生态建设相结合”“立足当前与着眼长远相结合”的原则，通过森林碳汇重点生态工程建设、石漠化综合治理、矿区复绿、抚育改造和封山育林等措施，加强重点生态敏感区域保护，增加北部山区森林面积，提升林地生产力，修复南岭地带性森林植被，构筑北部森林生态屏障带，为全省社会经济发展提供最基础、最根本的生态安全屏障。

对尚存的宜林荒山荒地、疏残林(残次林)、低效纯松林、桉树林采取“一消灭三改造”等营林技术措施，从而增加森林面积、改善森林结构，提高森林总蓄积、碳储量，减少森林碳排放、碳损失，达到增加碳汇、提升森林服务功能的目的。在石漠化土地上禁伐、禁牧，加强保护管理，严禁一切人为的破坏活动，从而改善其恶劣的生态环境。同时，采用自然恢复和人工促进的手段，对宜林地进行人工造林，对有林地、疏林地等进行封山育林。通过开展矿区复绿，对矿区进行植被恢复和造林复绿建设，使矿区生态环境得到有效改善。对矿区宜林地进行人工造林，对近年新种植的中幼林实施森林抚育提升，全面提高森林质量和林地生产力。

二、构建珠江水系等主要水源地森林生态安全体系(水)

包括“四江”(东江、西江、北江、韩江)和“小四江”(鉴江、漠阳江、练江、榕江)等主要江河流域两侧、源头第一重山以及全省具有饮用水源地功能的大中型水库集雨区范围内的林地，涉及全省21个地级市。

以服务流域可持续发展，构建珠江流域生态屏障为目标，强化水源涵养林、水土保持林和沿江防护林建设，发挥森林在改善水质、保持水土、涵养水源、减少地表径流、减轻水土流失、调节江河流量、降低山体滑坡和泥石流等地质灾害发生可能性等方面的重要作用，建成结构优、健康好、景观美、功能强、效益高的珠江水系主要水源地森林生态安全体系，保障全省经济社会的可持续发展，维护全省水系流域生态安全。

在“四江”(包括东江、西江、北江和韩江)和“小四江”流域(包括鉴江、漠阳江、练江、榕江)干流两侧以及江河源头的第一重山，选择具有较好涵养水源和较强保持水土能力的乡土树种，采用主导功能树种和花色树种随机混交方式进行造林绿化，在强化涵养水源、保持水土的同时，构建景观优美的滨水森林景观廊道。在全省主要饮用水水源地、重要水库及集雨区范围周边第一重山范围内，大力种植涵养水分能力强的树种，消灭现有荒山，改造低效残次林、桉树纯林、纯松林，增加林地蓄水保水功能，发挥森林植被在减轻雨水对地表的冲刷、改善区域水源水质、提高生态环境质量、实现人与自然和谐等方面的重要作用。

三、构建沿海防护林生态安全体系(海)

以海岸带、近海岛屿和沿海第一重山为主，涉及湛江市、茂名市、阳江市、江门市、珠海市、中山市、广州市、东莞市、深圳市、惠州市、汕尾市、揭阳市、潮州市及汕头市14个地级市76个县(市、区)；大小岛屿759个，主要有南澳岛、川山群岛、海陵岛、东海岛、新寮岛、南三岛、硇洲岛、内伶仃岛、外伶仃岛、担杆岛等。

科学开展沿海滩涂红树林、沿海基干林带和沿海纵深防护林建设，加强近海与海岸湿地生态系统的修复和保护，构建防灾减灾功能与景观效果相结合的沿海防护林生态安全体系。加强沿海湿地自然保护区、湿地公园、重要湿地的建设，全面维护沿海湿地生态系统的生态功能。

对红树林宜林地段和已遭到破坏的红树林采取封育管护、补植套种和人工造林等措施大力发展红树林。海岸基干林带建设应保留原有植被，对断带、未合拢地段进行填空补缺，对于因各种自然、人为原因而受破坏使得防护功能大为降低的残破林带、低效林带进行修复。在不破坏湿地生态系统的基础上建设集湿地生态保护、生态观光休闲、生态科普教育、湿地研究等多功能的生态型主题公园，最大程度地发挥湿地公园的生态功能。在认真履行《湿地公约》等有关的国际公约的基础上，保持、维护并发展与湿地有关的国际组织与国家间的良好关系，积极探索新的合作途径和方式，努力吸收各国的先进技术和先进的管理经验。逐步增加广东省列入国际重要湿地名录地点的数量。多种形式争取国际社会、国际组织、国际金融等机构对广东省湿地保护与合理利用的财政和技术援助。

四、构建道路林带与绿道网生态体系(路)

包括全省 21 个地级市，道路林带主要建设高速公路隔离网外两侧 20 ~ 50m 宜林地带的绿化景观带，绿道网主要推进已有绿道网绿化升级，突出抓好自行车道和步行系统建设，提升绿道网森林景观与生态效果。

通过道路林带和绿道网生态系统建设，大力增强以森林为主体的自然生态空间的连通性和观赏性，促进和恢复地带性特色的森林景观。在构建覆盖全省的绿色廊道网络，保障地区生态安全的同时，满足城乡居民日益增长的亲近自然、休闲游憩的生活需要，使其成为“加快转型升级，建设幸福广东”的重要抓手。

在高速公路主干道两侧各 20 ~ 50m 范围内，采用花色树种为主题树种做点缀，乡土常绿阔叶树种为基调树种做铺垫，建成多树种、多层次、多功能、多效益的绿化景观带。增强护路、护坡能力，减少塌方和泥石流等地质灾害发生机率，在减轻视觉疲劳、提高行车安全的同时，给人以层次分明、色彩亮丽的视觉享受。在全省绿道网建设的基础上，结合其五大系统(绿廊系统、慢行系统、服务设施系统、标识系统、交通衔接系统)建设特点，在绿道网两侧各 5m，选择能够体现相应特点的花色树种和常绿树种，使得绿道景观与森林景观相辅相成，形成完善的绿道网生态系统。

五、构建珠三角城市群森林绿地体系(城)

包括珠三角地区 9 个地级市 53 个县(市、区)，土地总面积 5.43 万 km^2。

以重点林业生态工程为载体，实施“森林围城、森林进城”发展战略，加快推进珠三角地区城市森林建设，着力构建森林公园体系和湿地公园体系，建设生态良好、山川秀美、经济繁荣、人与自然和谐相处的森林城市群，推动更具有综合竞争力的世界级生态城市群建设。

根据珠三角森林进城围城建设总体规划要求，结合各地社会经济发展水平状况，在保护现有植被和自然风景的前提下，以建设森林公园体系和湿地公园体系为主要抓手，构建类型齐全、分布合理、管理科学、综合效益良好的森林公园体系和湿地公园体系。加强城区绿地、生态廊道、环城防护林带等区域绿地建设，构建大型森林组团、城市绿地与绿色生态廊道相结合的城市森林绿地体系，提高城市森林绿地总量，提升区域城市森林覆盖率和人均森林碳汇能力。

第二节　林业生态经济体系建设

生态经济体系是社会经济实现快速、稳定、可持续发展的最优化经济结构，构建生态经济体系是实现社会全面可持续发展的有效途径。广东林业生态经济体系建设是在保障区域生态安全的基础上，以第一产业发展为基础，以第二产业建设为突破口，以第三产业发展为重点，形成惠民、富民的绿色产业体系。通过推进绿色转型升级，提升林木经营抚育水平，推广应用林业新品种、新技术，大力发展特色产业，鼓励发展新兴产业，重点发展生态经济型产业。优化林业产业结构，着力推动传统产业向中高端迈进。发挥市场机制作用，依靠产业化创新培育和形成新增长点，发展林业产业新业态。

一、把握林业生态经济发展的基本原则

1. 保护优先、合理开发

林业生态经济发展从整体上依赖于森林资源，森林资源在一定阶段都有数量和质量上的限制，发展规模必须与森林资源的丰富程度相适应，不可能不受森林资源的约束无限制地发展。从长远来看，森林资源在采伐利用后，通过及时更新和培育，做到消长平衡，而且可以做到长大于消，从而达到永续利用。从广东省经济社会发展现状和森林资源培育特殊性看，必须坚持“严格保护，积极发展，科学经营，持续利用”的方针，做到保护优先，合理、有序开发，在追求经济效益的同时必须兼顾生态效益和社会效益，最大程度地满足社会发展的生态需求。

2. 统筹兼顾、协调发展

林业生态经济体系纵跨国民经济的第一产业、第二产业和第三产业，涵盖面广，产业链长，是一个相对完整的集经济、生态和社会服务功能为一体的产业体系。从森林资源培育开始，林业生态经济体系的产业链一直延伸到森林资源的加工利用及森林旅游等各个产业，形成了一个相互制约、相互促进的有机整体。因此，林业生态经济体系建设必须服从国民经济与社会发展的大局，统筹兼顾，合理规划，适应新常态下经济增长保持中高速，产业结构迈向中高端的宏观经济形势，促进林业生态经济体系内部各项产业的协调发展。

3. 因地制宜，突出重点

根据全省森林资源的分布特征和社会经济发展状况，因地制宜、分类指导、分区施策，突出重点。广东各地林业生态经济体系建设，必须与主体功能区规划、国土空间规划、区域发展规划相衔接，协同布局，突出重点，创办特色、打造品牌、做强龙头，加快转型升级，优化产业结构。

4. 分类经营，效益最大

森林分类经营的实质就是按照林种和林地生产潜力科学经营森林，在广东省森林资源总量不足，森林质量不高，森林生态功能不强的情况下，实施森林分类经营，优化生态公益林和商品林比例，是现阶段林业发展的必然要求。从长远的角度看，按照国民经济可持续发展的需要，确定全省和各市、县合理的森林覆盖率、林种布局及林种结构，提出各林种的经营目标，最大限度地发挥森林总体效益。

二、筑实第一产业发展基础

1. 商品林基地建设

按照区域化布局、规模化发展、集约化经营的原则，充分利用广东自然地理优势和林业发展条件，推广应用林业新品种、新技术，提升林木经营抚育水平，促进以森林资源培育为基础的林业第一产业的健康、持续发展。

(1)建设木材战略储备林。以增加木材储备为主线，以重点区域为依托，以集约化、基地化、规模化、标准化经营为根本，全省通过新造、培育等方式，规划建设木材战略储备基地7.33万公顷。通过较长一段时间，采取科学措施，着力培育和保护珍稀树种种质资源，大力营造和发展速生丰产林、珍稀大径级用材林，进一步增强生态产品供给能力，

形成树种搭配基本合理、结构相对优化的木材后备资源体系，缓解木材供需矛盾，初步构建成全省木材生产安全保障体系。

(2)推进珍贵用材林培育。联合推进檀香、降香黄檀、檀香紫檀、大果紫檀、柚木、楠木、格木等珍贵用材林树种培育。鼓励广大乡村群众利用房前屋后、山边等空余地，种植珍贵用材林树种。提倡在生态公益林地中套种珍贵树种，提高现有森林质量和功能。

(3)推进特色经济林产业。按照"集中连片、区域布局、规模经营、突出特色"的思路，以市场需求为主导，优化经济林的生产布局，调整树种、品种结构，大力发展适销对路的名特优新品种，如柑桔、黄皮、荔枝、杨梅、龙眼、杨桃、板栗等。出台相关优惠政策，重点扶持龙头企业，树立品牌。以经济林产品深加工为龙头，扩大果品储藏、加工、运输、保鲜和创汇能力，促进山区经济发展。

(4)建设油茶林、竹林基地。大力发展木本粮油，选择国家和省级林木品种审定委员会审(认)定通过的油茶良种，并配套丰产栽培管理技术，在宜林荒山荒地建设高产油茶林基地，增加优质健康木本粮食和食用植物油供给。着力加强现有油茶低产林抚育和更新改造，加强新造油茶林的抚育管理，提高油茶林高产丰产经营水平。根据全省土壤、气候等自然条件，重点发展以茶秆竹、麻竹、毛竹等为主的竹林基地。

(5)推进花卉苗木培育产业。珠江三角洲地区是全省乃至全国的花卉苗木中心产区和集散地，花卉业已成为当地种植业的支柱产业，名牌主导产品明显领先全国。联合制定整体规划，加强宏观指导，优化产业化发展格局，升级产业结构，培育一批产业龙头企业，建设一批具有一定规模的名优花卉生产基地、花卉专业市场和示范基地。加快标准化体系和信息化建设，强化花卉育种工作，提高花卉品种自主产权。同时紧紧围绕林业重点生态工程，坚持种苗优先、以推进林木良种化进城和提高林木种苗质量为根本。

2. 林下经济特色产业建设

采取林下种植、林下养殖、相关产品采集加工及森林景观利用等模式，推进森林食品和中药材及野生动植物资源培育等特色产业发展。规划到2020年，全省林下经济发展面积280.00万hm^2，林下经济综合产值675亿元，全省从事林下经济的农民在林下经济方面的人均年收入5774元(表7-1，表7-2)。

表7-1　林下经济基地示范项目

模式	面积(hm^2)	年总产量	建设数量	建设区域
林下种植			27	
林菌	20×5		5	梅州，韶关，河源，清远，省属林场
林药	(50~150)×16		16	韶关(2个)，肇庆(2个)，茂名(2个)，梅州，河源，清远，阳江，江门，湛江，惠州，潮州，汕尾，省属林场
林茶	200×5		5	潮州，梅州，清远，湛江，揭阳
林花	30×1		1	汕头
林下养殖			8	
林下养鸡		10万只×3	3	茂名，清远，揭阳
林下养牛		2000头×1	1	河源
林下养蜂		1000箱×2	2	韶关，广州
林下珍稀动物			2	韶关，揭阳

（续）

模式	面积（hm^2）	年总产量	建设数量	建设区域
相关产品采集加工			8	
松脂采集加工			3	阳江，肇庆，云浮
竹笋采集加工			2	肇庆，清远
檀香茶、沉香茶等采集加工		1000kg×3	3	肇庆，茂名，揭阳
森林景观利用			23	
林下生态休闲游/文化精品游/文化产业基地			23	肇庆（2个），河源，梅州，惠州，茂名，清远，韶关，阳江，湛江，云浮，江门，广州，东莞，中山，珠海，佛山，汕头，汕尾，揭阳，潮州，深圳，省属林场

表 7-2　林下经济重点建设项目（包括示范基地）

类别	项目	主要建设内容
林下种植	林—菌重点建设项目	林下红菇重点建设项目：南雄2个；林下香菇、木耳重点建设项目：始兴2个、仁化、高要、怀集、和平、连平、龙川、紫金2个、蕉岭、连南、省乳阳林业局、省天井山林场共14个；林下灵芝重点建设项目：仁化、乳源、新丰、蕉岭、和平、紫金、省乐昌林场共7个。重点项目建设面积从20～33 hm^2
	林—药重点建设项目	林下中药材重点建设项目：仁化2个、乳源2个、新丰、饶平、鹤山、阳春、高要2个、广宁2个、四会、信宜2个、化州、高州、郁南、清新、丰顺、蕉岭2个、和平2个、陆丰、紫金、阳山、德庆2个、阳东、廉江、博罗、省天井山林场、省樟木头林场共34个。重点项目建设面积从20～133 hm^2
	林—茶重点建设项目	林下种茶重点建设项目：新兴、紫金、平远、怀集、潮安、海丰、饶平、揭西、连山、廉江共10个，建设面积从33～200 hm^2
	林—花重点建设项目	林下种花重点建设项目：澄海、和平共2个，建设面积从20～33 hm^2。
林下养殖	林—禽养殖重点建设项目	拾万只林下养鸡（鸭）重点建设项目：在乐昌、仁化、始兴、阳山、清城、蕉岭、高要、封开、怀集、广宁、四会、和平、龙川、紫金、吴川、遂溪、信宜、电白、阳东、新兴、郁南、揭西共22个
	林—牛养殖重点建设项目	千头林下养牛重点建设项目：在怀集、四会、和平、龙川、廉江共5个
	林—羊养殖重点建设项目	万只林下养羊重点建设项目：在南雄、仁化、始兴、清新、封开、怀集、广宁、四会、龙川、阳春、廉江、新兴共12个
	林—蜂养殖重点建设项目	千箱林下养蜂重点建设项目：始兴、高要、封开、电白、东源、潮安、龙川、惠东、紫金、蕉岭、雷州、从化共12个
	其他林下养殖重点建设项目	在英德建设万条以上的林下养蛇项目1个。在乳源、兴宁建设十万只以上的林下养蛙项目共2个。在乳源，龙川建设3000头以上的林下野猪项目共2个。在揭东建设万条以上林下娃娃鱼项目1个
相关产品采集加工	松脂采集加工项目	在封开、德庆、高要、新兴、郁南、云安建设10000t林下松脂采集加工项目共6个
	竹笋采集加工项目	在清新、龙门、广宁、新兴、仁化、蕉岭、龙川、紫金重点建设1000t以上的竹笋采集加工项目共8个
	簕菜茶采集加工项目	在恩平建设10000kg以上的簕菜茶采集加工项目
	檀香茶、沉香茶采集加工项目	在高要、揭东、信宜、紫金建设1000kg以上的檀香茶、沉香茶等采集加工项目

（续）

类别	项目	主要建设内容
森林景观利用	林家乐，森林人家	在韶关、清远、梅州、肇庆、河源、茂名、云浮、江门、广州、潮州、珠海共建设11个“林家乐(森林人家)”建设项目
	林下生态休闲游	在乳源、紫金、平远、恩平、连山、蕉岭、五华、德庆、封开、高要、广宁、怀集、龙川、源城、紫金、信宜、电白、高州、廉江、徐闻、罗定、郁南、花都、增城、饶平、龙岗、斗门、高明、潮南、普宁、陆丰、海丰县、省乳阳林业局、省天井山林场、省樟木头林场、省乐昌林场、省连山林场、省东江林场重点建设林下生态家园休闲游项目共38个
	林下生态文化精品游	在德庆、高州、清新、蕉岭、紫金、龙门、新会、东莞、中山、省樟木头林场重点建设林下生态文化精品游项目共10个
	林下经济文化产业基地	在韶关、清远、梅州、肇庆、河源、茂名、广州市重点建设林下经济文化产业基地项目共7个
	林下经济产品交易市场	在广州、肇庆、韶关重点建设林下经济产品交易市场(可与林产品交易市场共建)共3处

三、优化第二产业发展效益

1. 提升木材加工制造业

充分发挥区域人造板、家具、造纸等产业的规模优势，按照“政府引导、市场运作”的原则，积极推动全省的木材加工制造业实现一体化，加强木材产品的生产、加工、销售环节的协同合作，引导扶持林业龙头企业开拓国际、国内市场，实现规模化、集约化经营，共同提高抵抗市场风险的能力。同时，根据国家最新出台的《林业产业政策要点》，实行鼓励扶持发展、限制发展和淘汰并禁止发展3种不同的调控措施，优化产业结构和布局。

2. 提高木材高效循环利用

积极推进木材加工“节能、降耗、减排”和木材循环利用工作。具体措施有：根据国家《林业产业政策要点》，提高木材生产加工准入条件，限制和淘汰有关项目；加快实施产品改造升级，从源头上抑制高能耗、高污染、低效益产品的生产；采用新技术将木材采伐加工剩余物、废旧木质材料加工成木质重组材和木基复合材；大力发展木材精深加工业，针对不同树种，采取不同加工技术，生产不同层次产品，发挥木材最大功能；积极发展木材防护业，加快推进木材防腐和改善人工林木材使用性能的工作，延长木材产品使用寿命；逐步建立和完善木材保护产品质量检验检测体系，实现木材保护产品标准化、系列化；积极推进木材加工企业清洁生产、资源循环利用、产品质量和环境认证工作，建立绿色环境标志和市场准入制度，倡导健康生活，推广生产、使用环保木材产品。

3. 发展陆生野生动物产品

在现有的基础上，以政府引导、市场推动为导向，拓展新兴产业，联合建立野生动物驯养繁育基地，建设一批高科技龙头企业，形成资源培育、加工利用和销售“一条龙”产业链，成为带动不发达地区经济和促进林农增收的一大新动力。

4. 加强市场流通体系建设

积极培育林产品的专业市场，加快市场需求信息公共服务平台建设，健全流通网络。支持连锁经营、物流配送、电子商务、农超对接等现代流通方式向林产品延伸，促进贸易便利化。规划建设4个以上大型家具专业市场和配套的物流园区，推动“广东国际木材交易中心”项目建设。

5. **开发林产电子商务平台**

利用“互联网＋”，为广东林权流转、林产品交易打破地域限制，拓宽销售渠道，促进林农增收和山区扶贫。开发林产电子商务平台，包括信息咨询、商品贸易、林权交易、金融服务等板块，旨在为全省林产品提供全流程、一站式、低成本的电子商务服务，致力于监测商品价格，上溯整理行业今年来的相关数据，建立科学、系统、详实的数据库体系，引领行业规模化潮流，探索行业发展之道。

四、提升第三产业发展水平

1. **加强森林生态旅游网络体系建设**

按照区域游憩需求、服务半径、服务功能等条件，优化区域森林公园、湿地公园、自然保护区建设布局，做到中心城市周边1小时内均有公园，为广大市民提供休闲、游憩以及科普教育的活动场所。对跨市相连的公园，优化其基础、服务以及管理设施配置，建立资源共享、联防联保机制，实现公园分布合理和良性运行。对城区内或近城区的公园，增大政府资金投入力度，强化基础设施建设，将其作为城市（城区）公共绿地进行建设，提高人均公共绿地的占有率。

2. **完善森林生态旅游基础设施建设**

基础设施是维持生态安全的基础保障。当前，自然保护区、森林公园、湿地公园普遍存在基础设施、设备缺乏和经费不足的状况，影响管理机构的日常工作，降低了管护能力和管护成效，制约着生态建设和保护的发展。通过政府主导、市场运作，继续加强干道、步道、供水、供电、通讯、厕所、垃圾箱等基础设施建设，配套建设生态科普中心、标本馆和科普宣教基地等，发挥其生态和社会效益。

3. **提升森林生态旅游服务水平**

联合打造区域森林旅游精品线路，挖掘森林旅游文化内涵，大力发展特色旅游，提高森林旅游产品的质量档次与市场竞争能力。加快森林公园与森林旅游的改革步伐，鼓励多种经济实体采取独资、合资、合作等形式，参与森林公园景区景点、旅游项目、商业网点、服务接待以及旅游道路等设施的建设和经营。联合组织开展森林旅游招商会和推介会，探索森林旅游景点实行套餐式经营和惠民便民的办法，推动森林生态旅游业的蓬勃发展，形成政府主导、市场参与的公益性产业体系。

4. **大力发展森林疗养产业**

森林疗养是时代的发展潮流和趋势，契合中国国情和林情，也是社会发展的必然需求，蕴藏巨大产业商机。从国家战略和林业发展大局出发，研讨国际森林疗养理念和模式，探索适合广东的森林疗养模式，充分利用森林、湿地、沙地等生态资源，大力发展集林业、医药、卫生、养老、旅游、教育、文化、支农、扶贫于一体的森林疗养产业，培育林业生态经济体系新业态。

5. **启动森林期货交易试点**

根据《中共中央 国务院关于深化体制机制改革加快实施创新驱动发展战略的若干意见》，推行“森林期货交易”试点，发挥金融创新对林业生态建设的助推作用，培育壮大林业投融资市场。降低因干旱、霜冻、台风、火灾、盗砍滥伐等恶劣天气和人为干扰因素给森林经营者带来的的高投资风险，有效解决林产品定价、林业投资风险控制与转移，有机整合林业产业集群。

第三节 林业生态文化体系建设

“构建繁荣的生态文化体系”是国家林业局根据中共中央、国务院《国家“十一五”文化发展纲要》和建设现代林业的客观要求提出来的，把“生态”引入精神文化领域，并向更多的社会文化领域渗透，渐进融入人们的决策思想和发展战略，乃至改变人们的生活和行为方式，必将成为构建和谐社会的重要因素。广东林业生态文化建设必须坚持走生产发展、生活富裕和生态良好的文明发展道路，努力塑造新时代林业生态文明理念，倡导人与自然和谐的重要价值观，培育生态文明价值体系；夯实生态文明建设基础，发展林业生态文化产业；开展多形式的生态文化活动，强化生态文化传承创新和宣传实践。从而推动形成绿色发展、循环发展、低碳发展的文明发展模式，努力构建主题突出、内容丰富、贴近生活、富有感染力的生态文化体系。

一、培育林业生态文明价值体系

将生态文明融入社会主义核心价值体系。通过塑造新时代林业生态文明建设理念、营造林业生态文化氛围及加强林业生态文明教育等方式方法，培育林业生态文明价值体系，在全社会树立勤俭节约、绿色出行、理性消费的生态文明道德。

1. 塑造新时代林业生态文明建设理念

以社会主义核心价值观为引领，塑造新时代生态文明建设理念。深入挖掘中华文化特别是岭南文化中的生态文化内涵，传承并弘扬崇尚自然、天人合一的优秀传统文化，学习和吸收不同国家、民族的优秀生态文化，积极塑造具有时代气息、广东特色的生态文化，形成尊重自然、以人为本、合理开发、节约集约、永续发展的生态文明建设理念。提高公民生态道德素质，使勤俭节约、珍惜资源、保护生态环境、维护生态权益成为全体公民的行为自觉。

2. 大力营造林业生态文化氛围

运用各种新闻媒体和社会喜闻乐见的专栏、专题报道以及文学、戏剧、电影等形式，广泛宣传有关林业生态文化的科普知识，宣传阐释建设资源节约型、环境友好型社会等可持续发展观念，介绍博大精深的林业生态文化，传递珍惜自然、保护生态、珍惜资源、保护环境等各种信息，唱响社会发展的主旋律。提高全民对保护森林、野生动物和生物多样性重要性的认识，从而防止乱捕滥猎、乱挖滥采等违法行为的发生，促进人与自然的和谐共进。

3. 加强林业生态文明教育

普及林业生态文明知识，把林业生态文明教育融入到中小学学科教育中，开展“未成年人生态道德教育进课堂”活动，引导广大青少年从小就了解生态知识、争做绿色的忠诚卫士。加强林业生态文明教育专职教师队伍建设，支持和鼓励高等学校开展林业态文明教育和专题讲座，发挥课堂教育主渠道作用。积极宣传《中华人民共和国森林法》、《中华人民共和国野生动植物保护条例》等林业法律法规，提高广大民众的生态保护意识。开展寻找广东最美森林系列活动，通过广东十大最美森林评选、广东美丽森林摄影比赛和寻找广东最美森林记者行等系列宣传活动，弘扬林业生态文化。

4. **推动绿色消费模式**

要推动绿色消费模式的宣传和传播，提高消费者对环保和可持续发展的认识，主动转变消费观念。在食品消费方面，提倡绿色食品和有机食品，不食用野生动物；在日常生活中，选择绿色环保的消费品，建立政府绿色采购系统，通过政府庞大的采购力量，优先购买对环境影响较小的环境标志产品，促进林业企业环境行为的改善。通过一系列的行为组合，促使林业企业生产出有利于健康、不破坏环境的优质、环保产品，逐步在全社会形成有利于环境保护的消费模式。

二、夯实林业生态文化建设基础

大力推进林业生态文化基础设施建设及以森林文化为主体的文化建设，发展林业生态文化产业，开发林业生态文化产品，建立以林业部门为主导、全社会共同参与的林业生态文化建设体系，促进林业生态文化的大发展、大繁荣。

1. **推进林业生态文化基础设施建设**

以自然保护区、森林公园、湿地公园、博物馆和学校等生态景观或教育资源丰富的企事业单位为基础，创建一批重点生态文明、生态文化教育基地。逐步使每个地级市建成1个国家级生态文明教育基地或生态文化示范村(企业)，每个县有1个省级(或市级)生态文明教育基地或生态文化示范村(企业)。保护好旅游风景林、古树名木和纪念林。充分利用现有的公共文化基础设施，积极融入林业文化内容，完善功能，丰富内涵，使其发挥更大的作用。

2. **推进以森林文化为主体的文化建设**

要结合当地实际，充分挖掘森林文化、花卉文化、湿地文化、野生动物文化、生态旅游文化、特色果园文化等发展潜力，精心培育，发扬光大，推进以生态文明为主体的林业文化建设，形成百花齐放、百家争鸣的生态文化内涵，满足社会需求。

3. **发展林业生态文化产业**

林业生态文化产业是生态文化体系建设的重要支撑。要做大做强山水文化、树文化、竹文化、茶文化、花文化、药文化、森林旅游、森林休闲等物质文化产业，并努力发展生态文化影视、音乐、书画等精神文化产业和生态文化培训、咨询、论坛、传媒、网络等信息文化产业。

4. **不断开发林业生态文化产品**

林业是“生态产品”生产的主要阵地，广东以创建“全国绿化模范城市”和“国家森林城市”，开展森林进城围城、生态景观林带建设、森林碳汇、乡村绿化美化等四大林业重点生态工程为抓手，积极开发森林观光、森林固碳、物种保护、生态疗养、绿色食品、改善人居、传承文化、提升形象等一系列生态文化产品，满足人民群众对生态产品多样化的需求。通过生产更多、更好、更能打动人心的生态文化产品，来引领和推动全社会对“人与自然和谐”的认识和把握，引导公众自觉地投身到生态保护和生态建设的队伍中来。

三、强化生态文化传承创新和宣传实践

加大生态文化宣传力度，打造生态文明建设的网络互动平台，组织开展各类主题文化活动，营造关爱自然、保护自然、建设自然的浓厚氛围，推动绿色消费模式。加强生态文化传播体系平台建设，为人们提供丰富多样的生态文化创意产品与服务。

1. 充分发挥各类媒体的宣传作用

全省各级党委机关报刊、广播电视、门户网站开设生态文明建设专栏，公布生态文明建设相关信息，宣传生态文明知识。及时发布生态环境质量信息，增加环保公益广告，构建新型、和谐的环境公共关系。树立生态文明建设先进典型，发挥模范示范作用。将自然保护区、风景名胜区、森林公园、湿地公园等作为普及生态知识的重要阵地，提高社会公众生态文明意识，营造爱护生态环境的良好风气。

2. 打造林业生态文明建设的网络互动平台

利用主题网站、论坛社区、微博、微信等建立公众参与生态文明建设的信息网络互动平台。鼓励支持博客、微博、微信等社会化媒体开展形式多样、交流互动性强的宣传教育活动。建设林业生态文化示范网站，组织现代林业生态文化笔会，邀请一些著名生态文学作家在生态文学、文化笔会，生态知识普及，生态典型宣传，生态文化弘扬，生态道德树立等方面发挥积极作用，并出版一批林业生态文化作品。

3. 开展多种形式生态文化活动

建立生态文化数据库，挖掘树文化、竹文化、花文化、茶文化、园林文化和动物文化价值。积极开展群众性生态科普活动，办好节能宣传周、低碳日、植树节、爱鸟周等主题活动，提高全社会对生态保护与建设的关注。加强古树名木保护，积极推进省树、省花、市树、市花、县树、县花评选命名。积极开展林业生态文明示范县、森林城市、绿化模范城市、绿化模范县、绿化模范单位等创建活动。推进生态文艺创作，举办各类文艺作品征集展演活动。拓宽林业生态文化载体，以群众喜闻乐见的文体活动和特色项目鼓励林业职工学技能、学种养技术、学根艺、学摄影、学书画等，培养他们的兴趣爱好，陶冶他们的情操。同时将林业社区文化与文化创意产业相结合，与社会中介组织、社会团体相合作，丰富群众生活，提升居民的精神境界和文明程度。

第四节　林业生态治理体系建设

林业生态治理体系是国家治理体系的重要组成。面对生态文明体制改革的深入推进和林业全球化的深入发展，以及林业参与主体的多元化和利益诉求的多样化，根据党的十八届四中全会提出“推进国家治理体系和治理能力现代化”的要求，通过建立林业生态文明制度，全面提升林业生治理能力，切实推动广东林业生态文明建设。

一、建立健全林业生态文明制度

当前和今后一个时期创新和完善林业治理体系，要重点建立健全以下几项林业生态文明制度。

1. 建立健全生态资源产权制度

对国土空间内的生态资源明确产权主体，确保生态资源的占有、使用、收益、处置做到权有其主、主有其利、利有其责。一是健全国家所有、地方政府行使所有权的生态资源产权制度。对国有林场、森林公园和绝大部分自然保护区、湿地公园，建立由国家所有、中央政府委托省级政府行使所有权并承担主体责任、由地方政府分级管理的体制。二是健全集体所有、集体行使所有权和集体所有、个人行使承包权的生态资源产权制度。对承包经营的集体林，赋予农民对承包林地占有、使用、收益、流转及承包、经营、抵押、担保权。允许承包权和经营权分离，可对经营权实行依法有偿流转。

2. 建立健全生态资源监管制度

生态资源监管是各级政府和全社会的共同责任，要建立起所有权人和管理者相互独立、相互配合、相互监督，统一行使生态资源用途管制职责的制度。一是健全生态资源法律制度。加快修订《广东省森林保护管理条例》《广东省林地保护管理条例》等法律法规，明确所有者权利，规范管理者权力，细化落实用途管制范围，为加强生态资源监管提供法律保障。二是健全生态资源考核制度。编制全省林地、湿地等生态资源资产负债表，实行生态资源资产离任审计，强化对各级政府资源消耗、生态损害和生态效益的责任考核。对盲目决策、造成生态严重破坏的，严肃追究有关人员的责任。三是健全生态资源社会监督制度。增强公众生态意识，畅通群众监督、舆论监督渠道，健全举报和处置机制，真正把生态资源置于全社会监督之下，提高生态资源监管成效。

3. 建立健全自然生态系统保护制度

建设生态文明，关键在于按制度严格保护自然生态系统。一是建立生态红线保护制度。制定全省生态红线区划技术规范，科学划定林业生态红线，并出台严格的管制办法，确保守住生态红线。二是健全林地保护制度。对全省林地实行规划管理、定额管理和用途管制，严格管控林地征占用行为，完善广东省公益林管理办法，严格控制公益林、有林地转为建设用地。三是建立天然林保护制度。严格保护天然林，充分发挥天然林的生态功能。四是建立湿地保护制度。将国家重要湿地、湿地自然保护区纳入禁止开发区域，严禁开发，恢复湿地生态系统。五是建立沿海沙区植被封禁保育制度。划定封禁保护区域，严格管控开发建设活动，禁止破坏沙区植被，逐步恢复沙化土地植被。六是建立国家公园体制。加强顶层设计，按照保护优先、科学规划、依法管理、试点先行的原则，稳步推进国家公园建设，完善广东省自然保护体系。

4. 建立健全生态修复制度

生态修复是改善生态状况的必由之路，是促进生态系统恢复的重要举措。一是健全谁破坏、谁付费、谁修复的制度。制定森林、湿地、荒漠自然生态系统损害鉴定评估办法和损害赔偿标准，要求破坏者给予经济赔偿或者恢复生态。大幅度提高征占用林地、湿地的成本，形成不敢破坏、不能破坏、破坏不起的机制。建立采石采矿生态恢复保证金制度，确保生态破坏后得到及时恢复。二是健全重大生态修复工程建设制度。优化工程布局，形成国家、省、市、县(区)互为补充的生态修复工程体系。重点推进天然林保护、湿地保护、防沙治沙和野生动植物保护等重点工程法律化、制度化，确保长期实施。三是建立自然修复与人工修复相结合制度。对于生态损害严重的区域，以人工修复为主，自然修复为辅；对于生态现状较好的区域，以自然修复为主，人工修复促进自然修复。四是完善生态修复社会参与制度。创新义务植树尽责形式和部门绿化机制，发展生态志愿者队伍，坚持谁造谁有、给谁补贴，充分调动全社会保护、修复生态的积极性。

5. 建立健全生态监测评价制度

生态监测评价是保护成效评估、目标责任考核和实行科学决策的重要依据。一是健全监测体系。建立定期清查与年度监测相衔接、国家监测与地方调查相协调、抽样调查与专题调查相结合，覆盖森林、湿地、荒漠生态系统和野生动植物资源的本底清查与年度调查监测制度。二是建立核算体系。对全省森林资源实物量和价值量的存量及变量进行科学核算，推动建立森林资源核算与国民经济核算相衔接的综合核算体系。三是建立发布制度。建立生态安全等级评价制度和生态安全预警机制，定期公布全省林业与生态状况监测评价结果。四是建立生态风险评估制度。对影响自然生态系统和珍稀濒危野生动植物种群安全的开发建设项目，进行生态风险评估，获得生态许可后方可批复立项和开工建设。

6. 建立健全森林经营制度

加强森林经营，提高森林质量，是国际维护生态安全和木材安全的普遍做法。一是建立森林经营规划制度。建立国家、省、县三级森林经营规划体系，明确森林经营的基本原则、目标任务、战略布局、经营方向、政策措施等。二是建立森林经营方案制度。各类森林经营主体都要编制森林经营方案，报林业主管部门审批或备案，并将其作为造林、抚育、采伐、更新的主要依据。各级林业部门要对森林经营方案实施情况进行监管和评价，并建立相应的奖惩办法。三是建立林木良种制度。全省要支持培育和使用林木良种，重点工程造林和享受国家补贴的造林项目要确保使用林木良种，严厉打击制售假冒伪劣林木种苗行为。四是建立森林抚育制度。完善广东森林抚育技术规程、规范、标准，以及营造林质量监管等技术管理制度。

7. 建立健全生态资源市场配置和调控制度

充分发挥市场在资源配置中的决定性作用和更好地发挥政府作用，推动生态保护与林业产业协调发展。一是完善森林采伐管理制度。开展森林采伐限额管理改革试点，完善木材运输管理制度，逐步扩大放开木材经营加工许可制度试点。严格控制国有林、公益林、天然林采伐，放宽对集体林中商品林特别是毛竹、桉树等速生丰产林的采伐限制。二是建立生态资源市场定价制度。推动生态服务功能价值化，完善生态资源价格形成机制，形成反映市场需求、资源稀缺程度、生态修复成本的生态资源价格体系，促进生态资源节约利用。三是建立森林及林产品认证制度。推行森林经营认证和产销监管链认证，推动建立木材生产、经营、加工来源合法性认证机制。完善主要林产品质量认证体系和质量监管体系，实行野生动植物及其产品统一标识制度和认证制度，建立林产品负面清单。积极培育认证产品市场，适时推行森林认证产品政府采购政策，大力倡导绿色消费。四是探索建立森林资源资产证券化制度。健全森林资源资产评估制度和机构，完善信用评级体系，培育发展林业信托机构和林权交易市场，推动森林资源资产转化为可流通的债券、基金和股票。五是建立森林碳汇交易制度。加强森林碳汇交易技术支撑和政策保障，健全碳汇计量、监测、审核、交易管理体系，完善交易机制，培育交易市场。

8. 建立健全生态补偿制度

一是完善森林生态效益补偿制度。落实市、县(区)配套补偿资金，根据生态区位、资源状况实行分级分类差别化补偿，建立生态补偿逐年递增机制，逐步将所有森林纳入补偿范围。二是建立公益林政府赎买制度。对大江大河源头、国家级自然保护区等生态区位极其重要的集体公益林，由政府出资赎买或者用国有林进行置换，交由国有林业单位经营管理。三是建立湿地生态补偿制度。扩大湿地保护补助范围，积极申报申请中央湿地补偿资金，对承担湿地保护和管理的地方政府和林业部门给予财政补贴，对因保护湿地而造成损失的给予相应经济补偿。

9. 建立健全财税金融扶持制度

将林业作为公共财政的重点支持对象，加大政策和资金扶持力度，建立稳定的林业政策和资金投入机制，为林业生态文明建设提供基本保障。一是完善公共财政投入制度。建立健全财政扶持政策体系，重点加大对生态保护、生态修复、资源监测、绿色产业和基础设施的投入力度。二是健全林业补贴制度，争取国家林业局加大对广东省林木良种、造林和林业机械等补贴力度，探索出台适合广东省的木本粮油、珍贵树种培育、木材战略储备、生物质能源等林业产业的补贴政策。三是完善税收扶持制度。落实好林业所得税免除政策，扩大林业资源综合利用产品增值税即征即退范围。结合改革育林基金制度，研究建立森林生态税。四是完善金融支持制度。联合金融机构制定林业中长期、低息贷款政策。赋予国有林和公益林抵押担保权，鼓励地方政府建立集体林权交易市场、林权收储中心和担保中心，减免评估手续和费用，加快推进林权抵押贷款。扩大政策性森林保险范围，提高保费补贴标准，建立再保险机制和森林巨灾风险基金，逐步由保物化成本转为保价值，增强林业抗风险能力。

二、全面提升林业生态治理能力

林业生态治理能力主要表现为制度执行力，与林业生态治理体系相辅相成。面对日益繁重的林业改革发展任务和复杂多样的社会主体利益诉求，不仅要创新林业生态治理体系，还要提升林业生态治理能力，确保林业治理效能，更好地推动全省林业生态文明建设。

1. 全面加强组织保障能力建设

稳定完善、保障有力的林业组织管理体系，既是林业生态治理体系的重要内容，也是林业生态治理能力的坚实基础。一要健全各级林业行政机构。优化内部结构，使之适应创新林业生态治理体系的要求。强化林业议事协调机构功能，充分发挥各部门的优势和作用。二要转变政府职能、创新管理方式。进一步减少行政审批事项，建立权力清单，公开权力运行流程。加强取消和下放事项的事后监督，提升管理水平。三要发挥事业单位功能。加快事业单位分类改革，健全事业单位法人治理结构，强化林业事业单位公益属性，充分发挥公共服务职能。四要完善林业社会组织。鼓励发展专业性林业社会组织，加快推进社会组织与行政机关脱钩，支持社会组织承接政府转移职能，充分激发社会组织活力。加快发展新型林业微观组织，鼓励林业合作组织进行工商登记，享受小微企业优惠政策。允许财政资金直接投向林业合作组织。五要加强基层林业站所建设。明确其公益性职能，切实提升政策执行力。建设机构稳定、经费财政解决、站房站貌整洁规范、队伍素质优秀出色、规章制度统一、办事程序规范、站务公开统一、办公自动化、信息网络化、基层管理现代化、具有优秀法制水平和科技水平的新型林业站。六要建立健全山林纠纷调处工作网络。各市、县(市、区)人民政府设立山林权属争议调处办公室，落实人员编制，镇、村一级设立调处工作网络，配备纠纷调解员。七要加强专职护林员队伍建设。出台专职护林员队伍建设与管理办法，对专职的护林员队伍实行补助，从2014年起，省财政安排专项资金，对粤东西北地区安排护林员队伍建设给予补助，由各地按照每人每月300元的标准，与当地自筹资金统筹落实到人。

2. 全面加强依法治林能力建设

法治是治国理政的基本方式，是林业治理体系和治理能力现代化的集中体现。一要完善法律体系。适应生态文明建设和林业改革发展需要，加强广东林业立法修法工作，争取出台《广东省林木种苗管理条例》和《广东省生态景观林带建设管理办法》，修订《广东省森林保护管理条例》《广东省野生动物保护管理条例》《广东省森林防火管理规定》等，完善以森林法为主体的法律法规体系，确保各项工作有法可依。二要建设法治机关。认真落实国务院《关于加强法治政府建设的意见》，提高全省各级林业部门和领导干部运用法治思维和法治方式推动林业改革发展的能力。三要提升执法水平。继续完善《广东省林业部门受理控告申诉办法》《广东省林业行政处罚案件核审办法》《广东省林业厅行政执法责任制实施办法》《广东省林业行政审批管理办法》《广东省林业厅关于规范行政处罚自由裁量权的实施办法》和《广东省林业厅行政处罚自由裁量实施标准》等制度，加快建立林业综合执法平台，加强执法监督，解决多头执法和乱执法、不执法的问题。完善执法程序，做到步骤清楚、要求具体、期限明确、程序公开。四要加强普法教育。增强法治观念，形成全社会知法、懂法、守法的良好氛围。

3. 全面加强科技支撑能力建设

科技是林业强盛之基，是林业治理能力的重要支撑。一要加快林业科技创新体系建设。充分发挥现有林业高等院校、各级林业科研单位以及企业研发机构的科研实力，通过加大扶持力度，建立和完善省及区域性林业试验中心及林业重点实验室、森林生态监测网络、林木种质资源库，构建林业科技创新和资源共享平台，优化资源配置，提升林业科技自主创新能力。二要完善林业科技推广体系建设。建立和完善省、市、县、乡镇四级林业科技推广机构，稳定林业技术推广队伍，提高技术推广服务水平。加强林业科技示范推广，使科技工作贯穿于林业重点工程规划、设计、施工、管理和验收全过程。通过实施林业科技示范行动、科技下乡行动、科技特派员行动、乡土专家行动计划，培养一批基层林业专业技术人才。扶持发展基层林业技术推广专业服务组织，形成林业科技机构与社会各方面力量共同参与、无偿服务与有偿服务相结合、专业性队伍与社会化服务组织相结合的新型林业科技推广网络，为林业生态文明建设提供科技服务。三要推进林业标准化体系建设。围绕林业生态文明建设的需要，加快林业技术和产品质量标准的制定，建立健全由国家标准、行业标准、地方标准和企业标准组成的，覆盖林业各个专业领域的林业技术标准体系。强化标准的实施推广，做到林业工程建设按标准设计、按标准施工、按标准验收，实施全过程质量管理，提高林业建设的质量与效益。建立健全林业质量检验检测体系，加强林产品质量检验检测，确保林产品质量安全。

4. 全面加强灾害防控能力建设

森林火灾、林业有害生物等自然灾害严重威胁林业资源安全和人民群众生命财产安全，必须加强林业灾害应急体系建设，提高防灾、控灾、减灾能力，将全省林业有害生物成灾率控制在4‰以下，森林火灾受害率0.5‰以下，尽可能减少人员伤亡和经济损失。

一要加强源头防控。坚持预防为主，完善预警响应和监测报告机制，做到早防范、早发现、早报告、早处置。健全火源管控、隐患排查和重点时段、重点部位严防严控机制。规范林业植物检疫，强化重大有害生物疫区和疫源管理，防止疫情扩散。引导建立林业灾害社会化防治组织，吸引社会力量参与林业灾害防控。二要落实地方政府责任。加强组织领导，落实森林防火、有害生物防治领导责任，健全责任追究制度。三要加快监测防控装备现代化。着力推广以水灭火、森林航空消防和无公害防治技术，全面提高灾害监测防控装备水平和应急处置能力。

5. 全面加强林业信息化能力建设

没有林业信息化，就没有林业治理能力现代化，积极推进广东智慧林业建设。一要推进林区无线网络建设。建设卫星数据采集系统、无人遥感飞机监测系统、视频监控系统及应急地理信息平台，提供可视化、精准化的应急指挥服务。二要加快林业云建设。建设全省林业办公自动化集群、林业网站群，实现数据集中存储、调用和共享，实行集约化管理和运行。三要实行林业一张图管理。加快林业工程建设，对海量数据进行处理，尽快建成全省林业一张图，并与各地林业一张图相衔接。四要全面推进网上行政审批。建成网上行政审批大厅，推行全省林权一卡通，为政府、企业、林农等提供在线办理、远程诊断等服务。

6. 全面加强基础设施支撑能力建设

基础设施薄弱是制约广东林业发展的重要因素。一要加大政府投资力度。将林业纳入经济社会发展总体布局，按照基本公共服务均等化原则，根据资源保护管理的需要，加大对林区道路、森林防火、供水供电以及林业科研、装备设施的投资力度。二要争取将森林（湿地）公园体系建设发展纳入国民经济与社会发展规划，将森林（湿地）公园及自然保护区基础设施建设列入基本建设投资项目，争取设立森林公园建设专项补助资金，建立森林公园基础设施建设补助常态化长效机制。三要扩大林业基本建设投资规模，加强林业灾害防控和林区基础设施建设的公共财政支持，加大对基层林业站（所）基本建设的投入，加大对林区医疗卫生、教育等社会保障性林业基础设施建设投入。四要创新基础设施投资方式。发挥林业资源优势，吸引社会资本参与林区基础设施建设和运营。

7. 全面加强人才队伍能力建设

广东建设全国绿色生态第一省，必须大力培养具备全球视野和战略思维、适应市场经济和林业全球化的高素质干部队伍。一要全面推进林业人才队伍建设。全面实施“服务发展、人才优先、以用为本、创新机制”的人才发展指导方针，以高层次创新型人才、高技能人才、急需紧缺骨干人才和基层实用人才为重点，以林业创新人才培养工程、急需紧缺骨干人才培养工程、生态建设青年英才工程、党政人才素质能力提升工程、专业技术人才知识更新工程和高技能人才与基层实用人才开发工程等六大重点人才工程为抓手，统筹推进各类人才发展，建设数量充足、素质较高、结构优良、布局合理的林业人才队伍，为林业生态文明建设提供强有力的人才保障和智力支持。二要提升推动林业改革的能力。加强干部培养，提升科学素养，增强科学决策的能力、依法办事的能力和处理复杂问题的能力，切实承担起全面深化林业改革的历史重任。三要加大专业技术人才培养力度，健全专业技术人才管理制度。多渠道引进高水平专业技术和经营管理人才，完善各类人才聘用和管理机制，全面推行公开招聘制度，提高专业技术人才配置的社会化程度，激励人才向基层流动、到一线创业，实现人尽其才、才尽其用。四要大力培养国际型林业人才。制定专门的人才培养规划，加快专业技术人才知识更新步伐，着力培养一支高素质的国际型林业人才队伍。

8. 全面加强国内外交流合作能力建设

加快构建全方位的林业对外开放新格局，提升林业对外交往水平。一要加强国内外林业发展趋势研究。科学制定参与国内外合作与竞争的对策措施，努力占领国内林业发展的战略制高点。二要全面参与国际林业规则制定。积极参与全球经济一体化进程，大胆吸收和借鉴发达国家及省份在林业生态文明建设方面的成功经验。积极履行国际公约和双边协定，主动提出新议题新机制新方案，全面反映广东省林业利益诉求，推动形成新的国内外林业规则体系。三要利用产业导向和优惠政策，鼓励外商独资、合资、合作造林营林，积极引进国内外优良品种和先进技术、设备和管理。四要加强与国内各省(自治区、直辖市)林业行政管理部门的考察学习和交流。利用地缘优势，积极拓展与港澳和周边省市在林业生态文明建设领域的交流和合作。

第五节 重点建设领域研究

根据广东社会经济发展需要，结合全省林业生态文明建设实际，广东林业生态文明建设的重点领域有林业生态红线保护管理、生态屏障带建设、珠江水系水源涵养林建设、沿海防护林及红树林建设人居森林环境建设、生物多样性保护、湿地保护与修复、绿色产业基地建设、林业灾害防控能力建设、林业生态文化宣教能力建设、林业改革创新、智慧林业建设等11方面(附表3)。

一、林业生态红线保护管理

1. 建设目的

生态红线是保障和维护国土生态安全、人居环境安全、生物多样性安全的生态用地和物种数量底线。通过林业生态红线划定工作，确定全省及各市县林业生态红线保护的目标和任务，明确生态建设和林业发展空间，落实林地用途管制，强化森林资源、湿地资源和野生动植物资源保护管理，为扎实推进广东林业生态文明建设、建设全国绿色生态第一省，实现经济社会可持续发展奠定基础(表7-3)。

2. 建设内容

(1)划定森林红线。到2020年，全省森林保有量不低于1087.3万hm^2(含非林地中的森林)。强化森林生态建设和森林资源保护管理，确保全省森林覆盖率不低于60%，森林蓄积量达到6.43亿m^3，维护全省国土生态安全。

(2)划定林地红线。到2020年，全省林地保有量不低于1088万hm^2，强化林地管理，严格控制占用征收，确保林地利用有度、管控有效。

(3)划定湿地红线。到2020年，全省湿地面积不低于175万hm^2。保持现有湿地数量不减少，各级湿地自然保护区和湿地公园得到有效保护，维护全省淡水资源安全。

表 7-3　广东省各地级市林地、森林、湿地红线目标分解　　单位：hm^2

序号	统计单位	林地	森林	湿地
1	广州市	293040.1	324687.9	76510.31
2	深圳市	77558.5	90603.5	47741.73
3	珠海市	48313.8	58425.9	183782.7
4	汕头市	65863.9	66309	49224.4
5	韶关市	1464768	1401869.2	36538.8
6	河源市	1228211	1171272.6	55373
7	梅州市	1207776	1178093.4	28339.2
8	惠州市	704485.8	709649.2	60325.4
9	汕尾市	276598.1	261666.6	65722.2
10	东莞市	60135.2	92556.3	30249.2
11	中山市	31308.9	34093.3	57732.4
12	江门市	441305	428999.9	173462.1
13	佛山市	67549.5	73367.1	89633.56
14	阳江市	440119.9	448518.1	95831.7
15	湛江市	357673.7	391339.8	422009.5
16	茂名市	618000.6	671756.8	69263.3
17	肇庆市	1071037	1056444.8	71061.2
18	清远市	1429837	1379193.1	50515.6
19	潮州市	184783.4	195869.9	43782.1
20	揭阳市	286025	294293.9	29710
21	云浮市	525934.4	544401.1	16636.6
22	总计	10880325	10873411.4	1753445

(4)划定物种红线。至2020年，全省森林和野生动植物类型自然保护区面积占国土面积的比例不低于6.9%。各类自然保护区的核心区和缓冲区严禁开发，严格保护国家和省重点保护野生动植物，维护全省物种安全。

二、生态屏障带建设

1. 建设目的

进一步优化生态公益林布局，推进碳汇造林，扩大森林面积，不断增加林业碳储量。实施石漠化区域综合治理及矿区复绿，修复森林生态系统。加强森林经营，提高森林质量，建立以乔木为主体，乔、灌相结合的，稳定、高质、高效的森林生态系统，充分发挥森林的生态屏障作用。

2. 建设内容

(1)优化生态公益林布局。进一步优化全省生态公益林布局，将生态区位重要、生态环境脆弱区域森林和林地划为省级以上生态公益林。根据各地实际，划定市、县(市、区)级生态公益林。严格界定生态公益林四至范围，落实权属，强化管理。将生态公益林划为禁止经营区和限制经营区，实行分区经营。探索建立饮用水水源涵养林专属地及其管理机制。加强生态公益林管护。对生态区位重要和生态敏感的非公有制林地，采用政府赎买、长期租赁等形式，将其纳入生态公益林管理范畴，增加生态公益林面积。建立补偿标准逐年提高机制，落实市、县(区)配套补偿金额。

(2)建设生态公益林示范区。根据全省生态公益林建设现状，在自然保护区，森林公园，大中型水库周边，大江、大河流域，沿海防护林基干林带、红树林，城市、工业厂矿周边以及交通干线两侧的省级以上生态公益林范围内，选择合适区域，因地制宜，一区一策，建成集保护、管理、建设、监测、科普、示范推广于一体的多功能生态公益林示范区。到2020年，全省生态公益林面积达到533.3万hm^2左右，约占林业用地的50%。建设生态公益林示范区约800个，生态公益林示范区面积达到省级以上生态公益林总面积三分之一左右。

(3)建设高效碳汇林。营造高效碳汇林是积极应对气候变化的战略手段，是实现节能减排目标的有效途径，是大力推进生态文明建设的需要，是促进区域经济协调发展的重要途径。广东通过选用碳汇树种，采取“造、改、封”结合，继续消灭全省尚存的宜林荒山荒地，完成疏残林(残次林)、低效纯松林和低效桉树林改造，建设高效碳汇林。“十三五”期间，重点加强2011年以来的森林碳汇重点生态工程新造林的后续抚育和管理，总任务量达170.47万hm^2，其中：人工造林类抚育74.28万hm^2、套种补植类抚育54.43万hm^2、更新改造类抚育41.76万hm^2。

(4)生态脆弱区修复。广东石漠化地区主要分布在粤北的韶关和清远2市，地理分布上较为集中连片，且重度石漠化面积居多，主要分布在乐昌市、阳山县、乳源县、英德市等地。规划石漠化综合治理：植被保护面积29.71万hm^2，封山育林面积16.12万hm^2，改造面积1.15万hm^2。对重要自然保护区、景观区、居民集中生活区周边和重要交通干线、河流湖泊直观可视范围内(简称“三区两线”)，采取工程、生物等措施对采矿活动引起的矿山地质环境问题进行综合治理。重点治理景观破坏、崩塌、滑坡、泥石流、水土流失等类型的矿区。规划矿区复绿：植被恢复面积1.96万hm^2，封山育林面积0.39万hm^2，造林面积1.31万hm^2。

(5)提升森林抚育质量。实施森林经营工程建设，采取更新造林、补植套种、封育管护等措施，加强低效林改造，加大中幼龄林抚育力度，调整森林树种结构，逐步恢复地带性的森林植被，全面提高森林生态功能等级。“十三五”期间，全省计划完成206.7万hm^2中幼林抚育任务。

三、珠江水系水源涵养林建设

1. 建设目的

通过封山育林、林分改造和中幼林抚育等措施，加强水源涵养林和水土保持林建设，强化各流域综合治理，建成多树种、多层次、多功能、多效益的珠江水系水源林体系，发挥森林在改善水质、保持水土、涵养水源、减少地表径流、减轻水土流失、调节江河流量、降低山体滑坡和泥石流等地质灾害发生的作用，丰富和充实各流域森林生态系统及景观的完整性和多样性，改善区域生态状况。

2. 建设内容

建设范围包括东江、韩江、西江、北江、鉴江、榕江、漠阳江、潭江流域的有关市县以及大型水库集雨区的水土流失较为严重的林地。在水土流失较为严重、有沟蚀和崩岗以及石漠化的地区，结合河道治理，选择以乡土阔叶树种为主，继续加大林分改造力度，建设水土保持林和水源涵养林。在重要水源保护区、河流缓冲地带，禁止开垦坡地，加快建设和恢复水源保护区的植被缓冲带，减少土壤侵蚀及其营养盐流失。对生态功能等级为三、四类的水源林进行改造，调整树种结构，逐步恢复地带性森林植被群落，建成稳定、高效的森林体系。“十三五”期间，规划建设水源涵养林 60.1 万 hm^2，其中：改造面积 10.6 万 hm^2、封山育林面积 39.5 万 hm^2、中幼林抚育 10.0 万 hm^2；水土保持林 37.5 万 hm^2，其中：改造面积 5.8 万 hm^2、封山育林面积 21.7 万 hm^2、中幼林抚育 10.0 万 hm^2。

四、沿海防护林及红树林建设

1. 建设目的

通过建设沿海防护林及红树林工程，构筑沿海稳定、高效、结构合理的森林生态系统，改善沿海生态状况，提高沿海地区抵御自然灾害的能力，维护沿海生态安全，促进社会经济发展。

2. 建设内容

(1)加强红树林保护与恢复。对现有的红树林资源采取严格的保护措施，建设沿海红树林湿地圈。通过抢救性地划建自然保护区、保护小区、保护点、管护站和湿地公园等，使区域红树林湿地逐步得到恢复，湿地生态环境有较大的改善。对红树林宜林地段和已遭到破坏的红树林采取封滩育林、人工促进和人工造林等措施大力发展红树林。“十三五”期间，规划红树林保护与恢复 1.56 万 hm^2，其中：红树林保护面积 0.46 万 hm^2、红树林营造面积 1.10 万 hm^2。大力开展防沙治沙和红树林恢复重建技术研究。开展沿海低效防护林改造、红树林引种驯化、困难立地造林、重大病虫害防治、高效防护林体系配置、湿地红树林恢复技术、沿海防护林良种选育技术、已退化生态系统的恢复与修复技术等研究，建立沿海防护林植物新品种及栽培技术试验示范基地，提高沿海防护林体系功能效益。

(2)高标准建设沿海基干林带。在保留原有植被基础上，对断带、未合拢地段进行填空补缺，对于因各种自然、人为原因而受破坏使得防护功能大为降低的残破、低效林带采用混交、多层次立体配置进行修复。在沙岸地段，从适宜植树地点开始，向内陆延伸的林带宽度不少于 300m，条件更好的地区，可调整为 500m；在泥岸地段，根据自然立地条件，从适宜植树地点向内陆延伸的海岸基干林带宽度为不少于 200m，如一条林带达不到宽度要求可营造 2~3 条林带。“十三五”期间，规划建设海岸基干林带 1.96 万 hm^2。广东沿海防护林建设造林树种主要是木麻黄，树种单一的弊端导致沿海防护林林分结构简单，抗风抗疫能力差。加强沿海防护林造林树种研究、选育，选择抗风力强、耐干旱的造林树种，如沿海红树林造林选择无瓣海桑、白骨壤等，基干林带造林选择抗风力强的相思品种等。

(3)加强沿海纵深防护林建设。积极探索土地置换、赎买和合作补偿及资本化运作等新机制，解决沿海防护林建设过程中出现的用地矛盾。要坚持物质利益原则，引进市场机制，广泛吸纳社会资金，扩大对外交流与合作，让各种资金、各种所有制主体共同投入沿海防护林体系建设。建设内容包括宜林荒山荒地造林、农田林网建设、护路林建设和村镇绿化。重点进行沿海第一重山的林分改造，恢复地带性植被。“十三五”期间，规划建设纵深防护林 13.38 万 hm^2。

五、人居森林环境建设

1. 建设目的

以创建森林城市和乡村绿化美化工程为切入点，以“城乡绿化一体化，城区绿地森林化、郊区森林生态化、乡野环境园林化”为核心，不断优化城市森林质量和布局，推进村庄建设、生态保护和环境整治，努力打造优美宜居的生态家园。

2. 建设内容

(1)推进森林进城围城建设。以城市周边的近郊、远郊为中心，通过构建多层次、多类型、多功能的防护林带和城郊森林，形成物种多样、生态稳定、结构合理的城市森林生态体系、园林绿地体系和湿地保护体系，增强城市生态系统的可持续发展能力。“十三五”期末，人均公共绿地面积达到 $15m^2$、建成区绿化覆盖率达 35%，珠三角 9 个地级市全面达到国家森林城市创建标准。结合新一轮绿化广东大行动，加快实施城市风景林、林相改造、森林碳汇、生态景观林带、森林进城围城、乡村绿化美化、环城绿带等重点生态建设工程，增加全省森林绿地面积，提升森林绿地质量。

(2)森林公园体系建设。构建集休闲、娱乐、旅游为一体的类型齐全、分布合理、管理科学、凸显地域文化、综合效益良好的森林公园体系格局。“十三五”期间，全省新增市森林公园 63 个、县森林公园 128 个、镇森林公园 846 个，新增总面积 14.36 万 hm^2 以上。

(3)主干道森林生态廊道建设。“十三五”期间，重点对近年建设的主干道生态景观林带进行维护提升；同时对全省 2014~2017 年期间新增的 2616km 的高速公路，进行主干道森林生态廊道建设，其中：规划可绿化里程为 2105km、可绿化面积为 12 630hm^2。

(4)乡村绿化美化工程建设。在现有“万村绿大行动”取得成效的基础上，因地制宜，分类指导，重点突出乡村公共休闲绿地、乡村道路、河道沟渠、房前屋后、村庄绿化带及周边山地等的绿化建设，推动乡村绿化美化生态化。“十三五”期间，重点选取 11 000 个行政村和 2000 个社区作为建设对象，建成 13 000 个美丽乡村，建成省级示范点 1050 处、市级范点 2100 处。

(5)国家公园建设试点。在总结借鉴国外的体制建设和管理模式的基础上，重点研究制定国家公园建设发展的方针政策和保障措施，抓紧抓好国家公园建章立制工作，制定广东省国家公园发展规划，加快推进国家公园体制建设试点，尽快出台广东省国家公园申报管理办法和建立国家公园试点的基本条件，研究制定广东省国家公园建设、管理、监测、评估等系列管理规范和技术标准。认真做好国家公园试点单位筛选，精选 2 ~3 个作为试点，鼓励地方政府启动试点申报工作。同时，积极争取将广东省列为建立国家公园体制试点省之一。

(6)提高区域绿量总体水平。加强城市绿地建设，科学制定城市绿地的发展目标，合理安排城市公共绿地、生产绿地、防护绿地、附属绿地等，形成一个自然、多样、稳定、高效，具有一定自我维持能力的绿色景观结构体系。以城区的空闲地、已规划绿化用地等作为实施重点，大面积增加城市绿量。以各类城市广场为改造对象，在现有绿化的基础上，科学、合理减少硬质铺装，增种森林乔木，提高单位面积的绿量。通过屋顶、墙面、阳台、门庭、高架、坡面等绿化类型，带动区域立体绿化建设，提高区域绿量总体水平。

(7)提升绿道网等绿色基础设施建设水平。在现有绿道网建设基础上，初步构建起由区域绿地、城乡公园、河湖湿地等生态斑块和河道走廊、海岸线、绿道等生态廊道构成的生态网络体系，进而向具备良好生态服务功能的绿色基础设施升级。通过绿道景观、林带景观、农田景观、城市景观以及古村落景观等的无缝衔接，建设岭南特色景观生态网，实现岭南特色景观的整体提升。

六、生物多样性保护

1. 主要目的

保护生态系统多样性、生物物种多样性和遗传资源多样性，维护生态平衡，促进可持续发展。加强对野生动植物及自然保护区资源的保护和管理，在全省范围内开展野生动植物物种拯救，加大野生动植物疫源疫病防控和生物多样性监测。

2. 主要内容

(1)加强自然保护区建设。进一步优化自然保护区结构和空间布局，加强红树林湿地、河口、三角洲湿地、国际候鸟迁徙停歇越冬栖息地、地质遗迹自然保护区的建设。积极探索租赁、补偿、置换等方式，逐步解决自然保护区内集体林地权属问题。加大天然林、典型生态系统、物种、景观和基因多样性保护力度，完善自然保护区和森林公园网络体系，使广东省95%以上的国家和省重点保护物种及典型生态系统类型得到有效保护，70%的国家和省重点保护物种资源得到恢复和增长。

(2)加强野生动植物资源保护。保护陆生野生动植物，拯救极小物种和极度濒危物种。加强南岭山地森林及生物多样性生态功能区建设，推进南岭地区物种保护。制定野生动植物资源及其栖息地、原生地生境保护、发展和合理利用规划以及野生动物疫源疫病监测防控规划，并纳入本区域国民经济和社会发展规划，明确保护目标，提出保护策略。实施华南虎、鳄蜥、穿山甲、苏铁、猪血木、丹霞梧桐等15种重点野生动植物物种保护工程和极小种群野生动植物物种拯救保护项目，积极应用先进技术和科学手段，开展抢救性保护、野外救护、资源保存和发展培育人工种群，建立种质资源基因库，开展人工回归自然，促进资源的恢复与增长。建立生物遗传资源获取与惠益分享机制，完善外来物种监测预警及风险管理，严禁盲目引入外来物种，防止外来有害生物传入和扩散，严格控制转基因生物在环境中释放，防止发生不可逆的生态破坏。

(3)加强天然林资源保护。“十三五”期间，全面启动天然林资源保护工程，将现有469.3万hm^2天然林全部纳入保护范围，实现天然林资源保护工程区森林面积、森林蓄积恢复性增长，生态状况明显好转。

(4)完善生物多样性监测体系。加强生物多样性资源本底调查和评估，完善广东省地方物种本地资源编目数据库。健全生物多样性监测预警体系，完善生物物种资源出入境管理制度，加强野生动植物资源调查与监测，建立重点野生动植物资源本底档案和资源监测体系以及野生动植物栖息地监测制度，科学布局本区域野生动植物保护监测网络，指导野生动植物资源培育利用有序发展。加强陆生野生动物疫源监测，生物灾害调查、监测及防治。提高公众参与意识，加强生物多样性国际合作与交流。

七、湿地保护与修复

1. 主要目的

通过生态技术或生态工程对退化或消失的湿地进行修复或重建，再现湿地受到干扰前的结构和功能，以及相关的物理、化学和生物学特征，使其发挥应有的作用。此外，继续推动湿地生态效益补偿，通过建设开发湿地产品、开展生态旅游等活动，科学利用湿地资源，构建科学合理的湿地保护网络体系。

2. **主要内容**

(1)推动湿地公园体系建设。通过建设布局合理、类型齐全、特色突出的湿地公园体系，努力恢复湿地的自然特性和生态功能，大力宣传岭南湿地文化，为公众提供湿地保护、科普、游览场所。“十三五”期间，规划全省新增湿地公园168处，新增面积7.1万hm^2。

(2)积极开展湿地保护和修复。在湛江、江门、汕头、汕尾、惠州等市实施海岸湿地、宜林滩涂退养还滩、退养还林，实施红树林造林示范基地和红树林种苗繁育基地；在深圳、珠海、汕头、汕尾实施黑脸琵鹭栖息地恢复工程；实施水松、香根草、野生稻、药用野生稻、曲江罗坑山地沼泽的恢复工程。逐步修复退化湿地生态系统，恢复湿地生态功能，提高湿地碳汇能力，实现湿地资源的可持续利用。

(3)启动国家重点湿地补偿试点。为促进湿地保护与恢复，2014年国家已安排2000万元开展广东海丰国际重要湿地(即广东海丰鸟类省级自然保护区)生态效益补偿试点。补偿对象为广东海丰国际重要湿地规划范围内的基本农田和水产养殖基围鱼塘。通过试点，进一步明确湿地生态效益补偿的对象(范围)、任务和责任，加强对中央财政林业补助资金的使用管理，为今后建立湿地补偿制度提供经验。

(4)扩大湿地生态效益补偿范围。在对湛江红树林国家级自然保护区、惠东港口海龟国家级保护区、海丰公平大湖省级自然保护区、河源新港省级自然保护区、韶关乳源南水湖国家湿地公园、广州南沙湿地等6处具有典型代表性的重点湿地区域开展湿地生态效益补偿试点工作的基础上，着手制订重点湿地生态效益补偿办法，逐步把湿地生态效益补偿范围扩大到全省的国家级湿地类型保护区和国家湿地公园。

(5)加强湿地监测和调查。利用现有的数据库和“3S”技术，建立基本覆盖全省重要湿地的监测网络，开展湿地生态动态监测，为湿地科学保护管理提供实时的数据信息支持。对湿地的面积、水质、动植物、生态状况和功能进行动态监测，为保护管理提供决策依据。建立由自然保护区和湿地监测机构、湿地科研单位、院校组成的多级信息网络体系。

(6)推进湿地资源综合管理。严格遵守《广东省湿地保护条例》，积极推动《广东省湿地保护工程规划》实施，引导地方各部门对湿地的开发利用树立全局观念。建立健全各级湿地管理机构，成立各级湿地执法队伍，制定湿地管理办法，加强湿地类型自然保护区、湿地公园和保护小区建设。全面提升湿地综合管理水平，实现湿地生态系统的良性循环、湿地资源的可持续利用。

八、绿色产业基地建设

1. **建设目的**

充分利用广东较好的社会林业基础，采取社会团体、企业和个人联合经营、独资经营、股份合作经营等方式，以林地资源为基础，以市场为导向，以有利区域生态建设为准则，因地制宜，进行产区布局和规划，高标准、高起点建设绿色富民产业基地，推动现代林业发展，满足经济社会发展对木材和林产品的需要。

2. **建设内容**

(1)短轮伐期工业原料林基地。以市场为导向，通过林地租赁、林木转让、合股经营等方式，建立起用材企业与山林权所有者的合作共生机制，实行集约经营、定向培育、专业化生产。“十三五”期间，建设以桉树、相思类、黎蒴、南洋楹为主要树种的短轮伐期工业原料林基地36.0万hm^2。

(2)速生丰产林基地。通过选择速生、丰产、优质、高效的树种，利用较少的林地，集约经营，科学管理，最大限度地提高林地生产力和林分生长量，提供满足国民经济建设和公众物质文化生活需要的木材及林副产品。“十三五”期间，建设以松、杉和普通阔叶树为主要树种的速生丰产林基地，总面积20.0万hm^2。

(3)油茶林基地。加强现有油茶低产林抚育和更新改造，在宜林荒山荒地建设高产油茶林基地，选择国家和省级林木品种审定委员会审(认)定通过的油茶良种，并配套丰产栽培管理技术，加强新造油茶林的抚育管理。“十三五”期间，新建23.3万hm^2油茶林基地。

(4)珍贵树种基地。“十三五”期间，优化珍贵树种培育技术，大力培育珍贵树种，建设以印度檀香、降香黄檀、红锥、穗花杉、秃杉、紫檀、沉香、柚木等为主要树种的珍贵树种基地6.0万hm^2。

(5)木材战略储备基地建设。“十三五”期间，选择自然条件好、林权清晰、经营水平高的国有林场，建设木材战略储备林7.3万hm^2。

(6)林木种苗基地。紧紧围绕林业重点生态工程，坚持种苗优先、以推进林木良种化进程和提高林木种苗质量为根本，建设国家和省级重点林木良种基地、林木采种基地和保障性苗圃。“十三五”期间，建设20个国家和省级重点林木良种基地，规模2150hm^2；建设26个林木采种基地，规模1440hm^2；建设100个保障性苗圃，规模2000hm^2。

(7)竹林基地。“十三五”期间，建设以茶秆竹、麻竹、毛竹等为主的竹林基地，总面积25.0万hm^2。

(8)名特优稀经济林基地。“十三五”期间，建设以肉桂、龙眼、荔枝、八角、橄榄、茶叶、青梅、板栗、中华猕猴桃等为主的名特优稀经济林基地7.0万hm^2。

九、林业灾害防控能力建设

1. 建设目的

加强森林防火基础设施建设，提高森林防火装备水平，大力建设森林防火预防、扑救、保障三大体系，力争到2020年基本实现火灾防控现代化、管理工作规范化、队伍建设专业化、扑救工作科学化、森林防火制度化，使全省年均森林火灾受害率控制在1‰以下。加强林业有害生物防控体系建设，以基层林业有害生物监测站点、林业有害生物灾害应急储备库建设为核心，健全省、市、县、镇四级监测预警网络，完善林业有害生物监测预警、检疫御灾、防治减灾和服务保障体系，将全省林业有害生物成灾率控制在4‰以下，从整体上提高林业有害生物灾害预警、防灾减灾控灾能力。

2. 建设内容

(1)加强森林防火基础设施建设。不断完善森林防火基础设施，主要包括森林防火通讯系统、火情监测系统、社区宣传系统、预测预警系统、决策指挥系统、快速扑救系统的基础设施建设，如扑火救火通道、防火物资库、了望塔和蓄水池，构建区域有效森林防火基础设施网络体系，提高广东森林综合防火能力。在原有森林火险因子监测站的基础上，在重点火险区、风景名胜区和自然保护区等森林防火重点区域，加密建设620个火险要素监测站和620个可燃物因子采集站。新建1700套林火远程视频监控系统。购置700辆巡护车辆和定位仪、望远镜等巡护瞭望设备一批。新建森林防火道路 2 万 km，修复改造防火道路 3 万 km，新造生物防火林带 9 万 km，新建和修复改造防火阻隔带 6 万 km。完善卫星通讯网，新建 VSAT 卫星固定站和 VSAT 便携站，建立和完善 21 个市级和 140 个有林地县(市、区)森林防火信息指挥系统和森林防火地理信息系统。在省航空护林站配置建设 1 个移动航站，在清远、云浮、茂名、揭阳、汕尾 5 个地级市各新建 1 个森林航空消防基地，建设 100 个直升机临时起降点。

(2)健全森林防火保障措施。强化森林防火行政领导负责制，健全各级森林防火机制，理顺管理机制，搞好护林联防和护林承包责任制。加强森林防火法规建设，完善防火培训演练和考核指标体系。加强森林消防监督，做好森林预防和扑救。加强森林消防队伍建设，开展航空护林工作，增强森林火灾的预防和控制能力。

(3)加强林业有害生物综合治理。实施松材线虫病、薇甘菊、松突圆蚧、松毛虫、椰心叶甲、刺桐姬小蜂、萧氏松茎象、红棕象甲和竹蝗等重大林业有害生物灾害综合治理 133.3 万 hm^2，减轻灾害造成的损失，防止灾情向外扩散蔓延。构建林业有害生物监测预警、检疫御灾、防治减灾和服务保障体系，建设林业有害生物灾害应急贮备库，分年度贮备灾害应急防控物资，配备必要的防控设施、装备，从整体上提高林业有害生物灾害减灾、控灾能力。分批开展广东省应急防控体系、珠江防护林、薇甘菊防控等体系基础设施建设项目。对松材线虫病、薇甘菊、桉树枝瘿姬小蜂、松突圆蚧等危险性林业有害生物开展综合治理，治理范围为危险性林业有害生物发生区域和种苗花卉主要生产集散地和林木种苗主要出入境口岸。对突发林业有害生物灾害开展应急控灾，强化应急物资储备，保障应急控灾工作的正常开展。积极推行森林健康理念，采取营林措施和生物防治等措施促进森林健康，提高森林自身抵御生物灾害的能力，实现持续控灾，有效保护森林资源。

(4)加强林业有害生物防控基础设施建设。重点是建立监测预报管理中心、测报实验与标本室、配备野外数据采集系统、车载移动式野外监测拍摄系统、智能测报灯及交通工具等。建立林业有害生物小班监测与管理系统和有害生物图像识别系统。建立和完善林业有害生物监测预报、应急控灾基础设施(包括场地、仪器、设备、工具等)。建设药剂药械库及配置施药设备，建设林业有害生物种苗检疫隔离试种苗圃，建立林业有害生物综合防控示范点等。

十、林业生态文化宣教能力建设

1. 主要目的

通过加强林业生态文化载体建设，提升林业生态文化宣教能力，进一步夯实林业生态文明基础。从意识、观念、知识、行为等方面，发挥林业生态文化对公众生产生活方式的导向作用，在全社会形成生态文明价值取向和正确健康的生产、生活、消费行为，积极构建全新的人与自然和谐的关系，努力实现经济、社会、自然环境的可持续发展。

2. 主要内容

(1)林业生态文化载体建设。结合广东四大地理分区的自然和人文特点，建设 4 座各具特色的森林博物馆或湿地博物馆，为公众提供更多的文化教育场所。针对当前已建或在建森林公园、湿地公园等，进行标准化建设，形成自然生态文化教育体系。全面完成古树名木资源普查等基础性工作，完善全省古树名木地理信息管理系统，古树名木保护率达到

80%。同时因地制宜推动古树大树公园建设试点，以古树、古树群或乡土阔叶树种50年以上大树为中心，加强保护和游憩基础设施，为公众提供多样化的古树大树文化体验。

(2)林业生态文化宣教能力提升。以植树节、森林日、世界湿地日、荒漠化日、世界野生动植物日、爱鸟周、野生动物宣传月等重要时段为契机，集中普及自然生态教育；积极推进市树、市花评选命名。利用报刊、广播、电视、网络等各种传媒，加强有关生态建设和保护的法律、法规宣传。通过推广认建认养、购买碳汇、委托植树、网络植树、义务宣传等方式，创新义务植树形式，倡导公众积极参与植树造林。

十一、林业改革创新

1. 主要目的

通过深化集体林权制度改革、推进国有林场改革及探索林业碳汇交易机制，创新林业治理模式，为林业生态文明建设提供保障。

2. 主要内容

(1)深化集体林权制度改革。建立起产权归属明晰、经营主体落实、责权划分明确、利益分配合理、流转程序规范、监管服务有效、配套机制完善的具有广东特色的林业产权制度。全面深化集体林权制度改革。继续巩固完善集体林权确权登记发证工作，确保“机构不撤、人员不减、工作不断”，特别是20个重点县，要抓好林权登记发证扫尾工作。加快推进林权管理信息系统建设，加强林改档案管理，规范林地林木流转，进一步完善林权社会化服务体系，实现林权管理信息化、常态化、制度化。积极发展林下经济，研究测算广东省合适的林地产出率，狠抓林业专业合作组织建设，促进林业经营标准化、集约化、规模化发展，为林农增收致富拓宽渠道。将林木采伐管理改革作为集体林权配套改革的重要内容，积极探索符合广东实际的相关政策和办法，巩固集体林权制度改革成果。创新林业治理机制，切实赋予林农应有的经营自主权和财产处置权，充分调动其造林育林护林积极性。

(2)稳妥推进国有林场改革。国有林场改革的关键是完善和创新国有林场管理体制，创新经营机制，规范运行管理，妥善处理历史遗留问题，使森林资源得到有效保护和发展，使国有林场生态和社会功能明显增强。逐步建设起符合现代林业和适合国有林场发展的管理体制，进一步完善经营机制，充分发挥国有林场在广东省林业生态建设中的重要作用。加强全省国有林场基本情况调查摸底工作，推进改革的相关工作，待国家关于国有林场指导意见出台后，启动广东省国有林场改革。

(3)加强林业碳汇交易机制研究。林业碳汇已写入了《广东省碳排放管理试行办法》，纳入碳排放权管理机制，为开展林业碳汇抵排交易奠定了制度基础。扩大省内林业碳汇交易项目的储备量，加强交易项目的后续管理，推动林业碳汇的可持续发展。抓紧推动广东省首例林业碳汇交易(广东长隆碳汇造林项目)，选择厅直属国有林场适时开展森林经营碳汇项目开发，推动森林经营碳汇交易。加强宣传，研究出台扶持政策，鼓励、支持社会企业和个人开展碳汇造林项目的建设和交易申报工作，体现广东省在政策机制上的率先突破和先行先试。

十二、智慧林业建设

1. **建设目的**

紧密围绕林业中心工作和业务需求，深度融合林业管理方式创新，以林业信息化重点工程为抓手，以新一代信息技术为支撑，全面启动智慧林业建设，为提升广东省林业现代化水平，建设绿色生态第一省和美丽广东提供重要保障。到2020年，基本建成广东智慧林业体系，形成共享的高端新型基础设施、智能的协同管理服务系统和优越的林业生态民生运用，有力支撑绿色生态第一省建设。

2. **建设内容**

(1)建立全省林业数据库。进一步把这些数据共同处理整合在一起，建设基础空间数据库、林业基础数据库、林业专题数据库和公共信息库四大数据库，形成覆盖三个系统一个多样性的生态林业的核心数据中心，构建横向到底，纵向到边的广东“森林资源一张图”，最终形成广东“林业一张图”为全省林业信息交换、共享和应用提供基础的数据环境，确保广东省林业信息“一张图”“一套数”。

(2)构建智慧林业管理体系。通过感知化、物联化、智能化的手段，形成信息资源共享、业务管理协同、林业立体感知、生态价值凸显和服务内外一体化的新林业发展模式。实现森林资源的信息化管理、自动化数据采集、网络化办公、智能化决策与监测；实现林业系统内部各部门之间及其他部门行业之间经济、管理和社会信息的互通与共享；实现林业信息实时感知、林业管理服务高效协同、林业经济繁荣发展；实现林业客体主体化、信息反馈全程化，实现智慧化的林业发展新模式。推进林业新一代互联网、林区无线网络、林业物联网建设。有序推进以遥感卫星、无人遥感飞机等为核心的林业“天网”系统建设。打造统一完善的林业视频监控系统及应急地理信息平台。加大云计算、大数据等信息技术创新应用，推进林业基础数据库建设，形成全覆盖、一体化、智能化的林业管理体系。建设广东省林火远程视频监控系统，通过分布的远程视频监控点，建立一套智能林火监控系统，包括林火监测采集子系统、传输子系统、指挥中心系统、视频监控管理平台、基础(铁塔、供电、防雷)设施等，实现森林防火的智能预警，实现森林火灾的早发现、早扑灭。

(3)提升林业信息化服务水平。建设林业信息公共服务平台、林业智慧商务系统、林产品电子商务平台和智慧社区服务系统。建立智慧营造林管理系统、智能林业资源监管系统、智能野生动植物保护系统、林业重点工程监督管理平台，以及林业网络博物馆、林业智能体验中心等。加强林业信息化标准建设和综合管理，不断完善林业信息化运维体系和安全体系。充分应用新一代信息技术。利用物联网、云计算、大数据、移动互联网等新一代信息技术，推进智慧林业建设。

第六节　关键技术研究

一、林业生态红线划定技术

1. **划定原则**

(1)坚持生态优先。将具有珍稀濒危性、特有性、代表性及不可替代性等特征，以及生态区位重要、生态功能显著和生态脆弱区或敏感区，对于人们生产生活与经济社会发展具有重要作用的林地、湿地划入重点保护红线范围，强化管理措施，坚守生态底线。

(2)坚持保护为本。牢固树立保护生态环境就是保护生产力、改善生态环境，就是发展生产力的理念，正确处理好发展与保护的关系，牢牢把握“在保护中发展、在发展中保护”的要求，夯实生态基础，促进经济社会可持续发展，实现经济建设与环境保护相协调、人与自然相和谐。

(3)坚持实事求是。林业生态红线划定应基于广东省现有各类森林、湿地资源的空间分布现状，充分考虑各地经济社会发展和自然禀赋的实际情况，与受保护对象、经济水平和监管能力相适应，突出重点，确定目标，分类施策，确保划定的林业生态红线得到有效管控。

2. **保护等级划分**

为有效落实林业生态红线控制目标，按照全面保护与突出重点相结合的原则，将全省林地、湿地划分为Ⅰ、Ⅱ、Ⅲ、Ⅳ级，共4个保护区域等级。各等级保护区域范围介绍如下：

(1)Ⅰ级保护区域。Ⅰ级保护区域是重要生态功能区内予以特殊保护和严格控制生产经营活动的区域，以保护生物多样性、特有自然景观为主要目的。包括自然保护区的核心区和缓冲区、世界自然遗产地范围内的林地；国家一、二级保护动植物集中分布的原生地，重要水源涵养地，饮用水源地一、二级保护区范围内的林地；土壤侵蚀达到严重侵蚀程度的林地；森林分布上限与高山植被上限之间的林地；国际重要湿地和湿地公园。

(2)Ⅱ级保护区域。Ⅱ级保护区域是重要生态调节功能区内予以保护和限制经营利用的区域，以生态修复、生态治理、构建生态屏障为主要目的。包括除Ⅰ级保护区域以外的一、二级国家级生态公益林林地；自然保护区实验区、国家级森林公园、严重石漠化地区、沙化土地封禁保护区和沿海防护基干林带、自然保护小区范围内的林地；重要交通干线(铁路、国道、省道、高速公路)、重要河流(东江、西江、北江、韩江、漠阳江、鉴江等)两侧1 km范围内的林地；重要湖泊水库(新丰江水库、枫树坝水库、飞来峡水库、南水水库、白盆珠水库、高州水库、鹤地水库、白石窑水库、恩平锦江水库、流溪河水库等)周边1 km范围内的林地；城市规划区内坡度25°以上区域的林地；天然湿地。

(3)Ⅲ级保护区域。Ⅲ级保护区域是维护区域生态平衡和保障主要林产品生产基地建设的区域。包括除Ⅰ、Ⅱ级保护区域以外的生态公益林林地；未纳入Ⅰ、Ⅱ级保护区域以外的国有林场林地；省级以下森林公园、天然阔叶林以及国家、地方规划建设的优质用材林、木本粮油林基地范围内的林地；人工湿地。

(4)Ⅳ级保护区域。该区域是需予以保护并引导合理、适度利用的区域。包括未纳入上述Ⅰ、Ⅱ、Ⅲ级保护区域以外的各类林地、湿地。

3. **分级管控**

林业生态红线一旦划定，必须认真执行，严格管理。坚持实行用途管制、分级保护、保障重点、节约集约制度，严格控制占用征收林地和湿地，严禁随意砍伐林木，严厉打击破坏野生动植物资源违法犯罪行为，构筑区域生态安全屏障。各等级保护区域管控措施如下：

(1)Ⅰ级保护。实行全面封禁管护，禁止各种生产性经营活动，禁止猎捕野生动物和采挖国家保护野生植物，原则上禁止改变用途。对计划建设的公路、铁路、油气管道等省级以上重点线性工程项目需穿越Ⅰ级保护区域的，要在通过项目建设合法性、必要性、选址唯一性论证和环境影响评价、权威专家评审等有关程序，并制定将环保风险降至最低程度的相关技术措施后，按规定办理相关审批手续。

（2）Ⅱ级保护。实施局部封禁管护，鼓励和引导抚育性管理，通过补植套种和低效林改造，改善林分质量和森林健康状况。严格控制商品性采伐，区域内的商品林地要逐步退出，并划入生态公益林管理范围。除国家和省、市重点建设项目占用征收外，不得以其他任何方式改变用途。湿地因国家和省、市重点建设项目征占用的，须按占补平衡原则恢复同等面积的湿地。国家有其他特殊规定的，从其规定。

（3）Ⅲ级保护。严格控制占用征收有林地，适度保障能源、交通、水利等基础设施和城乡建设用地，从严控制商业性经营设施建设用地，严格控制勘查、开采矿藏和其他项目用地。重点商品林地实行集约经营、定向培育。生态公益林林地在确保生态系统健康和活力不受威胁或损害下，允许适度经营和更新采伐。鼓励人工恢复、增加湿地面积。

（4）Ⅳ级保护。严格控制林地、湿地非法转用和逆转，控制采石取土等项目用地。推行集约经营、农林复合经营，在法律允许的范围内合理安排各类生产经营活动，最大限度地挖掘林地生产潜力。

4. 划定流程

（1）前期准备。开展林业生态红线划定工作的组织准备和技术准备，制定工作方案和技术方案，落实工作经费，收集林地落界、二类档案数据（补充调查最新数据）、航片遥感影像等相关资料。

（2）目标确定。根据省级林业生态红线分解下达的任务，结合县域经济、生态发展需求实际，确定县级林业生态红线划定目标，明确工作任务。

（3）区划调查。将森林、林地、湿地和物种保护生态红线区域以小班形式落实到山头地块，调查相关属性因子。

（4）数据库建立。建立县级林业生态红线数据库。

（5）成果公示。林业生态红线划定成果应广泛征求有关部门和公众意见。

（6）成果编制。编写划定成果报告，制作专题图，统计相关表格。

（7）县级自查。由县政府组织对县级林业生态红线划定成果进行检查。

（8）省级检查。通过县级自查的，由检查验收组对林业生态红线划定成果进行检查验收。

（9）县级成果审核上报。通过省级检查的，由县政府将有关成果上报地级以上市政府，并抄送地级以上市林业主管部门。

（10）市级成果汇总上报。地级以上市林业主管部门汇总形成市级林业生态红线成果数据，经市政府审核同意后，报送省林业厅。

（11）省级成果审核上报。省林业厅汇总形成全省林业生态红线成果数据，经充分征求省直有关部门意见并组织专家评审后，上报省政府审批。

5. 森林、林地划定技术

（1）划定方法。以现状为依据，在林地落界成果基础上，综合利用航片和2014年森林资源补充调查等资料，区划小班界线，确定现状林地、非林地中森林的范围。如现状林地、森林不能满足林业生态红线目标要求，应进行规划林地补充，并落实到山头地块。

区划小班界线：①应尽量沿用原有的正确小班界线、林地落界数据。②对区划不合理、因经营活动等原因造成界线发生变化未及时更新的小班，应根据现状重新修正小班界线，修正后产生的碎小图斑，尽量合并到相邻的同类型的小班。③所有小班面积以计算机求积为准。

区划被占林地：①根据现状，单独划分小班，不得合并到相邻的小班。②地类填写“其他宜林地”，在“现状/规划/被占林地”一栏记载“被占林地”。

区划规划林地：对于规划林地，根据《广东省森林资源规划设计调查操作细则》(2014年)中的小班区划方法进行勾绘，形成新的小班，小班号在原林班最大小班号后顺延递增。小班地类填写其他非林地，在“现状/规划/被占林地”一栏记载“规划林地”。

与生态公益林数据的衔接及处理：①生态公益林认定依据。本次下发数据已包含国家级公益林数据，原则上不得修改；省级生态公益林根据省林业厅关于生态公益林的成果认定及调整批复文件、省级生态公益林现场界定书、生态公益林分布图等相关资料进行核对；市县级生态公益林根据市、县相关生态公益林区划界定资料进行核对。②地块界线衔接。生态公益林山头地块空间位置保持不变；小班界线原则上保持不变；保证生态公益林界线不重不漏。③属性因子衔接。生态公益林事权等级、生态公益林保护等级、林种保持不变；其他因子按本细则进行调查。

(2)因子调查。包括以下因子调查：

区划界线核实调查：利用区划资料，现地核实小班界线，修正不准确的区划界线。

小班因子调查：林地数据库原有属性字段原则上按照《林地保护利用规划林地落界技术规程》(LY/T1955—2011)记载。①地类：按地类评定标准，调查确定小班地类，按地类分类系统中的最后一级地类填写。②非林地中的森林：针对地类为非林地中的森林(乔木林、竹林、特殊灌木林地)，按照现状确定是否为农地森林、工矿建设用地森林、城乡居民建设用地森林、交通建设用地森林、其他建设用地森林等。农地森林是指有土地承包证的农用地上人工或天然形成的乔木林地、竹林地、特殊灌木林地，特别是近年在农地中种植的成片经济林木更是属于此类。③林地所有权：分为国有、集体。④森林(地)类别：分别按生态公益林(重点、一般)、商品林(重点、一般)进行记载。⑤林种：按林种划分技术标准调查确定。⑥事权等级：对生态公益林(地)分别按国家级、省级、市级和县级进行记载。⑦公益林保护等级：对国家级生态公益林，分别按3个等级进行记载。⑧现状/规划/被占林地：填写代码，现状林地填1；规划林地填2，地类不能填写非林地；被占林地填3，地类填“其他宜林地”。⑨自然保护区：按小班所属自然保护区记载具体名称。⑩自然保护区分区：按小班所属自然保护区域，填写相应代码。森林公园：按小班所属森林公园记载具体名称。森林公园等级：按小班所属森林公园等级，填写相应代码。保护区域等级：对林地小班、湿地小班分Ⅰ、Ⅱ、Ⅲ、Ⅳ级填写。红线类型：字段结构为4位字符，千位数字代表森林红线，百位数字代表林地红线，十位数字代表湿地红线，个位数字代表物种红线，代码分别为1，2，3，4，0则代表小班不是该红线类型。当小班同时符合多种红线类型时，则涉及的红线类型均需填写。如某小班同时符合森林红线、林地红线、物种红线，但不符合湿地红线，则该字段应填写“1204”。

6. **湿地划定技术**

(1)划定范围。符合湿地定义范围内的各类湿地资源，包括面积为8hm^{2}以上的近海与海岸湿地、湖泊湿地、沼泽湿地、人工湿地以及宽度10m以上、长度5km以上的河流湿地。

(2)斑块划分。湿地斑块是湿地红线调查、统计的最小基本单位。在林业生态红线区划系统下，当下列区划因子之一有差异时，应单独划分湿地斑块：①林班不同；②起源不同；③湿地型不同；④土地所有权不同；⑤保护状况不同；⑥湿地受威胁因子不同；⑦湿地主导利用方式不同。单个湿地小于8hm^2，但各湿地之间相距小于160m，且湿地型相同的，区划为同一湿地斑块，但仅统计湿地的面积。

(3)边界界定。

近海与海岸湿地：滩涂部分为沿海大潮高潮位与低潮位之间的潮浸地带。浅海水域为低潮时水深不超过6m的海域，以及位于湿地内的岛屿或低潮时水深超过6m的海洋水体，特别是具有水禽生境意义的岛屿或水体。

河流湿地：河流湿地按调查期内的多年平均最高水位所淹没的区域进行边界界定。河床至河流在调查期内的年平均最高水位所淹没的区域为洪泛平原湿地，包括河滩、河心洲、河谷、季节性泛滥的草地以及保持了常年或季节性被水浸润的内陆三角洲。如果洪泛平原湿地中的沼泽湿地区面积不小于8hm^2，需单独列出其沼泽湿地型，统计为沼泽湿地。如沼泽湿地区小于8hm^2，则统计到洪泛平原湿地中。干旱区的断流河段全部统计为河流湿地。干旱区以外的常年断流的河段连续10年或以上断流则断流部分河段不计算其湿地面积，否则为季节性和间歇性河流湿地。

湖泊湿地：如湖泊周围有堤坝的，则将堤坝范围内的水域、洲滩等统计为湖泊湿地。如湖泊周围无堤坝的，将湖泊在调查期内的多年平均最高水位所覆盖的范围统计为湖泊湿地。如湖泊内水深不超过2m的挺水植物区面积不小于8hm^2，需单独将其统计为沼泽湿地，并列出其沼泽湿地型；如湖泊周围的沼泽湿地区面积不小于8hm^2，需单独列出其沼泽湿地型；如沼泽湿地区小于8hm^2，则统计到湖泊湿地中。

沼泽湿地：沼泽湿地是一种特殊的自然综合体，凡同时具有以下3个特征的均统计为沼泽湿地：①受淡水或咸水、盐水的影响，地表经常过湿或有薄层积水；②生长有沼生和部分湿生、水生或盐生植物；③有泥炭积累，或虽无泥炭积累，但土壤层中具有明显潜育层。④在野外对沼泽湿地进行边界界定时，首先根据其湿地植物的分布初步确定其边界，即某一区域的优势种和特有种是湿地植物时，可初步认定其为沼泽湿地的边界；然后再根据水分条件和土壤条件确定沼泽湿地的最终边界。

人工湿地：人工湿地包括面积不小于8hm^{2}的库塘、运河、输水河、水产养殖场、稻田和盐田等。

(4)因子调查。①小班所在地：省、县(市、区)、镇(乡)、村、林班、小班，按本省森林资源二类调查编码和要求填写。②湿地型：按照湿地分类的要求，分21型按代码填写。③面积(hm^2)：直接填写遥感影像解译的湿地斑块的面积。④所属流域：按照河流分级代码填写。⑤土地权属：分国有和集体所有。⑥保护类型：按照保护状况分类填写。⑦保护机构名称：填写保护管理单位的名称。⑧保护区域等级：按照保护区域等级划分标准填写。⑨受威胁因子：按照湿地受威胁因子分类填写。⑩主导利用方式：根据湿地的利用方式分类填写。

7. **物种划定技术**

具体划定方法和要求参照林地红线划定方法和要求。物种红线以国家级、省级和市县级自然保护区按照国家、省和市县批复的边界为准，进行红线划定工作。全省物种红线的保护目标以县为单位进行统计。若保护区跨市、县界线，应以此次的市县界为准划分到所属市县。

二、生态景观林带建设技术

生态景观林带是在北部连绵山体、主要江河沿江两岸、沿海海岸及交通主干线两侧一定范围内，营建具有多层次、多树种、多色彩、多功能、多效益的森林绿化带。如果把成片的森林、大块的生态绿地比喻为“绿肺”，那么生态景观林带就是连接各个“绿肺”大尺度、深层次的“绿色输送通道”，在维持区域生态平衡中发挥着“管道”的作用。

1. **建设目的**

通过生态景观林带建设，争取在一定时期内，有效改善部分路(河)段的疏残林相和单一林分构成，串联起破碎化的森林斑块和绿化带，形成覆盖广泛的森林景观廊道网络，大力增强以森林为主体的自然生态空间的连通性和观赏性，构建区域生态安全体系。

2. **建设原则**

(1)坚持因地制宜、突出特色。突出地方特色和景观主题，以当地特色树种，花(叶)色树种为主题树种，以乡土阔叶树种为基调树种，注重林木栽种的多样性。

(2)坚持依据现有、整合资源。在现有林带基础上进行优化提升，在绿化基础上进行美化生态化。要注重与沿线的湿地、农田、果园、村舍等原有生态景观相衔接，注重与各地防护林、经济林、绿道网等建设统筹实施，充分实现各种生态建设项目的整体效益。

(3)坚持科学营建、统筹发展。既要坚持以市、县为主体进行建设，又要坚持规划先行和全省一盘棋，对跨区域的路段、河段、海岸线绿化美化生态化进行统一布局规划，保证建设工程的有序衔接和生态景观的整体协调。

(4)坚持政府主导、社会共建。突出各级政府的主导作用，由属地政府统筹安排生态景观林带建设，建立完善部门联动工作机制，积极动员社会力量共同参与，形成共建共享的良好氛围。

3. **措施类型**

(1)人工造林。对采伐迹地、火烧迹地、其他无立木林地、宜林荒山荒地、宜林沙荒地和其他土地等，采用植苗方法进行人工造林。

(2)补植套种。对疏林地和郁闭度小于0.4的有林地，采用补植的方法，引进花色树种、叶色树种，提高密度，改善林分组成和结构，提高森林景观质量。

(3)改造提升。对景观效果较差的有林地，采用套种、疏伐等方法对其进行改造提升，营建各具特色的优美森林景观。如现有桉树、松树等速生丰产林，可重新规划为生态公益林或采用块状皆伐现有林分后重新人工造林；现有荔枝、龙眼等经济林可补种桃、李、梅等，增加林分的景观多样性。

(4)封育管护。以保护常绿阔叶次生林、针阔混交林为目标，主要进行封育管护，保持其自然的森林景观状况。

4. 建设内容

(1)两侧林带。按照规划主题的要求，遵循“因地制宜、突出主题，四季常绿、四季有花”的原则，两侧营建宽20～50m的多层次林带。林带构成应有主题树种和基调树种，同一条林带中主题树种数量比例宜控制在30%～40%。主题树种可选择：火焰木、木棉、复羽叶栾树、红花油茶、红花羊蹄甲、乐昌含笑、深山含笑、火力楠、大叶紫薇、浙江润楠、枫香、凤凰木、锦绣杜鹃、樱花、仪花、红苞木和黄槐等。基调树种可选择：大红花、红花檵木、红叶石楠、翅荚决明、红绒球、黄金榕、夹竹桃、双荚槐、变叶木、红千层、紫玉兰、鸡蛋花、铁冬青、洋蒲桃、水石榕、水松、落羽杉、杧果、樟树、阴香、山杜英、木荷、盆架子和尖叶杜英等。

(2)山地绿化。遵循“因地制宜、突出主题，集中连片、强化景观”的原则，选择花(叶)色鲜艳、生长快、生态功能好的树种，采用花(叶)色树种和灌木搭配方式进行造林绿化，建设连片大色块、多色调森林生态景观。树种配置可采取块状混交和株间混交多种方式。主题树种在同一作业设计单元中比例不得低于40%，基调树种以乡土常绿阔叶树种或珍贵树种为主。主题树种可选择：木棉、凤凰木、火焰木、仪花、火力楠、乐昌含笑、深山含笑、红苞木、复羽叶栾树、宫粉羊蹄甲、蓝花楹、浙江润楠和枫香等。基调树种可选择：樟树、黄樟、阴香、楠木、潺槁、檫树、火力楠、乐昌含笑、深山含笑、灰木莲、石笔木、木荷、红荷、山杜英、猴欢喜、土沉香、朴树、假苹婆、翻白叶树、黄桐、石栗、秋枫、山乌桕、台湾相思、阿丁枫、枫香、米老排、红锥、米锥、中华锥、南酸枣、杨梅和鸭脚木等。

(3)景观节点绿化。

出入口：在宜绿化地段，选择以美观为主、抗逆性强的植物进行绿化。

服务区：以植物造景为主，适当布置园林小品，创造一个优美、舒适、安全的休息场所；停车场宜种植蔽荫效果好的树种。

互通立交：种植设计应满足安全视线要求，突出景观特色。

隧道口：隧道口上方山地造林绿化应突出规划主题，营建连片、大色块的森林景观，在洞口口沿和洞口边种植攀藤植物进行垂直绿化，隧道口附近的平缓地带或中间带宜采用自然式或规则式植物配置方式，形成绿树成荫、花香四季的植物景观。

特殊地段处理：对于现有景观效果良好的荔枝、龙眼、柑橘等经济林，以及农田、库塘等地段，应结合实际，适度保留，以增加景观多样性；对于生态景观林带范围内的现有桉树林、松树林等，应结合实际，逐步改造成以乡土阔叶树为主的混交林，确保生态景观林带功能持续发挥；对于主干道两侧的破旧房屋、墓园、采石场、取土场等特殊地段，应采取密植乔、灌、草的方式进行遮挡或复绿。

(4)江河生态景观林带。按照“因地制宜、保护优先”的原则，选择具有较强涵养水源和保持水土能力的树种，以增强江河两岸森林的生态防护功能。主题树种可选择：木棉、红苞木、红花油茶、台湾相思、复羽叶栾树、铁刀木、双翼豆和仪花等。基调树种可选择：樟树、阴香、黄樟、中华楠、虎皮楠、潺槁、檫树、火力楠、乐昌含笑、深山含笑、灰木莲、毛桃木莲、木荷、大头茶、猴欢喜、山杜英、土沉香、朴树、石栗、黄桐、山乌桕、秋枫、千年桐、翻白叶树、白楸、格木、任豆、红锥、米锥、黧蒴、甜槠、罗浮栲、锥栗、枫香、米老排、阿丁枫、楝叶吴茱萸、南酸枣、橄榄、杨梅、喜树、鸭脚木、茶秆竹、粉单竹和青皮竹等。

(5)沿海生态景观林带。

滩涂绿化：根据不同的气候带、土壤底质、潮滩高度、盐度和风浪影响程度等确定不同的红树林树种及配植方式，注重提高林分的生物多样性(表7-4)。

表7-4　滩涂绿化树种选择参考

潮滩位	中文名	拉丁名
高潮滩	海杧果	*Cerbera manghas*
	银叶树	*Heritiera littoralis*
	黄槿	*Hibiscus tiliaceus*
	杨叶肖槿	*Thepesia populnea*
	水黄皮	*Pongamia pinnata*
	露兜树	*Pandanus tectorius*
	木果楝	*Xylocarpus grantum*
	海漆	*Excoecaria agallocha*
	海莲	*Brugiera sexangula*
	木榄	*Bruguiera gymnorrhiza*
	红海榄	*Rhizophora stylosa*
	榄李	*Lumnitzera racemosa*
中潮滩	海莲	*Brugiera sexangula*
	尖瓣海莲	*Bruguiera sexangula* var. *rhynchopetala*
	木榄	*Bruguiera gymnorrhiza*
	红海榄	*Rhizophora Stylosa*
	榄李	*Lumnitzera racemosa*
	拉关木	*Laguncularia racemosa*
	秋茄	*Kandelia candel*
	桐花树	*Aegiceras cornicuulatum*
	白骨壤	*Avicennia marina*
	海桑	*Sonneratia caseolaris*
	无瓣海桑	*Sonneratia apetala*
低潮带	秋茄	*Kandelia candel*
	桐花树	*Aegiceras cornicuulatum*
	白骨壤	*Avicennia marina*
	海桑	*Sonneratia caseolaris*
	无瓣海桑	*Sonneratia apetala*

在一些特殊的地段，如高盐度海滩(盐度超过25‰)，宜选择秋茄、白骨壤、无瓣海桑、拉关木等。

基干林带绿化：应遵循“因害设防、突出重点”的原则，充分利用原有植被，对断带、未合拢地段进行补缺，对残破林带、低效林带进行修复，形成与海岸线大致平行的基干林带。

沿海第一重山绿化：遵循“保护为主、突出重点”的原则，以抗风能力强的乡土常绿阔叶树种为主，营建生态防护功能稳定的森林。

5. 技术措施

(1)土地整理。

道路绿化：若土质不能满足苗木种植要求，应进行客土处理。种植地表应在±30cm高差以内平整。土地平整应符合场地的排水要求。

林带绿化：植穴定位应错位布穴。整地采用明穴方式，植穴规格应根据苗木的土球大小而定。林带两侧应预留有排水沟。

山地绿化：在满足造林种植的前提下，尽可能少破坏原有的森林植被，严禁全面炼山、全垦。以种植穴为中心，采取块状清理，清理 1 m^2 的林地，将清理的杂草堆沤，以增加土壤腐殖质，提高土壤肥力。植穴应错位布穴，整地采用明穴方式，植穴规格 60cm × 60cm × 50cm（大苗）或 50cm × 40cm × 40cm（小苗）。

（2）回土与基肥。在造林前一个月应回土，回土应打碎及清除石块、树根，先回表土后回心土，当回至 50% 时，施放基肥，并与穴土充分混匀后继续回土至平穴备栽。

（3）苗木规格。

主干道林带绿化苗（含道路绿化、两侧林带绿化及景观节点绿化）：所用灌木使用高 > 50cm、冠幅 > 30cm、地径 > 1.0cm 的袋苗，所用乔木使用高 > 2.5m、冠幅 > 1.5m、胸径 4 ~ 6cm、土球直径 > 40cm 的袋苗。

山地绿化苗：人工造林的选用高 60cm 以上袋苗，补植套种和改造提升的选用高 120cm 以上的袋苗。

滩涂绿化：白骨壤、红海榄、海桑、无瓣海桑、拉贡木、桐花树和木榄选用苗高 50cm 以上无病虫害健壮的袋苗，秋茄选用果实饱满无病虫害的优质胚轴进行造林，可在胚轴成熟后随采随种。

基干林带绿化苗：选用苗高 30cm 以上袋苗。

（4）栽植季节。根据当地的自然气候条件，较适宜造林的季节为 3 ~ 4 月，在春季下透雨后（穴土湿透），即可选择雨后的阴天或小雨天时栽植。

（5）栽植要求。栽植时先在植穴中央挖一比营养袋稍大的栽植孔，小心剥除营养袋（可溶性营养袋除外），把带土的苗木放至栽植孔中，扶正苗木，适当深栽，同时回土后应压实，然后用松土覆盖比苗木根颈高 2 ~ 5cm，堆成馒头状。栽植后 2 周内全面检查种植情况，发现死株应及时补植，并扶苗培正，确保成活率达 95% 以上。

（6）抚育管理。抚育 3 年 5 次，第一年秋初抚育一次，第二、三年春秋末各抚育一次。抚育工作内容：清除植穴 1m^2（1m × 1m）范围的杂草、灌丛；松土以植株为中心，半径 50cm 内的土壤挖松，内浅外深，松土后回土培成“馒头状”。

追肥 3 年 3 次，栽植 2 个月结合补苗进行第一次追肥，第二、三年春末结合抚育各追肥一次。追肥结合抚育进行，抚育结束后在植穴的外围开宽 10cm 左右的环形浅沟，把肥料均匀放入沟内，然后用土覆盖，以防流失。

（7）封育管护。对规划范围内现有景观特色和生态功能较好的林分进行封育管护。设立封山育林固定标志牌，配置专职护林员；加强日常巡山管护，禁止一切砍伐林木、采药、挖树根、毁林开垦及捕杀野生动物等不利于林木生长的人为活动；加强护林防火，杜绝一切野外用火；做好森林病虫害预防、监控等工作。

三、智慧林业建设技术

1. 建设原则

（1）强化管理，健全机制。强化各级林业信息化主管部门在规划引领、统筹协调、运用示范等方面的主导作用，统一顶层设计，建立健全的管理机制，保障林业信息化工作协同运行。

(2)整合资源，协同运用。以信息共享、互联互通为重点，突破地域、级别、业务的界限，整合各类信息资源，共享业务信息，实现业务协同，提升林业管理服务水平和信息资源利用水平。

(3)融合创新，标准引领。融合关键核心技术，创新发展模式和机制。实施运用先进、国际同步的标准战略，抢占标准制高点。加强安全技术体系建设，提高智慧林业信息安全水平。开展对外合作交流，提升智慧林业建设的协同创新能力。

(4)服务为本，转型升级。面向各级林业部门和林农日益多元化的需求，用精细化、智慧化的林业管理模式，实现更多便利和实惠，提供随时、随地、随需、低成本的信息与运用服务。以智慧林业建设推动林业改革发展和管理方式的转型升级。

(5)科学推进，重点突破。深入认识智慧林业建设的系统性和复杂性，科学推进林业智慧化协同发展。结合实际，讲究实效，找准突破口先行先试，从组织管理、顶层设计、示范运用等方面实现重点突破。

2. 建设目标

到2020年，基本建成广东智慧林业体系，形成共享的高端新型基础设施、智能的协同管理服务系统和优越的林业生态民生运用，有力支撑绿色生态第一省建设。

3. 建设内容

(1)网络基础设施建设。网络连接是各项林业信息共享的基础。林业诸多业务信息(如林政、营林、森林防火、林场站、森林公园及自然保护区等)往往都属于空间信息，这类信息都与地形图、遥感影像、小班数据等有关，属涉密信息。根据国家相关规定，涉密信息必须在专网或电子政务内网上运行，不允许出现在外网上。但是，相关规定不允许各行各业再建设专网，目前广东省(包括省直单位)、市、县(林场)三级林业主管部门的电子政务内网还没有互联互通。网络连接不通，开发、部署、整合各类林业信息化应用工作就无从谈起。建设全省上联下通的林业电子政务内网工作亟待解决。因此，有必要尽快将覆盖省、市、县三级的林业主管部门的电子政务内网建设好。

(2)制订配套规章制度。目前，广东省林业核心工作环节的数据在不同审批环节都采用纸质材料，涉及具体空间位置信息的材料目前一般都采用纸质的图纸或者描述性的语句来表述，无法满足精准化、信息化管理的需要。对现行的工作制度、业务规范作一些适当的增加或修订，就能有效地推动信息化工作的深入发展。例如：在林地征占用审批过程中，可以要求申请人提供符合要求的电子红线，在审批通过后将电子红线直接录入数据库；在每年生态公益林核查及调整工作中，把调整的小班空间和属性信息的电子数据录入数据库中。在小班数据年度档案更新中这些数据都可以发挥作用，可大幅提高资源档案更新工作的效率和精度，也有利于各项信息的管理。只要解放思想、与时俱进，对现行的一些规章制度进行研究分析，并做适当的修订增补，将各审批环节的数据电子化，就能在制度上推动全省林业信息化工作的深入发展。

(3)建立全省林业数据库。2012年国家林业局成功绘制的全国“林地一张图”，标志着我国森林资源监测与管理开始走向全面数字化、信息化。在全国“林地一张图”的工作中，全省也初步完成了广东“林地一张图”工作，该数据还没有将现有的一类清查、二类调查、湿地调查、沙化和荒漠化调查、公益林、林地更新调查等专题数据完全整合利用起来，存在多套数据和其他“多张图”。今后，需要进一步把这些数据共同处理整合在一起，建设基础空间数据库、林业基础数据库、林业专题数据库和公共信息库四大数据库，形成覆盖“三个系统一个多样性的”生态林业的核心数据中心，构建横向到底、纵向到边的广东“森林资源一张图”，最终形成广东“林业一张图”为全省林业信息交换、共享和应用提供基础的数据环境，确保广东省林业信息“一张图”“一套数”。

同时，在充分整合集成现有林业各方面数据的基础上，加强与广东省国土、水利等相关部门沟通，加强数据共享，为林业资源数据更新、森林生态监测、湿地资源监测等工作获取更多的辅助决策数据(如国土部门的航片、高分辨率遥感影像，土壤研究所的全省土壤分布数据，水利或海洋部门的水资源数据等)提高林业各项工作决策的科学性和准确性。制订包括各类林业资源数据的采集、汇总、更新、管理、维护、安全、交换、共享和应用的相关技术规程、标准规范和管理机制，为数据中心各类资源数据的运行维护提供标准规范的支撑。

(4)构建林业云应用支撑平台。随着“3S”技术、Web Service 技术、计算机网络技术在林业的广泛应用，通过近几年的建设，形成了一些林业业务应用系统，在一定程度上满足了各部门的业务应用和管理需要。但未形成完整的应用体系，系统应用覆盖范围小、应用程度低，各个系统相对独立，数据无法实现良好互动，不能满足数据共享和一体化需求，各部门间“信息孤岛”“系统孤岛”的问题逐渐显露。

针对这些情况，需要搭建一个面向业务应用的基础平台，通过应用支撑从业务建模、系统搭建直到系统运行和业务流程编排都得到全方位的支持和保障。在应用支撑平台的支持下，将广东省林业系统各部门内部所有办公自动化业务系统、图文一体办公自动化系统等公共系统，各种专项业务应用系统和信息服务系统集成到一个平台上，通过统一用户登录，提供统一的业务界面和结构更清晰、内容可定制的信息服务，实现各信息资源、各业务应用的集中与整合，达到信息资源的全方位共享。

林业云应用支撑平台的总体建设目标是通过提供统一的技术开发、构建和应用支撑环境，实现各类林业资源服务的管理、汇聚、承载和共享，为林业资源信息化提供平台支撑，是林业资源信息化一体化解决方案的一部分。未来林业资源信息化，从独立业务的部署与开发，逐步过渡到以业务服务中间件的开发、构建、部署和服务为主流，逐步实现林业资源信息化的集成管理与开发、统一性与持续性，降低业务应用的开发和部署风险，提升业务应用的质量，降低林业资源信息化的成本。通过信息化促进林业资源高效管理、科学决策、依法行政和政务公开，实现提升林业资源管理与服务水平，增强林业部门参与宏观调控的能力，规范和创新林业资源管理的总体目标。

林业云应用支撑主要为各类林业业务系统建设、运行、协同提供统一的业务支撑，包括业务访问、业务集成、流程控制、安全控制、系统管理等各种基础和公共性支撑服务，同时也是应用系统的开发、部署和运行的技术环境。应用系统建设需要包括目录与交换体系、业务流程管理、林业数表模型、基础组件、中间件和常用工具软件。应用支撑平台通过为业务应用系统开发提供各类基础模块和软件工具，提高系统建设效率、同时解决业务应用质检的互通、互操作等问题。

(5)健全业务管理和业务协同。逐步推进和完善综合类应用、综合营造林应用、森林资源监管及应用、林业灾害监控及应急应用和林业产业应用五大类应用和公共类应用系统建设，整合提升各级行政审批系统，做好省、市、县三级电子政务的应用的互联互通和业务协同，确保三级林业资源审批全部实现网上高效运行。在顶层设计指导下，逐步推进业务应用系统建设，有选择、有优先级地进行具体应用系统的建设，以“需求为导向，应用促发展”，坚持整合改造与开发建设并重，充分利用协同开发体系，充分利用林业资源综合应用支撑系统提供的统一开发环境，实现资源共享，边建设边应用，各级在进行应用系统建设时要考虑各级行政业务的衔接，要遵循林业资源应用支撑平台的建设规范和技术要求。通过实践促进系统的完善和提高，形成业务应用系统开发和业务应用互相促进的良性循环。

(6)建设林业信息安全与综合管理体系。信息网络安全是一个关系国家安全和主权、社会稳定、民族文化继承和发扬的重要问题。随着全球信息化步伐的加快，信息安全的重要性也在不断提高。对林业行业来说，信息安全是各项林业工作的基础，信息如果受到破坏，多年的工作成果可能会毁于一旦，许多当前的工作将没办法正常开展，今后的政策制定也会失去决策依据。安全与综合管理体系是智慧林业建设与运营的重要保障，在林业信息化工作中，一定不能疏忽。信息安全与综合管理体系包括：物理、网络、系统、应用、数据、制度保障等6个层次。物理安全主要包括机房内相同类型资产的安全域划分；网络安全主要是保护林业基础网络传输和网络边界安全；系统安全是通过建设覆盖林业全网的分级管理、统一监管的病毒防治、终端管理系统，第三方安全接入系统，漏洞扫描和自动补丁分发系统；应用安全是在内外网建立林业数字证书认证中心，与电子政务认证体系相互认证，省级林业部门内外网建立数字证书发证、在线证书查询等证书服务分中心，信任体系可以有效实现数据的保密性、完整性；数据安全是解决林业资源数据丢失、数据访问权限控制；制度保障主要建立信息安全组织体系，确定组织机构及岗位职责，定期对管理及技术人员进行安全知识、安全管理技能培训，建立健全信息安全的法规及管理制度，为智慧林业的运营发展提供科学、系统、安全的制度体系，有限控制各类风险的出现，以保障智慧林业安全、高效运营。

(7)加强信息资源共享和开发利用。以广东省林业数据中心为基础支撑，构建全省林业资源共享和开发利用体系，逐步完善信息资源更新、共享和应用的标准规范和开发利用，逐步建设从业务应用支撑到领导辅助决策，再到面向公众提供更多的信息资源支撑的过渡，实现政府部门职能转变，服务为民，服务于民。首先是要进一步加强广东省林业资源各类资源数据的建设，以标准体系为基础支撑和软环境，构建统一数据集成的林业资源“一张图”，做到内外“一套数”。积极引导和规范政务信息的社会化增值开发利用，鼓励企业，个人和其他社会组织参与到林业信息资源的公益性开发利用，完善知识产权保护制度，大力发展以数字化、网络化为主要特征的现代信息服务业，促进信息资源开发利用。积极引导公众参与林业政务部门的信息资源建设，通过利用物联网、“3S”技术、现代通信技术，发掘公众用户能够参与到林业政务部门管理的价值点，从信息公示入手，以信息监督为核心，提供各种技术手段让公众参与信息的提供。充分发挥信息资源采集、更新和利用对借阅资源、能源和提高效益的作用，促进经济增长方式的转变和资源节约型社会的建设，为建设生态林业开创新的突破口和建立生态林业的信息资源开发利用的基石。同时，在保障信息资源安全的前提下，加强对信息资产的严格管理，促进信息资源的优化配置。以数据挖掘技术、大数据技术、物联网技术、BI技术等为支撑，深度挖掘数据价值，实现信息资源的深度开发，及时处理，安全存放，快速流动和集约节约利用，满足政务办公，辅助决策以及信息公开、公众参与、生态林业建设和社会经济发展等优先领域的信息开发利用要求。

(8)持续完善电子政务平台。进一步健全完善省林业厅机关电子政务建设，以政策、法规和标准等为保障，以计算机网络和硬件平台为依托，构建林业资源政务管理的信息系统，在统一数据中心和应用平台以及数据交换体系的支撑下，通过林业政务专网和外网，形成对行政管理和社会服务的双向支持，整合提升各级行政审批系统，做好省、市、县三级电子政务系统的互联互通，确保省、市、县三级林业资源行政审批业务要全部实现网上高效运行。

在广东省林业数据中心和应用平台的支撑下，构建统一的调用接口和数据交换接口，实现全省数据资源、身份权限以及业务规则的统一管理，满足各级部门之间、不同业务系统之间互联互通和数据共享的需要，内容应涉及各级部门的以应用系统建设为基础的行政审批系统建设，集综合事务和公共事务为一体的内外网政务平台建设，实现面向领导，业务人员和公众三方的切合实际的，覆盖全省范围，全部业务的综合型电子政务平台。

(9)优化公众事务的社会化服务体系。围绕实现林业资源行政权力公开、强化社会监督、促进依法行政、服务社会公众的目的，整合各级门户网站群和公共事务平台等信息资源，以各级林业资源门户网站群为主要形式，对社会公众、企事业单位等提供“一站式”服务，健全完善林业资源信息服务功能；以广东省林业数据中心为基础，依托林业资源应用支撑平台，通过对林业资源信息的充分开发利用，提供林业资源信息产品服务，建立部门间信息共享服务机制，深度挖掘信息服务价值，逐步实现面向公众的从信息公开到信息利用的全面信息资源服务，提升公众对政府部门政务的能动性和参与度，建立健全林业资源社会化服务体系。

(10)加强信息化组织机构和人才队伍。进一步加强广东省各级林业管理部门的组织机构建设，逐步建立各级负责信息化建设的信息中心，落实信息中心负责人，建立配套的队伍和机制，建立工作规章制度，加强信息化人才的培养，提升信息化队伍的整体素质。逐步建立重点突出、责任分明、切合实际的目标责任体系，建立全省信息化应用、推广的考核制度，加大监察力度。建立全省信息化顶层设计与规划、可研、项目招投标和项目实施管理等制度，规范信息化项目的实施过程，提升项目管理能力，提高项目应用成效，发挥社会效益、生态效益和经济效益。逐步建立项目上线运行后的运维保障体系，建立以各级信息中心为主体，以项目建设单位为具体项目运维实施，通过建立合作共赢机制，建立广东省林业信息化建设的持续投入和持续发展的长远机制。

四、林下经济发展模式

根据广东省自然资源条件和市场需求，综合分析林下经济产业发展趋势、发展潜力基础上，确定广东林下经济发展包括林下种植、林下养殖、相关产品采集加工和森林景观利用四大类型 27 种模式。林下种植重点发展林菌、林药、林花、林茶模式；林下养殖重点发展林禽、林畜、林蜂模式；相关产品采集加工重点发展松脂采集加工、竹笋采集加工模式；森林景观利用重点发展林下生态休闲游、林下生态文化精品游、林下经济文化产业基地模式。

1. 林下种植

优先引导农民大力发展林下种植产业。重点发展林菌、林药、林花、林茶等模式。据统计，2011 年广东林下种植面积 17.652 万 hm^2，产值 53.056 万元，涉及农户户数 33.127 4 万户，涉及农户人数 151.994 5 万人 。

(1)林菌模式。林菌模式是充分利用林下空气湿度大、氧气充足、光照强度低、昼夜温差小的小气候环境条件种植食用菌菇的栽培模式。主要采取林间覆土畦栽食用菌、林间地表地栽食用菌、林间立体栽食用菌及林间采摘利用食用菌等 4 种形式。林下种植菌菇使土壤湿度增加，种植菌菇废料是树木生长的上等有机肥，二者互惠互利，实现植物链的良性循环。

林地选择：选择郁闭度较高，林下空气湿度大，氧气充足，光照强度低，昼夜温差小，水质良好，水量充足，林下较湿润的松类、锥类、栎类、竹林等林分。

品种选择：选择适合林下栽培且具有广东特色的香菇、木耳、灵芝等菌类。

重点布局：香菇、木耳布局在翁源、仁化、乳源、始兴、南雄、新丰、蕉岭、龙门、东源、连平、和平、紫金、龙川、连南、连山、封开、怀集、高要及廉江等县(市、区)。灵芝布局在仁化、乳源、新丰、和平、紫金和蕉岭等县(市、区)以及省属林场。

(2)林药模式。林药模式是利用树木遮阴效果和药材的喜荫特性，在林间空地上间种较为耐阴的药用植物。林下间种药材可以通过对种植的药材实施松土、除草、浇水、施肥等培植管理措施，起到改良土壤、增加肥力、抚育幼林、促进树木生长的作用。

林地选择：未郁闭或郁闭、水肥条件较好的阔叶林、杉木林、八角、板栗、杧果、油茶等经济林、竹林等林分。

品种选择：选择的中药材品种应为中药资源(中药材)目录内的品种，并适应当地的土壤、气候条件。要选择耐瘠薄、耐干旱、耐草荒的粗生易长品种。优先发展当地乡土中药材品种，大力推广“中药材生产质量管理规范”生产，以保证人工种植的中药材中有效成分含量达标；对于引进的中药材新品种，要先小范围试验，经评估确认后方宜推广。根据广东省的现有中药材资源种类，发展林药模式的主要品种有铁皮石斛、鸡血藤、金银花、春砂仁、砂仁、肉桂、首乌、巴戟、土茯苓、鸡骨草、益智、草香、香葫子、白芨、溪黄草、凉粉草、金线莲。

重点布局：铁皮石斛布局在仁化、乳源、新丰、高州、怀集、封开、德庆、广宁、饶平、省属林场。金银花布局在南雄、清新、连州、蕉岭、平远、和平、紫金、增城、陆丰。五指毛桃布局在和平、龙门、新丰、翁源。九节茶布局在仁化、乳源。鸡骨草布局在紫金、大埔、化州。春砂仁、砂仁布局在阳春、信宜、封开。肉桂布局在高要、德庆、广宁、四会、信宜、化州、郁南、罗定。首乌、巴戟布局在高要、德庆、丰顺、博罗。凉粉草、梅叶冬青、三椏苦、九里香等布局在鹤山。益智布局在阳东、信宜、高州、电白。土茯苓布局在南雄、始兴。白芨布局在阳山、蕉岭。金花茶布局在廉江。金线莲布局在龙川。

(3)林花模式。林花模式是在林下种植耐阴性的花卉和观赏植物，充分利用林下空地及资源的一种模式。

林地选择：选择未郁闭或郁闭、水肥条件较好的常绿阔叶林、松林、降香黄檀、沉香等林分。

品种选择：根据当地现有特色林下花卉种类，结合地方生态旅游发展情况，选择兰科植物等。

重点布局：林花布局在澄海、和平。

(4)林茶模式。林茶模式是在林下种植耐阴性的茶叶，充分利用林下空地及资源的一种模式。

林地选择：选择未郁闭或郁闭(郁闭度为0.5)、水肥条件较好的常绿阔叶林、松林、桉树林等林分。

品种选择：根据当地现有茶叶种类，选择绿茶种类。

重点布局：重点布局在潮安、饶平、揭西、新兴、平远、怀集、紫金、海丰、连山、廉江。

(5)其他林下种植模式。其他林下种植模式有林菜、林草等。

2. 林下养殖

重点发展林禽、林畜、林蜂等3种模式(生态循环型)，推动林下养殖从传统型向现代型，从粗放型向集约型，从散养向标准化规模养殖转变。据统计，2011年广东省林下养殖占用林地面积25.029 1万hm^2，产值996 896万元，涉及农户户数64.602 5万户，涉及农户人数256.501万人。

(1)林禽模式。在林下透光性、空气流通性好、湿度较低的环境条件下，充分利用郁闭林下昆虫、小动物及杂草多的特点，放养或圈养鸡、鸭、鹅等家禽。林下为家禽提供生存环境，禽类食用林中的昆虫杂草，减少了林木病虫源。同时，禽粪还可以为树木提供肥料，促进林木生长。实现了林“养”禽、禽“育”林的林禽互利共生良性循环。

林地选择：选择排水良好、通风向阳，可搭建棚舍地形条件较好的林地，上层林木郁闭度较高的林分，如马尾松林、荔枝林、龙眼林、桉树林、竹林等林分。林荫使禽类生长更快、更健康，减少了人工饲养，降低了饲养成本，又符合绿色消费观念。

品种选择：根据当地现有优良特色品种为主，包括鸡、鸭、鹅、鸽等。如三黄鸡、五黑鸡、怀乡鸡、珍珠鸡、贵妃鸡、阳山鸡、清远鸡等。

重点布局：重点在南雄、翁源、仁化、乳源、始兴、新丰、曲江、东源、和平、连平、龙川、紫金、源城、电白、信宜、蕉岭、平远、大埔、兴宁、五华、阳山、清城、吴川、遂溪、雷州、阳东、新会、台山、封开、德庆、高要、怀集、四会、广宁、惠阳、新兴、郁南、罗定、饶平、揭西等县(市、区)。

(2)林畜模式。在有树木的林地上，充分利用郁闭林下杂草多的特点，实行林下放养与圈养相结合养殖牛、羊、猪等家畜的方式。林下为家畜提供杂草，畜粪还可以为树木提供肥料，补充土壤养分，促进林木生长。实现了林畜互利共生良性循环。

林地选择：选择造林密度较小、林下活动空间大的林地，如松林、桉树林、其他阔叶林等林分。林荫使畜类生长更快、更健康，减少了人工饲养、降低了饲养成本，提高了肉类的品质。

品种选择：根据当地现有优良特色品种为主，包括牛、羊、猪等。

重点布局：林下养牛重点布局在湛江(廉江)、清远(清新)、肇庆(怀集、四会)、河源(和平、龙川)。林下养羊重点布局在湛江(廉江)、肇庆(封开、广宁、怀集、四会)、河源(龙川)、阳江(阳春)、韶关(南雄、仁化、始兴)、梅州(蕉岭、平远、兴宁)、清远(清新)、云浮(新兴、云城)等县(市、区)。

(3)林蜂模式。林地放养蜜蜂，模式为固定式，选择林分较好、四季有花的固定林分内放养蜜蜂。

林地选择：选择开花繁多、蜜源丰富的植物，如龙眼、荔枝、枇杷、柑橘、油茶等经济果木林。在花期放养蜜蜂、收获蜂蜜。

重点布局：林下养蜂重点布局在广州(从化)、韶关(始兴、南雄、乳源)、茂名(电白)、肇庆(封开、高要、四会)、河源(东源、和平、连平、紫金)、清远(清新、连山)、梅州(蕉岭、平远、兴宁)、江门(台山)、惠州(惠东)、潮州(潮安)、湛江(雷州)等县(市、区)。

(4)其他养殖模式。林下养鱼重点布局在湛江(遂溪)。林下养蛇重点布局在清远(英德)。林下竹鼠重点布局在清远(英德)。林下野猪重点布局在韶关(乳源、曲江)，河源(龙川)。林下养蛙重点布局在韶关(乳源)、梅州(兴宁)。林下养殖娃娃鱼重点布局在揭阳(揭东)。

3. 相关产品采集加工

采集林下产品资源，发展林下产品初级加工，延长林产品产业链，使农民不砍树也能增加经济收益。据统计，2011 年广东省相关产品采集加工占用林地面积 37.445 5 万 hm^2，产值 383 007 万元，涉及农户户数 37.069 4 万户，涉及农户人数 169.989 8 万人 。

(1)松脂采集加工。广东省松香产量一直稳居全国前列，2010 年松香类产品产量占全国松香类产品的 11%，排名第三，其中肇庆市是广东省的重点产区。重点布局：松脂采集加工重点布局在封开、德庆、怀集、高要、四会、云城、罗定、新兴、云安、郁南、台山、开平、恩平、信宜、高州、化州、电白、连山、连州、清新、阳春、阳东、东源、和平、龙川、紫金、新丰、始兴、乳源、南雄、曲江、仁化、翁源、蕉岭、兴宁等县(市、区)。

(2)竹笋采集加工。竹笋加工以脱水等初级加工为主。竹笋采集加工重点布局在高要、广宁、四会、龙门、英德、连山、清新、和平、连平、龙川、紫金、蕉岭、兴宁、乳源、南雄、仁化、翁源、阳春、新兴、云安、云城等县(市、区)。

(3)檀香茶、沉香茶等珍贵树叶采集加工。以珍贵树种种植为依托，加工特色茶叶，融入特殊养生文化的茶叶加工。采集加工重点在高要、揭东、紫金、乳源、四会、封开、德庆、怀集、高州、信宜、电白、阳春等县(市、区)。

(4)野菜采集加工。野菜加工以脱水、保鲜、冻干等初级加工为主。广东野菜品种有：簕菜、荠菜、马兰头、香椿、蕨菜、夜来香、蒌蒿、菊花脑、白子草、土人参、野苋、紫背菜、藤三七、番杏、守宫木等。野菜采集加工重点布局在和平、紫金、恩平、广宁、连南等县(市、区)。

(5)菌类(包括野生菌)采集加工。菌类(包括野生菌)加工以脱水、保鲜等初级加工为主。菌类(包括野生菌)采集加工重点布局在和平、连平、龙川、紫金、乐昌、乳源、南雄、广宁、连南、连山、蕉岭、平远等县(市、区)。

(6)中药材(包括野生中药材)采集加工。中药材(包括野生中药材)加工以脱水、保鲜等初级加工为主。中药材(包括野生中药材)采集加工重点布局在连平、龙川、紫金、乳源、连南、连州、蕉岭、兴宁、五华、电白、化州、阳春等县(市、区)。

(7)其他种类采集加工。草采集加工重点布局在龙川、连南。藤采集加工重点布局在紫金、高要、乳源、连南、连山。蜂蜜采集加工重点布局在从化、蕉岭、惠东、潮安。竹虫采集加工重点布局在广宁。

4. 森林景观利用

森林景观利用是林下经济与生态旅游经济有效结合的一种可持续发展的经济模式。借助林地的生态环境，通过林下种植、林下养殖、相关产品采集加工与林下生态旅游结合起来，保护当地自然和文化资源的完整性及可持续发展。森林景观利用是森林生态旅游的重要组成部分，广东森林生态旅游业主要依托森林公园和自然保护区。据统计，2011 年广东省森林景观利用占用林地面积 19.89 万 hm^2，产值 489 036 万元，涉及农户户数 67 802 户，涉及农户人数 403 521 人 。森林景观利用模式主要有林下生态家园休闲游、林下生态文化精品游及林下经济文化产业基地等林下旅游模式。

(1)林下生态家园休闲游。①鼓励打造森林人家品牌连锁经营，制订行业标准，规范经营。以农户为主体，通过农家大户(示范户)带动农户发展，以家庭为单元发展具有当地特色的林家乐。主要是在市或县区周边，农户利用自家的林地、果园发展林下种植或林下养殖或林下采集的产品，开展以周末和假日休闲度假、绿色环保餐饮娱乐、林作体验为主的生态旅游场所，在流连原生态文化景观的同时，品尝绿色环保的原生态美食。而农户通过开展林家乐、森林人家也增加了收入。林家乐、森林人家布局在各市县有条件发展的地区。②通过林农合作的方式，成立森林景观利用专业合作社，统一森林景观利用的建设与经营，来开展林下生态家园休闲游的各种活动，相关各方根据自己的意愿和实际情况决定参与的方式和介入的深度。各级政府要引导支持有森林景观利用潜质的地方，把森林景观利用资源优势突出的乡镇或村庄作为一个整体，通过森林景观利用专业合作组织，开发以林下生态旅游观光、休闲度假为主要功能，突出林下生态家园休闲游，带动周边农民群众就业、拉动当地消费。生态家园休闲游布局在韶关、河源、梅州、清远、云浮、肇庆、惠州、江门、阳江、茂名、湛江、潮州、广州、揭阳、深圳、东莞、中山、珠海、佛山、汕头、汕尾。

(2)林下生态文化精品游。通过招商引资，引导社会资本投入开发林下生态文化精品游，内容包括但不限于结合发展林下种植或林下养殖或相关产品采集加工，开发林下生态文化精品旅游、林间野外生态活动游、生态康复疗养度假游、绿色环保特色餐饮娱乐游等，使之成为林下生态旅游的精品示范建设。而农民以土地入股，使农民也成为森林景观利用建设的参与者和受益者，政府则通过融资、土地使用等政策倾斜为企业提供支持。林下生态文化精品游布局在始兴、乳源、连山、清新、蕉岭、五华、潮州、紫金、新会、龙门、封开、广宁、德庆、怀集、信宜、高州、阳春、恩平、鹤山、徐闻、罗定、郁南、东莞、中山、省樟木头林场。

(3)林下经济文化产业基地。林下经济文化产业包括林下经济文化创意园区、林下经济科普教育基地、林下经济文化博物馆、林下经济科技培训基地等。林下经济文化产业基地重点布局在肇庆、茂名、韶关、河源、梅州、清远、广州。

第七节　远景展望

《中共中央 国务院关于加快推进生态文明建设的意见》中提到：生态文明建设是中国特色社会主义事业的重要内容，关系人民福祉，关乎民族未来，事关“两个一百年”奋斗目标和中华民族伟大复兴中国梦的实现。把生态文明建设放在突出的战略位置，融入经济建设、政治建设、文化建设、社会建设各方面和全过程，协同推进新型工业化、信息化、城镇化、农业现代化和绿色化，以健全生态文明制度体系为重点，优化国土空间开发格局，全面促进资源节约利用，加大自然生态系统和环境保护力度，大力推进绿色发展、循环发展、低碳发展，弘扬生态文化，倡导绿色生活，加快建设美丽中国，使蓝天常在、青山常在、绿水常在，实现中华民族永续发展。

一、十八大报告赋予林业神圣使命和厚望

习近平总书记近年来就林业作出了系列论述，指出林业建设是事关经济社会可持续发展的根本性问题，提出既要金山银山，更要绿水青山，说到底绿水青山是最好的金山银山，强调山水林田湖是一个生命共同体，人的命脉在田，田的命脉在水，水的命脉在山，山的命脉在土，土的命脉在树。汪洋副总理更是明确强调林业是生态建设的主战场，绿色是美丽中国的主色调。把林业作为生态文明建设主战场，是生态文明的内涵之义，是人类进步的现实之需，是现代林业的功能之要，是绿色发展的根本之策，是领导思维的战略之举。

二、林业在生态文明建设中的主体作用将越来越突出

森林是最好的绿色水库、天然氧吧，最大的储碳库，空气调节器，最丰富的生物基因库，这些都是维护自然生态系统的核心，是生态文明建设的重要标志。生态文明建设首先是生态建设，而林业是生态系统的重要组成部分，是生态建设的主体。近年来，广东林业的生态贡献不断增大，生态价值日益彰显。因此，林业在生态文明建设中具有主体与基础作用、核心与主导作用、关键和决定作用，林业兴则生态兴、文明兴、国家兴。

三、全社会参与林业生态文明建设是时代的选择、历史的必然

各级党委、政府已把发展林业放在更加突出的位置，把林业当作第一基础设施来建设，当作第一自然环境来修复，当作第一形象标识来打造，切实加强组织领导，改变林业“边缘化”的状况。全社会生态意识觉醒，关注森林、关注林业，重视林业生态文明建设。

四、以生态安全、生态经济、生态文化、生态治理四个维度为视角是统筹谋划广东林业生态文明建设的必由之路

首先，以林业生态红线管理为抓手，加强生态安全屏障建设，切实保护好现有森林、湿地、野生动植物及其生物多样性，保护自然生态的原真性和完整性。尽快扭转生态系统退化、生态状况恶化的趋势，构建林业生态安全格局。其次，以绿色经济、循环经济、低碳经济为核心，抓住森林作为再生的、绿色的资源库和能源库的特点，转变林业经济的发展方式，打造资源节约循环高效利用的林业生态经济。再者，以构建完善宣传平台和丰富创新宣传模式为途径，大力弘扬生态文明的价值理念和行为准则，把生态文化意识融入到国家意识、公民意识、职业意识，共同推进生态文明建设。最后，通过加强总体规划和顶层设计，努力实现制度在更高层面的系统整合，不同制度之间形成紧密关联、有机衔接、互相支持，共同发挥作用，以此保障和促进林业生态治理能力全面提升。

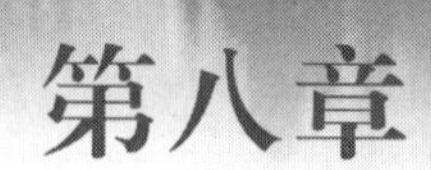

第八章

研究成果应用案例

第一节　广东省林业"十三五"规划基本思路

"十二五"期间，广东林业以科学发展"五个林业"、促进林业双增目标实现、建设全国绿色生态第一省为总体目标，以生态景观林带、森林碳汇、森林进城围城和乡村绿化美化四大重点林业生态工程为主要抓手，基本建立了完备的林业生态体系、发达的林业产业体系、繁荣的林业生态文化体系和高效的林业支撑保障体系。2013 年全省林业用地面积 1096.7 万 hm^2，森林覆盖率 58.2%，活立木总蓄积量 52 424.67 万 m^3，森林生态效益总值 12 062.80 亿元，林业产业总值 5595 亿元。根据"广东林业生态文明建设战略研究"成果，结合广东"十三五"社会经济发展及林业发展的需求，编制了《广东林业"十三五"规划基本思路》。

一、基本思路

（一）指导思想

高举中国特色社会主义伟大旗帜，以邓小平理论、"三个代表"重要思想、科学发展观为指导，深入贯彻落实党的十八大和习近平总书记视察广东重要讲话精神，紧紧围绕"三个定位、两个率先"总目标，以建设全国绿色生态第一省为总任务，以兴林富民为林业发展的根本宗旨，推动新一轮绿化广东大行动。构建完备的生态安全体系、发达的生态经济体系、繁荣的生态文化体系和完善的林业治理体系，为建设林业生态文明、促进经济社会可持续发展提供有力的生态支撑。

（二）规划原则

1. 坚持科学发展

尊重自然和经济规律，将生态保护与经济发展相结合，因地制宜、分类指导、分区施策，实现科技兴林、人才强林、依法治林。

2. **坚持协调发展**

生态、产业、文化、服务四大体系相协调，生态、经济、社会三大效益相统一，政府主导和市场调节相结合，生态、经济、社会、碳汇、文化五大功能相促进。

3. **坚持创新发展**

深化改革释放林业生产力，构建屏障提高生态承载力，振兴产业增强发展带动力，扩大开放注入发展新活力。

4. **坚持和谐发展**

全省动员，全民参与，全社会办林业，多渠道、多层次、多形式筹集建设资金，多元化加快林业发展。

（三）发展目标

紧紧围绕“三个定位、两个率先”总目标，按照中央提出的“要把发展林业作为建设生态文明的首要任务”的要求，将广东省建设成为森林生态体系完善、林业产业发达、林业生态文化繁荣、林业治理体系完善、人与自然和谐的全国绿色生态第一省，为广东省经济社会科学发展提供有力的生态支撑，实现“美丽广东”“幸福广东”的美好愿景。

1. **完备的生态安全体系**

划定生态安全红线，对重点公益林、重要湿地等生态区位重要、生态环境脆弱的区域实施重点保护，为生态安全保留适度的自然本底。通过开展生态系统保护、修复和治理，优化森林、湿地生态系统结构和功能，使生物多样性丧失与流失得到基本控制，防灾减灾能力、应对气候变化能力、生态服务功能和生态承载力明显提升，基本形成国土生态安全体系的骨架。

2. **发达的生态经济体系**

通过推进绿色转型、发展绿色科技，大力发展特色产业，鼓励发展新兴产业，重点发展生态经济型产业，增强木材、森林食品、林化产品等有形生态产品的供给能力。最大限度地提升森林和湿地生态系统固碳释氧、涵养水源、保持水土、防风固沙、消噪滞尘、调节气候、生态疗养等无形生态产品的供给能力。

3. **繁荣的生态文化体系**

积极传播人与自然和谐相处的理念，丰富生态文化载体，开展林业生态创建，不断完善林业生态制度，在全社会树立良好的生态文明意识，推动生态文明成为社会主义核心价值观的重要组成部分。

4. **完善的林业治理体系**

创新林业治理体系，提升林业治理能力，确保把林业治理体系的制度优势转化为政府治理林业的效能。建立健全生态资源产权制度、生态资源监管制度、自然生态系统保护制度、生态修复制度、生态监测评价制度、森林经营制度、生态资源市场配置和调控制度、生态补偿制度和财税金融扶持制度，为推动新一轮绿化广东大行动提供制度保障。

表1 广东省林业发展“十三五”规划主要指标一览

序号	指标名称	现状值(2013年)	目标值(2020年)
1	森林蓄积量(亿 m^3)	5.24	6.43
2	森林覆盖率(%)	58.2	60.0
3	林地保有量(万 hm^2)	1096.7	1088.03
4	森林碳储量(亿t)	10.89	15.20
5	森林生态效益(亿元)	12062.8	16000
6	林业总产值(亿元)	5595	8000
7	生态公益林占林地面积比例(%)	37.8	50.0
8	湿地保护率(%)	47.0	50.0
9	自然保护区占国土面积比例(%)	6.9	7.0
10	森林公园占国土面积比例(%)	5.9	8.0

(四)总体布局

根据广东省林业生态建设和生态景观格局现状，以森林生态网络体系点、线、面布局理念为指导，以山、水、海、路、城为要素，构建广东北部连绵山体森林生态屏障体系、珠江水系等主要水源地森林生态安全体系、珠三角城市群森林绿地体系、道路林带与绿道网生态体系、沿海防护林生态安全体系等五大林业生态安全体系，稳固生态基础、丰富生态内涵、增加生态容量，为生态文明建设提供安全保障。

二、主要建设内容

(一)生态红线保护大行动

生态红线是保障和维护国土生态安全、人居环境安全、生物多样性安全的生态用地和物种数量底线。通过科学划定林业生态红线，把需要保护的生态空间、物种严格保护起来，尽快扭转生态系统退化、生态状况恶化的趋势。

1. 科学划定林业生态红线

结合国家林业局《推进生态文明建设规划纲要》的总体要求，结合广东林业生态安全建设和社会、经济发展情况，科学划定林地和森林红线、湿地红线和物种红线，保护林地和森林资源，保障国土生态安全、淡水安全以及物种安全。规划至2020年，全省林地保有量不低于1088万 hm^2，森林保有量不低于1087万 hm^2，湿地面积不低于175万 hm^2，森林覆盖率不低于60%，森林蓄积量达到6.43亿 m^3，森林和野生动植物类型自然保护区面积占国土面积的比例不低于6.9%。

2. 严格守住林业生态红线

进一步完善相关法律法规，强化依法、守法、执法力度，综合运用法律手段严守林业生态红线。制定最严格的林业生态红线管理办法、技术规范和管制措施，将森林生态空间保护和治理纳入政府责任制考核，坚决打击破坏林业生态红线行为。

3. 推进生态用地可持续增长

制定出台征占用生态用地项目禁限目录，适度保障基础设施及公共建设使用生态用地，控制城乡建设使用生态用地，限制工矿开发占用生态用地，规范商业性经营使用生态用地。通过生态自我修复和加大对石漠化土地、工矿废弃地、退化湿地治理等，有效补充生态用地数量，确保生态用地资源适度增长。

4. **提升生态公益林建设水平**

进一步优化生态公益林布局，将生态区位重要、生态环境脆弱区域的森林和林地划为省级以上生态公益林。根据实际，划定市、县(市、区)级生态公益林。探索建立饮用水水源涵养林专属地及其管理机制。严格界定生态公益林四至范围，落实权属，强化管理。将生态公益林划为禁止经营区和限制经营区，实行分区经营。到“十三五”期末，全省生态公益林面积达到530万hm^2左右，约占林业用地的50%。建设生态公益林示范区约800个，生态公益林示范区面积达到全省省级以上生态公益林总面积1/3左右。

5. **加强野生动植物资源保护**

制定野生动植物资源及其栖息地、原生地生境保护、发展和合理利用规划以及野生动物疫源疫病监测防控规划，并纳入本区域国民经济和社会发展规划，明确保护目标，提出保护策略。加强野生动植物资源调查与监测，建立重点野生动植物资源本底档案和资源监测体系以及野生动植物栖息地监测制度，科学布局本区域野生动植物保护监测网络，指导野生动植物资源培育利用有序发展，兼顾社会经济文化科研的发展需要。实施华南虎、鳄蜥、穿山甲、苏铁、猪血木、丹霞梧桐等15种重点野生动植物物种保护工程和极小种群野生动植物物种拯救保护项目，积极应用先进技术和科学手段，开展抢救性保护、野外救护、资源保存和发展培育人工种群，建立种质资源基因库，开展人工回归自然，促进资源的恢复与增长。

6. **加强自然保护区体系建设**

基本形成以国家级自然保护区为核心，以省级自然保护区为骨干，以市县级自然保护区和自然保护小区为生物廊道的布局合理、类型齐全、设施先进、建设规范、管理高效的自然保护区网络体系，使广东省95%以上的国家和省重点保护物种及典型生态系统类型得到有效保护，70%的国家和省重点保护物种资源得到恢复和增长。严格保护国家和省重点保护野生动植物物种，维护国家物种安全，确保濒危物种和极小种群安全，不出现物种或地理种群灭绝情况。

7. **加强天然林资源保护**

天然林是广东省重要的生态、经济资源，加强天然林资源的保护，对保护生物多样性，维护生态平衡，改善生态环境，促进经济社会可持续发展，具有十分重大的意义和十分重要的作用，是党中央、国务院做出的重大战略决策。从第八次全国森林资源清查广东省森林资源清查成果看，广东省的天然林资源处于持续减少的状态。一些地方毁林开垦、乱砍滥伐等破坏天然林的现象仍时有发生，天然林防护效能不强，造成局部地方的水土流失加剧、生态环境恶化，不能满足日益增长的改善生态环境的需求。“十三五”期间，要全面启动天然林资源保护工程，将全省现有470万hm^2天然林全部纳入保护范围，实现天然林资源保护工程区森林面积、森林蓄积恢复性增长，生态状况明显好转。

(二)应对气候变化大行动

1. **防护林工程**

广东地处我国大陆南端，南临南海，是全国海岸线最长的省份，境内有西江、北江、东江等珠江流域三大支流。进一步加快全省防护林建设步伐，营造沿海、沿江防护林体系，有利于促进沿海、沿江地区地带性森林植被的恢复重建，提升广东省沿海、沿江地区森林植被防风固沙、蓄水保土功能，提高防灾减灾能力。结合新一轮绿化广东大行动，以增强防护效能为核心，以建立健全防护林发展机制为保障，全面提升广东省防护林建设水平，全力构筑以防护林为主体的南粤森林生态屏障。“十三五”期间，计划全省每年实施防护林建设6.7万hm^2，共计完成33.3万hm^2防护林建设。

2. 森林碳汇重点生态工程及后续管理

选用生态、高效的碳汇树种，采取“造”“改”“封”结合，消灭全省宜林荒山荒地，完成疏残林(残次林)、低效纯松林和低效桉树林改造。碳汇造林任务总面积49.36万hm^2，其中人工造林13.28万hm^2，套种补植10.86万hm^2，更新改造8.44万hm^2，封山育林16.78万hm^2。经过3年的建设，森林碳汇工程已累计完成任务73.3万hm^2(含封山育林)，占森林碳汇工程总任务的73.3%。全省尚有26.7万hm^2建设任务未完成。“十三五”时期，应重点加强2011年以来的森林碳汇重点生态工程新造林的后续抚育和管理，面积达170.47万hm^2，其中：人工造林类抚育74.28万hm^2、套种补植类抚育54.43万hm^2、更新改造类抚育41.76万hm^2。

3. 森林抚育工程

近年来，广东省大力推进林业重点生态工程建设，全省森林资源状况总体较好，继续保持稳步健康增长。同时也存在森林结构不优、质量不高、生态功能较低等问题。森林抚育是促进林木生长、提高森林质量、增加森林效益的重要措施。通过森林抚育项目实施，尽快提高森林质量、增强森林生态效能，最大限度地实现林地价值，不断改善区域生态质量。财政部和国家林业局从2009年起开展森林抚育补贴试点工作，广东省被确定为首批森林抚育补贴试点省份。“十三五”期间，全省计划每年开展森林抚育41.3万hm^2，2016~2020年全省计划完成206.7万hm^2森林抚育任务。此外，对2011年以来的碳汇新造林进行造林后抚育任务较大，总面积达170.47万hm^2，其中：人工造林类抚育74.28万hm^2、套种补植类抚育54.43万hm^2、更新改造类抚育41.76万hm^2。

(三)湿地保护修复大行动

严格执行湿地保护补助政策，通过建设开发湿地产品、开展生态旅游等活动，科学利用湿地资源，构建科学合理的湿地保护网络体系。建设重点为粤西、粤东、珠江三角洲的近海与海岸湿地以及北江、东江、韩江中上游地区的河口湿地。

1. 启动国家重点湿地补偿试点

为促进湿地保护与恢复，2014年国家已安排2000万元开展广东海丰国际重要湿地(即广东海丰鸟类省级自然保护区)生态效益补偿试点。补偿对象为广东海丰国际重要湿地规划范围内的基本农田和水产养殖基围鱼塘。通过试点，进一步明确湿地生态效益补偿的对象(范围)、任务和责任，加强对中央财政林业补助资金的使用管理，为今后建立湿地补偿制度提供经验。

2. 积极开展湿地保护和修复

在湛江、江门、汕头、汕尾、惠州等市实施海岸湿地、宜林滩涂退养还滩、退养还林，实施红树林造林示范基地和红树林种苗繁育基地；在深圳、珠海、汕头、汕尾黑脸琵鹭实施栖息地恢复工程；实施水松、香根草、野生稻、药用野生稻、曲江罗坑山地沼泽的恢复工程。逐步修复退化湿地生态系统，恢复湿地生态功能，提高湿地碳汇能力，实现湿地资源的可持续利用。

3. 加强湿地监测和调查

利用现有的数据库和“3S”技术，建立基本覆盖全省重要湿地的监测网络，开展湿地生态动态监测，为湿地科学保护管理提供实时的数据信息支持。对湿地的面积、水质、动植物、生态状况和功能进行动态监测，为保护管理提供决策依据。建立由自然保护区和湿地监测机构、湿地科研单位、院校组成的多级信息网络体系。

4. 推进湿地资源综合管理

严格遵守《广东省湿地保护条例》，积极推动《广东省湿地保护工程规划》实施，引导地方各部门对湿地的开发利用树立全局观念。建立健全各级湿地管理机构，成立各级湿地执法队伍，制定湿地管理办法，加强湿地类型自然保护区、湿地公园和保护小区建设。全面提升湿地综合管理水平，实现湿地生态系统的良性循环、湿地资源的可持续利用。

（四）国家公园建设大行动

《中共中央关于全面深化改革若干重大问题的决定》明确提出深化生态文明体制改革，并首次提出建立国家公园体制，这标志着国家公园建设已作为生态文明建设的重要举措被提升至国家战略层面。根据《广东省推进改革先行先试的实施方案》（粤委办〔2014〕23号），争取开展建立国家公园体制试点已列为广东省重要改革事项。积极推动国家公园建设，可解决全省自然生态整体性和建设管理分割性之间的现实矛盾，妥善处理资源保护与合理利用的关系。

1. 国家公园试点

为贯彻落实国家和省重大战略决策，省林业厅制定《关于推进广东省国家公园（省立）试点建设工作的意见》和《广东国家公园（省立）体制综合改革工作方案》。在总结借鉴国外的体制建设和管理模式的基础上，重点研究制定国家公园建设发展的方针政策和保障措施，抓紧抓好国家公园建章立制工作，制定广东省国家公园发展规划，加快推进国家公园体制建设试点，尽快出台广东省国家公园申报管理办法和建立国家公园试点的基本条件，研究制定广东省国家公园建设、管理、监测、评估等系列管理规范和技术标准，认真做好国家公园试点单位筛选，精选2~3个作为试点，鼓励地方政府启动试点申报工作。同时，积极争取将广东省列为建立国家公园体制试点省之一。

2. 森林公园建设

以森林风景资源为依托，以社会需求为导向。根据分类经营、分区突破、协调发展的原则，进一步建设好森林公园，保护全省珍贵的自然和文化遗产，为社会提供更丰富、更高品位的旅游产品；发展森林旅游业，推动林业产业结构的合理调整，培育新的经济增长点，促进经济社会全面发展；通过生态文化建设，塑造生态良好、山川秀美、经济繁荣、人与自然和谐相处的美丽广东。到规划期末，在全省范围内建立一个分布合理、类型齐全、管理科学、凸显地域文化、综合效益良好的森林公园体系。全省新增省级以上森林公园13个、市森林公园32个、县森林公园65个、镇森林公园423个，新增总面积2.6万hm^2以上。

3. 湿地公园建设

在现有空间布局的基础上，通过在合适区域新建湿地公园和将部分现有的以湿地为主题的公园(游览区)发展建设成湿地公园的途径，逐步扩大湿地公园范围，提高湿地公园建设管理水平，基本建立起布局合理、类型齐全、特色明显、管理规范的湿地公园体系。努力恢复全省国家重要湿地的自然特性和生态功能，大力宣传岭南湿地文化，为公众提供湿地保护、科普、游览场所。规划全省新增湿地公园168处，新增面积7.1万hm^2。与湿地自然保护区一道构成生态功能稳定的国家重要湿地，红树林、水松林、珍稀水鸟的栖息地、重要水生动物生态廊道得到保护和恢复，湿地净化水质、生物多样性保育的生态功能逐步发挥。

(五)绿色惠民产业大行动

优化第一产业，加大特色基地林建设力度，建设用材林、原料林、无公害经济林、苗木花卉、珍贵树种和大径级木材培育等生产基地，增强林业资源储备和林产品市场供给能力。提升第二产业，加快发展各类林产品加工业，延长产业链条，提升产业附加值，打造林业产业强力板块，做大产业聚集效应，全力抓好林产化工、家具、人造板加工业，打造珠三角林产品制造加工业集群，争取每年10家以上企业进入全省龙头企业行列。拓展第三产业，立足当前生态建设的需要和人们对生态产品的多重需求，大力发展森林旅游产业、苗木花卉产业、经济林产业、木本粮油产业，筹建肇庆、河源、梅州等知名的林产品物流基地和专题市场，在发展潜力大的中心城市筹划建设一批综合性强、功能多、品种全的现代化花卉林产品交易中心和特色林产品集散地，积极培育新兴林业经济新的增长极。

1. 短轮伐期工业原料林基地

通过发展短轮伐期工业原料林，解决当前林产工业原料供应不足的现状，缓解林产品供需矛盾，减轻木材市场需求对生态建设的压力，保障生态建设工程的顺利实施。建设以桉树、相思类、黎蒴、南洋楹为主要树种的短轮伐期工业原料林基地36.0万hm^2。

2. 速生丰产林基地

通过选择速生、丰产、优质、高效的树种，利用较少的林地，集约经营，科学管理，最大限度地提高林地生产力和林分生长量，提供满足国民经济建设和公众物质文化生活需要的木材及林副产品。建设以松、杉和普通阔叶树为主要树种的速生丰产林基地20.0万hm^2。

3. 油茶林基地

着力加强现有油茶低产林抚育和更新改造，在宜林荒山荒地建设高产油茶林基地，选择国家和省级林木品种审定委员会审(认)定通过的油茶良种，并配套丰产栽培管理技术，加强新造油茶林的抚育管理。新建23.3万hm^2油茶林基地。

4. 珍贵树种基地

优化珍贵树种用材林培育技术，大力培育珍贵树种，在肇庆、云浮、阳江、茂名和湛江等地建设以印度檀香、降香黄檀、红锥、竹柏、穗花杉、秃杉、紫檀、沉香、柚木、香樟和优质乡土树种为主的珍贵树种基地6.0万hm^2。

5. 林木种苗基地

紧紧围绕林业重点生态工程，坚持种苗优先、以推进林木良种化进城和提高林木种苗质量为根本。规划建设4.5万hm^2林木种苗与花卉基地。

6. **竹林基地**

规划建设以茶秆竹、麻竹、毛竹等为主的竹林基地25.0万hm^2。

7. **名特优稀经济林基地**

规划建设以肉桂、龙眼、荔枝、八角、橄榄、茶叶、青梅、板栗、中华猕猴桃等为主的名特优稀经济林基地7.0万hm^2。

8. **林下经济示范基地**

积极引进和培育龙头企业，鼓励企业在贫困地区建立基地，因地制宜发展品牌产品，加大产品营销和品牌宣传力度，形成一批各具特色的林下经济示范基地。全省林下经济发展面积280.0万hm^2。

9. **市场流通体系建设**

积极培育林下经济产品的专业市场，加快市场需求信息公共服务平台建设，健全流通网络。支持连锁经营、物流配送、电子商务、农超对接等现代流通方式向林下经济产品延伸，促进贸易便利化。规划建设4个以上大型家具专业市场和配套的物流园区，推动“广东国际木材交易中心”项目建设。

（六）林业防灾减灾大行动

提升林业防灾减灾能力是恪守林业生态红线的重要措施，也是保护人民生命财产安全与国土生态安全的重要保障措施。根据国家对森林防火的总体要求，大力建设森林防火预防、扑救、保障三大体系，进一步加强森林防火基础设施建设，提高森林防火装备水平，力争到2020年基本实现火灾防控现代化、管理工作规范化、队伍建设专业化、扑救工作科学化，森林防火制度化，使全省年均森林火灾受害率控制在1‰以下。加强林业有害生物防控体系建设，以基层林业有害生物监测站点、林业有害生物灾害应急储备库建设为核心，健全省、市、县、镇四级监测预警网络，完善林业有害生物监测预警、检疫御灾、防治减灾和服务保障体系，从整体上提高林业有害生物灾害预警、防灾减灾控灾能力。

1. **森林火险预警系统建设**

在原有森林火险因子监测站的基础上，在重点火险区、风景名胜区和自然保护区等森林防火重点区域，加密建设620个火险要素监测站和620个可燃物因子采集站。新建1700套林火远程视频监控系统。购置700辆巡护车辆和定位仪、望远镜等巡护瞭望设备一批。

2. **森林防火道路与阻隔系统建设**

新建森林防火道路2万km，修复改造防火道路3万km，新造生物防火林带9万km，新建和修复改造防火阻隔带6万km。

3. **通信与信息指挥系统建设**

完善卫星通讯网，新建VSAT卫星固定站和VSAT便携站各350套，加强火场应急移动通讯建设，新建固定基站（中继站）、背负台、基地台各1700套，新建短波通信网固定台、车载台、背负台各700套，购置通信车350辆。完善省级森林防火信息指挥系统和地理信息系统，建立和完善21个市级和140个有林地县（市、区）森林防火信息指挥系统和森林防火地理信息系统。

4. **森林防火装备与设施建设**

在省航空护林站配置建设1个移动航站，在清远、云浮、茂名、揭阳、汕尾5个地级市各新建1个森林航空消防基地，建设100个直升机临时起降点。通过实施重点火险区综合治理项目和申请地方专项资金，加强森林消防队伍专业化建设，有森林防火任务的县(市、区)都要组建森林消防专业队，加强森林消防队伍装备建设，大力推广以水灭火和风力灭火，购置森林消防水泵、水带、风力灭火机等扑火机具装备。购置森林消防水车250辆、普通运兵车450辆、越野运兵车6辆，宣传车1200辆。建立森林消防队伍营房90座，森林防火物资储备库100座。

5. **林业有害生物灾害综合治理**

在主要林业有害生物发生分布区实施松材线虫病、薇甘菊、松突圆蚧、松毛虫、椰心叶甲、刺桐姬小蜂、萧氏松茎象、红棕象甲和竹蝗等重大林业有害生物灾害综合治理，减轻灾害造成的损失，防止灾情向外扩散蔓延；在主要林业有害生物发生分布区外围以及重点风景名胜区、自然保护区、重点生态林区等区域，积极采取监测、检疫、隔离等预防性措施，防止重大林业有害生物的传入和灾害发生。

6. **林业有害生物防治基础设施建设。**

构建林业有害生物监测预警、检疫御灾、防治减灾和服务保障体系，建设林业有害生物灾害应急贮备库，分年度贮备灾害应急防控物资，配备必要的防控设施、装备，从整体上提高林业有害生物灾害减灾、控灾能力。分批开展广东省应急防控体系、珠江防护林、薇甘菊防控等体系基础设施建设项目。一是监测预警体系，补充完善省级监控中心设施设备1套、立体监测系统及设备1套，完善地理信息系统、卫星影像图和林业小班线图，林业有害生物数据信息管理和分析及预测预报系统，建设航拍数据接收与传输平台等，新建30个省级监测站，为县级防治示范点、国家级中心测报点等配备或更新51套监测预警设备。二是检疫御灾系统。为全省各级森防机构配备150套检疫执法装备，建设50个检疫除害处理中心(疫木安全处理等)，配置疫木远程监控系统、综合实验设施和远程诊断、检疫执法、除害处理等设施设备；建设检疫监管设备10套，配备隔离试种苗圃等的远程监管设备；完善检疫追溯系统，建设检疫追溯示范点8个等。三是防灾减灾体系，建立防治示范站17个，建立健全应急防控专业队伍20支，配备交通工具和应急除治设备；建设区域灾害应急防控保障基地30个(省级3个、地级市21个、重点县6个)，研发应急物资管理系统，购置基层防控设施设备等。

7. **林业有害生物防治服务保障体系建设**

在《植物检疫条例》《森林病虫害防治条例》修订的基础上，修订《广东省森林病虫害防治实施办法》《广东省植物检疫实施办法》。完善灾害应急预案体系，修订灾害应急预案。填充疫情数据库，开展电子防治库和手持终端仪，进一步完善网络森林医院建设。制订检疫员着装制度、检疫车辆管理制度等，完善制度管理体系。完善林业有害生物测报与防治数据库，编制森防信息化标准、林业有害生物防治工程造价等10项标准；大力开展有害生物防控关键性技术、入侵性有害生物应急除治技术以及测报、检疫和防治新技术等20项研究。轮训全省各级专业技术人员和防治施工、监理等专业人员，实施培训项目100期，10 000人次。

（七）智慧林业建设大行动

充分利用物联网、云计算、大数据、移动互联网等新一代信息技术，推进智慧林业建设。实现森林资源的信息化管理、自动化数据采集、网络化办公、智能化决策与监测；实现林业系统内部各部门之间及其他部门行业之间经济、管理和社会信息的互通与共享；实现林业信息实时感知、林业管理服务高效协同、林业经济繁荣发展；实现林业客体主体化、信息反馈全程化，实现智慧化的林业发展新模式。

1. 加快构建智慧林业管理体系

推进林业新一代互联网、林区无线网络、林业物联网建设。有序推进以遥感卫星、无人遥感飞机等为核心的林业“天网”系统建设。打造统一完善的林业视频监控系统及应急地理信息平台。加大云计算、大数据等信息技术创新应用，推进林业基础数据库建设，形成全覆盖、一体化、智能化的林业管理体系。建设广东省林火远程视频监控系统，通过分布的远程视频监控点，建立一套智能林火监控系统，包括林火监测采集子系统、传输子系统、指挥中心系统、视频监控管理平台、基础（铁塔、供电、防雷）设施等，实现森林防火的智能预警，实现森林火灾的早发现、早扑灭。

2. 努力提升林业信息化服务水平

建设林业信息公共服务平台、林业智慧商务系统、林产品电子商务平台和智慧社区服务系统。建立智慧营造林管理系统、智能林业资源监管系统、智能野生动植物保护系统、林业重点工程监督管理平台，以及林业网络博物馆、林业智能体验中心等。加强林业信息化标准建设和综合管理，不断完善林业信息化运维体系和安全体系。

（八）国有林场改革大行动

2010 年国务院第 111 次常务会议专门研究了国有林场改革问题，2012 年政府工作报告提出推进国有林场体制改革，2013 年中央 1 号文明确提出推进国有林场改革试点。按照国务院的统一部署，国家成立了由国家发改委和国家林业局牵头，中央编办、民政部、财政部、人力资源社会保障部、住房城乡建设部和银监会参与的国有林场和国有林区改革工作小组，统筹推进国有林场改革工作，并选择河北省、浙江省、安徽省、江西省、山东省、湖南省和甘肃省开展国有林场改革试点。工作小组已就国有林场改革试点方案达成共识，等待批复。目前，全省国有林场仍然普遍存在着定位不准、体制不顺、机制不活、政策支持不到位等制约问题，导致林场普遍陷入职工生活困难、基础设施落后、林场经济危困、债务负担沉重的困难境地。通过推进国有林场改革，科学界定国有林场属性，明确国有林场功能定位；理顺国有林场管理体制，明确国有林场管理职责；完善国有森林资源监管体制和政策支持体系；创新国有林场公益林管护机制等。

1. 稳步推进国有林场改革

加强全省国有林场基本情况调查摸底工作，推进改革的相关工作，待国家关于国有林场指导意见出台后，启动广东省国有林场改革。根据国家和省确定的国有林场改革总体思路稳妥推进国有林场改革，逐步建设起符合现代林业和适合国有林场发展的管理体制，进一步完善经营机制，充分发挥国有林场在广东省林业生态建设中的重要作用。国有林场改革的关键是完善和创新国有林场管理体制，创新经营机制，规范运行管理，妥善处理历史遗留问题，使森林资源得到有效保护和发展，使国有林场生态和社会功能明显增强。

2. 国有林场职工补助

根据2011年《国家发展改革委办公厅、国家林业局办公室关于印发开展国有林场改革试点的指导意见及组织申报国有林场改革试点工作的通知》、2013年《中共广东省委广东省人民政府关于全面推进新一轮绿化广东大行动的决定》，用3~4年时间，在全省国有林场范围内实施。根据财政部、国家林业局关于《中央财政林业补助资金管理办法》(财农〔2014〕9号)精神，由财政部对开展改革的国有林场进行一次性补助，补助标准按照国有林场职工人数(包括在职职工和离退休职工)和林地面积两个因素分配，其中：每名职工补助2万元，每亩林地补助1.15元。

3. 省属林场木材战略储备

加大对森林资源培育力度，对现有低效生态公益林通过改种、套种提高林分生态效能，种植珍贵树种和乡土树种，人工模拟恢复广东省亚热带森林生态，提升森林质量和生态功能，为社会提供优质森林生态环境。加强中幼林抚育，结合国家森林抚育项目资金加大对森林进行抚育，利用5~10年时间实现省属林场森林蓄积量翻番，同时利用中央财政木材战略储备项目资金，重点打造以珍贵阔叶树为主的木材储备基地，优化资源结构和保障国家木材安全。

4. 国有林场危旧管护用房改造

根据《国家林业局国有林场和林木种苗工作总站关于开展国有林场危旧管护用房调查摸底的通知》要求，组织各级林业主管部门开展了国有林场危旧管护用房调查摸底工作。经统计，全省共有125个国有林场、713个管护站需要进行改造，其中原址重建302个、异地新建95个、维修改造316个。同时争取启动林场“村村通自来水工程”建设、供电设施进行升级改造建设、林区常用道路硬底化等项目。

(九)平安林区建设大行动

根据创建平安广东的总体部署，围绕加强生态文明建设的整体布局，深入推进林区平安创建工作，通过深化改革、完善制度，健全服务、规范管理，建立健全政府主导、群防群治的主动治理山林纠纷、森林火灾、有害生物、乱砍滥伐林木、乱捕滥猎动物、乱征滥占林地的工作机制，为实现广东“三个定位、两个率先”的总目标提供生态保障。

1. 建立健全部门联动协调机制

充分发挥公安、检察院、法院和林业部门联合执法作用，构筑立体防控管理体系，有针对性地组织开展专项行动，严厉打击涉林违法犯罪行为，切实维护林区平安稳定。

2. 建立涉林风险预防和应急处置机制

建立健全涉林突发性事件隐患评估和应急处置机制。建立涉林犯罪打击、安全生产监管、野生动物疫源疫病监测、有害生物防治、森林资源监管、山林纠纷治理、森林防火指挥的现代化防控体系，强化森林公安、森林消防、林业检疫队伍专业化和装备现代化建设。大力加强林业有害生物监测预警体系、检疫御灾体系、防治减灾体系、应急反应体系建设。

3. 积极探索完善保障机制建设

发挥山林纠纷调解专家委员会作用，建立引入专家会审把关、破解疑难复杂案件的工作机制，建立健全山林纠纷调处机构，探索建立山林纠纷调解专员制度。争取各级财政支持，探索建立广东省林业纠纷化解激励机制，营造敢于攻坚碰硬、勤于为民服务的主动化解林业问题的氛围。

（十）生态文明宣教大行动

加强生态文明宣传教育，凝聚和营造有利于环境保护的社会意志和社会氛围，激发环境保护的社会监督和社会自觉，争当生态文明建设的引领者和实践者。推动生态文明建设从顶层设计开始，使公众生态文明意识普遍增强，生态文明观念广泛传播。

1. **开展生态文明宣教活动**

以植树节、森林日、湿地日、荒漠化日、爱鸟周等重要时段为契机，集中开展主题宣传活动；加强优秀生态文化典籍编纂出版工作；积极推进市树、市花评选命名。

2. **夯实生态文明建设基础**

加强生态文明宣教基地建设，丰富森林公园、湿地公园、自然保护区、生态文化博物馆、森林体验教育中心等文化载体，提升生态文化公共服务水平。加强生态文化传播体系平台建设，为公众提供丰富多样的生态文化创意产品与服务。

3. **充实生态素质教育内容**

增强生态意识培养，增加与生态文明紧密相关的教育内容，尤其是生态史观、生态文明、生态保护与安全教育等。提高公众的生态素质和道德修养，把经济社会的发展建立在保护生态和节约资源，促进人与自然和谐发展的基础上。

4. **加强生态法制宣传**

利用报刊、广播、电视等各种大众传播媒体，加强国家、省、市颁布的各种有关生态建设和保护的法律、法规宣传，增强人们尊重自然、保护生态的法制意识，减少破坏生态的违法行为发生，切实维护和改善人们赖以生存的生态系统。

三、主要政策和资金需求

（一）全面深化集体林权制度改革

目前，全省共完成宗地确权面积940万 hm^2，林地确权率为96.9%，各项配套措施也有不同程度的推进。继续巩固完善集体林权确权登记发证工作，确保“机构不撤、人员不减、工作不断”，特别是20个重点县，要抓好林权登记发证扫尾工作。加快推进林权管理信息系统建设，加强林改档案管理，规范林地林木流转，进一步完善林权社会化服务体系，实现林权管理信息化、常态化、制度化。积极发展林下经济，研究测算广东省合适的林地产出率，狠抓林业专业合作组织建设，促进林业经营标准化、集约化、规模化发展，为林农增收致富拓宽渠道。将林木采伐管理改革作为集体林权配套改革的重要内容，积极探索符合广东实际的相关政策和办法，巩固集体林权制度改革成果。创新林业治理机制，切实赋予林农应有的经营自主权和财产处置权，充分调动其造林育林护林积极性。

（二）推进林业碳汇交易机制建设

目前，林业碳汇已写入了《广东省碳排放管理试行办法》，纳入碳排放权管理机制，为开展林业碳汇抵排交易奠定了制度基础。要抓紧推动广东省首例林业碳汇交易(广东长隆碳汇造林项目)，选择厅直属国有林场适时开展森林经营碳汇项目开发，推动森林经营碳汇交易。进一步加强林业碳汇交易机制研究，扩大省内林业碳汇交易项目的储备量，加强交易项目的后续管理，推动林业碳汇的可持续发展。加强宣传，研究出台扶持政策，鼓励、支持社会企业和个人开展碳汇造林项目的建设和交易申报工作，体现广东省在政策机制上的率先突破和先行先试。

(三)编制自然资源资产负债表

编制自然资源资产负债表对提高林业管理水平具有重要意义，也是各级领导干部离任审计的重要内容。积极与国家林业局和省统计局、国土资源厅、水利厅等部门沟通协调，密切配合，部署开展实物资产负债表编制等相关方面的研究工作。开展新一期森林资源二类调查工作，在广州、深圳、珠海、佛山、东莞、中山6市试点工作的基础上，在全省范围内铺开，准确摸清全省森林资源和生态状况的本底，为编制自然资源资产负债表提供基础数据。

(四)加强林业站所和防火队伍建设

建设机构稳定、经费财政解决、站房站貌整洁规范、队伍素质优秀出色、规章制度统一、办事程序规范、站务公开统一、办公自动化、信息网络化、基层管理现代化、具有优秀法制水平和科技水平的新型林业站。加强重点木材检查站建设管理，整合现有木材检查站，进一步优化布局，规范执法检查行为，为落实集体林采伐管理改革有关政策创造良好环境和氛围。重点木材检查站要加强基础装备、人员素质和执法水平建设，肩负起木材流通环节的监督管理责任。改善森林公安交通、通讯设施和技术侦查、防护器材及基层单位业务技术用房、办公自动化设备条件，加强森林公安民警业务培训，提高森林公安机关侦查破案能力及民警自身防护水平，提高森林公安工作效率。争取将森林公安等基层执法单位业务技术用房等基础设施建设和执法设备配备列入国家基本建设投资，改善基层执法单位的办案条件。加强专职护林员队伍建设，对明确的护林员队伍实行补助，出台专职护林员队伍建设与管理办法。从2014年起，省财政安排专项资金，对粤东西北地区安排护林员队伍建设给予补助，由各地按照300元/(月·人)标准，与当地自筹资金统筹落实到人。对粤东西北地区森林消防专业队伍建设与装备水平给予补助。

(五)加强林业科技支撑体系建设

深化林木良种繁育、林木种苗、森林食品、林下经济、森林灾害防控、生态修复、林业生物质资源利用、木竹加工和森林文化等领域的科技创新平台建设。构建林业科技创新平台，加强林业科技示范基地建设。建立健全林业技术标准体系和林业质量检验检测体系。开展标准化教育培训，尽快培养一批既具有标准化知识、又掌握专业技术的推广队伍，建立和完善省、市、县、乡镇四级林业科技推广机构，鼓励林业科技人员深入基层，扶持发展基层林业技术推广专业服务组织，形成林业科技机构与社会各方面力量共同参与、无偿服务与有偿服务相结合、专业性队伍与社会化服务组织相结合的新型林业科技推广网络。

(六)持续加大林业生态工程资金投入

一是继续向国家林业局争取资金支持广东省沿海防护林、珠江防护林、天然林资源保护、溶岩地区石漠化综合治理、防沙治沙、森林抚育、自然保护区建设管理、野生动植物保护、湿地保护和农业综合开发等专项工程的建设。二是健全林业补贴制度，争取国家林业局加大对广东省林木良种、造林和林业机械等补贴力度，探索出台适合广东省的木本粮油、珍贵树种培育、木材战略储备、生物质能源等林业产业的补贴政策。三是扩大湿地保护补助范围，积极申报申请中央湿地补偿资金，提高补助标准，提高补助资金的使用效率，逐步建立湿地生态补偿制度。四是完善生态补偿制度，落实市、县(区)配套补偿资金，按森林生态服务功能高低和重要程度，实行分类、分级的差别化补偿，建立生态补偿逐年递增机制。五是提高省级财政政策性森林保险保费的补贴规模、范围和标准，鼓励形成政策性保险与商业保险相结合的森林保险体系。六是鼓励企业捐资造林，积极引导社会资金参与广东省碳汇林业、经济林产业、油茶产业的建设。七是争取将森林公园体系建设发展纳入国民经济与社会发展规划；将森林公园基础设施建设列入基本建设投资项目；争取设立森林公园建设专项补助资金，建立森林公园基础设施建设补助常态化长效机制。八是创新林业重点生态工程管理模式，尽快出台全省林业工程招投标管理办法，重点加强工程规划设计、造林施工、工程监理三个环节的招投标工作。

第二节　珠三角地区生态安全体系一体化规划思路

为贯彻落实好党的十八大关于建设生态文明的重大战略部署，建设美丽幸福广东，珠江三角洲地区将在基础设施建设一体化、环境保护一体化、城乡规划一体化、产业布局一体化和基本公共服务一体化等方面建设的基础上，依据“广东林业生态文明建设战略研究”成果，结合珠三角生态文明建设实际，提出区域生态安全体系一体化规划思路，以推进区域生态安全体系一体化建设，进一步提升区域生态安全的保障能力和管理水平，为区域经济社会的可持续发展提供生态保障与环境支撑。

一、建设现状及存在问题

(一)建设现状

改革开放以来，珠江三角洲地区率先探索生态文明发展道路，在生态保护、生态建设和生态修复等方面取得显著成效，为区域实现可持续发展奠定了坚实的生态基础。

1. 森林生态状况总体良好

珠江三角洲地区森林面积274.81万hm^2，生态公益林面积90.14万hm^2、占林地面积的32%，森林覆盖率为50.35%，森林蓄积量12 202.11万m^3，森林碳储量31 910.08万t，林业产业产值3628.63亿元，已建各类森林公园220处、湿地公园3处。林地、湿地保护力度得到加强，森林面积和质量不断提升，野生动植物保护体系逐步形成，生物多样性保护得到进一步加强，森林生态状况总体良好。

2. 城市生态系统基本稳定

城市建成区绿地率为 37.11%，绿化覆盖率为 41.72%，人均公园绿地面积达 15.97m^2。区域共建成绿道7976km，包括2372km省立绿道和5604km城市绿道。已建省级以上风景名胜区10处、地质公园3处、世界文化遗产1处。建成区绿地率和人均公园绿地面积逐年增加，休闲绿地面积不断扩大，城市生态系统基本稳定。

3. 生态环境保护取得新进展

实施了节能减排、治污保洁、珠江综合整治等一批重大工程，环境质量总体保持良好。大江大河干流和主要水道水质保持良好，江河段水质优良率、饮用水源水质达标率、污水处理能力和城镇生活垃圾无害化处理总量等指标得到提升。空气主要污染物年均浓度得到有效控制，逐步建成区域空气监控网络等，生态环境保护成效显著。

4. 国土矿山生态修复和水土流失治理取得一定成效

采矿、采石场、垃圾填埋场等的整治和复绿工作进展顺利，国土矿山生态修复和水土流失治理工程成效显著，2012年退化土地治理率达60%。同时，依法监管人为造成水土流失的行为，局部地区生产生活条件得到改善。

5. 耕地资源流失得到基本控制

区域实行最严格的耕地资源管理制度，完成基本农田保护红线划定，管理措施有力，耕地资源保护取得显著成效。目前，区域耕地面积为80.69万hm^2，占陆地国土面积的14.74%。农业生产条件大大改善，特色优势农业蓬勃发展，农业效益显著提高，社会主义新农村建设初见成效。

6. 海洋生态环境恶化趋势得到缓解

实施海洋生态修复、整治工程，汕尾品清湖、湛江特呈岛、惠东考洋洲、饶平柘林湾等海域修复整治效果明显。开展水生生物养护，建设人工鱼礁及增殖放流，规划建设海洋自然保护区、特别保护区、海洋公园及水产种质资源保护区，珠江口海洋自然保护区总数达24个，有效保护海洋生物多样性和海洋生境。建立海洋生态环境监测监视网络，在区域范围内开展常规性、赤潮、放射性等项目监测，加强海洋环境保护的监管。目前，区域近岸海域水环境质量达标率为85%、重要海洋生态灾害监控率为50%、重要生态系统保护率达80%。

7. 水资源保护和利用得到了加强

实行最严格水资源管理制度，实施农田水利万宗工程、千里海堤加固达标工程、千宗治洪治涝保安工程和村村通自来水工程建设，成效显著。东莞还率先实施九库联网工程，战略性储备水资源，为区域提供了先行先试的典范。

(二)存在问题

珠江三角洲作为人口密集区和经济发达地区，随着社会经济和城市化的快速发展，各种生态危机风险因素明显增多，生态安全仍面临着威胁和挑战。

1. 区域自然生态空间减少和破碎化

近30年，珠江三角洲地区城市化及工业化的快速发展带来非农建设快速增长。据统计从1988~2010年建设用地由1765.30km^{2}扩展到8790.21km^2，增长了4倍多，年均增长率达7.57%，占用了大量耕地、林地和水域等生态用地，海陆之间的生态过渡带、山体边缘过渡带、重要的河流生态廊道等被不合理的人为破坏和截断，导致区域内自然生态空间日趋破碎化。1990～2006年，珠江三角洲土地利用景观斑块数量由22 253个增至30 838个，平均图斑面积由185.31hm²/个减至2006年的133.72hm²/个，破碎化指数由1992年的0.5396增至2006年的0.7478。

2. 区域生态系统功能有待提升

珠三角不合理的人类活动对区域生态系统造成严重的破坏和干扰，森林生态系统、农田生态系统、海洋生态系统、湿地生态系统及城市生态系统等的生态服务功能逐年下降。至2012年年底，区域森林覆盖率为50.35%，但林种、树种结构单一，以马尾松、杉树和桉树纯林为主的森林面积达432万hm²、占乔木林总面积的45.9%，森林生态功能相对较好的一、二类林仅存68%左右，森林生态系统的生态防护功能及生态调节功能不高。城市内部人工植被不断代替天然植被，造成城市物种多样性单一，城市内部的生态系统自我调节能力变差，形成"热岛""干岛""浊岛"等一系列城市生态问题。

3. 区域环境污染问题仍较突出

粗放的土地利用模式和高强度的开发模式，环境污染问题已成为制约珠三角可持续发展的重要因素。2011年，珠江三角洲地区劣于Ⅲ类水的河长占51.3%（劣于全国平均水平34%），其中劣Ⅴ类水河长占28%，水功能区个数达标率为53%，流域河长达标率为39.9%。珠江三角洲地区大气环境质量总体下降，排放的大量二氧化硫、氮氧化物与挥发性有机物，导致细颗粒物、臭氧、酸雨等二次污染加剧，呈现出酸雨频率高、臭氧浓度高、细颗粒物浓度高和灰霾天气严重的"三高一严重"的区域性大气复合污染新特征。珠江口海洋污染日益扩散，每年通过八大口门携带上百万吨的污染物入海，入海口水质常年处于较重污染状态，79.2%的监测站位无机氮含量超过第四类海水水质标准，12.5%的站位活性磷酸盐含量仅符合第四类海水水质标准。

4. 区域生态赤字普遍存在

生态足迹的分析结果显示，2009年，珠江三角洲地区的人均生态足迹为2.298hm²，与全球平均值2.763hm²接近，比全国平均水平（1.547hm²）、长三角（1.351hm²）都高，而实际生态承载力为0.170hm²/人，人均生态赤字为2.128hm²。区域生态压力指数为13.51，其中，肇庆、江门、惠州市的生态压力相对较小，广州、佛山、中山、珠海处于中等水平，东莞的生态压力较大，深圳的生态压力（46.17）最大。

5. 区域生物多样性保护压力增大

区域生物多样性投入不足，管护水平有待提高，基础科研能力较弱，应对生物多样性保护新问题的能力不足，全社会生物多样性保护意识尚需进一步提高。生物资源过度利用和无序开发对生物多样性的影响加剧。生物栖息地破碎化和孤岛化，使得野生动植物赖以生存繁衍的栖息地受到破坏。自然保护区网络不完善，目前区域内有25%～30%的野生动植物的生存受到威胁，高于世界10%～15%的水平。环境污染对水生和河岸生物多样性及物种栖息地造成影响。外来入侵物种和转基因生物，增大了生物安全的压力。

6. 一体化管理体制机制有待完善

区域内相关部门及各级政府间缺乏信息共享，难以整体协调，各类专项规划之间缺乏衔接，生态安全体系建设标准难以统一。生态安全一体化监测、监管等机构不健全，一体化保障能力薄弱，突发性环境事件预警、防控等机制尚未完善。

二、总体思路

以科学发展观为指导，全面贯彻落实党的十八大、十八届三中全会及省委十一届二次全会精神，通过省市间配合，城市间联合，部门间协作，统筹区域自然生态系统建设，构筑以北部连绵山体、珠江水系和海岸带为主要框架的区域生态安全格局。针对珠江三角洲地区当前生态安全突出问题，以维持自然生态系统整体性和健康为出发点，加大生态保护、生态建设和生态修复力度，完善预警监控机制和区域联动机制，提升区域生态保障能力和管理水平，最大限度降低生态危机发生风险，提升社会经济的可持续发展能力，为珠江三角洲地区发展探索出一条生产发展、生活富裕、生态良好的生态文明发展道路。

（一）基本原则

1. 统筹兼顾、重点突破

生态安全体系建设是一项涉及多行业、多部门、多层次、跨行政地域的系统工程，必须要按照区域经济发展一体化要求，坚持区域统筹、流域统筹、陆海统筹、城乡统筹、保护与利用统筹，形成区域生态安全管理新模式。分阶段、分步骤，突出重点，以点带面，优先推进矛盾突出、影响广泛的重点区域和重点工程，力争在短时期内能取得明显成效。

2. 突出保护、强化建设

针对珠江三角洲地区生态安全问题，突出生态保护，优先保护自然生态系统的整体性和健康性，维护生物多样性。同时，加强生态建设，以自然修复为主，科学开展人工造林和抚育改造，促进人与自然和谐发展。在保护中建设，在建设中保护，切实加强综合治理。

3. 立足当前、着眼长远

坚守生态底线，着眼于解决当前生态安全突出问题，加强生态保护，恢复和重建严重受损的生态系统，遏制生态环境恶化趋势，以满足当前社会经济持续发展的生态需求。同时，按照人口资源环境相均衡、经济社会生态效益相统一的原则，以“社会进步，经济增长，生态安全”为标准，全面推进生态安全体系一体化建设，形成人与自然和谐发展的现代化建设新格局，满足提高全体人民的生活质量和幸福感。

4. 协调联动、齐抓共管

按照自然生态系统、珠江流域以及海岸线生态安全建设的整体性和系统性要求，建立区域生态安全体系一体化建设的协调联动机制。深化广佛肇、深莞惠、珠中江三个经济圈的内部合作，明确职责，细化目标，稳步推进生态安全体系一体化建设。

5. 创新机制、先行先试

充分发扬珠三角改革开放试验区的创新精神，勇于实践，先行先试，大胆探索区域生态安全一体化建设的新体制、新机制、新政策、新模式，走出一条具有珠三角特色的生态文明建设新道路。

（二）规划目标

（1）到 2015 年，区域生态安全体系基本确立，生态红线初步划定，生态保护得到加强，生态环境恶化趋势得到基本遏制，部分严重受损的重要生态系统得到初步恢复和重建，生态安全体系一体化体制机制初步建立。

(2)到2017年，区域生态安全格局基本形成，各类受损生态系统全面恢复，生态建设跨上新台阶；水、空气等主要污染物排放得到有效控制，生态环境质量明显改善；探索上下游之间、生态屏障圈与城市核心区之间的生态补偿机制；区域间的互动合作机制取得实效，生态安全体系一体化体制机制基本完善。

(3)到2020年，区域生态安全格局不断优化，国土开发强度得到合理控制，生产、生活、生态空间质量同步提升；生物多样性得到切实保护，生态系统安全保障程度明显提高；生态建设成效显著，环境质量接近或达到世界先进水平；海陆统筹开发跨上一个新台阶，海洋国土可持续发展能力显著增强。生态系统步入良性循环，区域生态安全体系一体化体制机制政策体系健全、高效运行。

表1　珠三角生态安全一体化规划具体指标

序号	指标名称	现状	目标值		
			2015年	2017年	2020年
1	森林覆盖率(%)	50.35	51.50	51.80	52.20
2	森林蓄积量(万 m^3)	12202.11	13967.14	14984.75	16657.44
3	省级生态公益林占林地面积比例(%)	32.8	38.3	44.0	46.0
4	森林碳储量(万t)	31910.08	36785.58	41268.37	45751.16
5	森林公园数(个)	220	371	519	670
6	湿地公园数(个)	3	59	89	98
7	自然保护区数(个)	92	98	106	109
8	陆域生态功能用地规模(占国土比例,%)	18	20	25	30
9	固体废弃物综合利用率(%)	80	85	90	95
10	城镇生活垃圾无害化处理率(%)	85	87	92	100
11	环境空气质量AQI达标天数比例(%)	75.1	76	80	85
12	城镇污水处理率(%)	75	80	85	90
13	人均公园绿地面积(m^2)	15.97	16	17	18
14	建成区绿化覆盖率(%)	41.72	42	44	45
15	水功能区水质达标率(%)	67	68	75	83
16	城镇集中式饮用水源水质达标率(%)	100	100	100	100
17	耕地保有量(hm^2)	806916	806769	806475	804254
18	近岸海域环境功能区水质达标率(%)	92.6	93	94	95
19	重要海洋生态灾害监控率(%)	50	90	95	100
20	重要生态系统保护率(%)	80	90	95	100

(三)总体布局

基于珠江三角洲地区“负山、贯江、通海、卧田”的自然生态本底特征，以山、水、林、田、城、海为空间元素，以自然山水脉络和自然地形地貌为框架，以满足区域可持续发展的生态需求及引导城镇进入良性有序开发为目的，着力构建“一屏、一带、两廊、多核”的区域生态安全格局。

一屏：环珠三角外围生态屏障。以珠江三角洲西部、北部、东部的山地、丘陵及森林生态系统为主体组成的环状区域生态屏障，包括以江门恩平西部天露山区为核心的西南生态控制区、以肇庆鼎湖山—罗壳山—巢湖顶为中心的西北生态控制区，是阻止珠三角城市群往外蔓延的有效屏障，起到涵养水源、保持水土和维护生物多样性的重要作用。

一带：南部沿海生态防护带。以珠江三角洲南部近海水域、三大湾区(环珠江口湾区、环大亚湾区、大广海湾区)、海岸山地屏障和近海岛屿为主体组成的近海生态防护带，包括大亚湾—稔平半岛、珠江口河口、万山群岛和川山群岛等，形成珠三角海陆能流、物流交换纽带和抵御海洋灾害的重要海洋生态防护带。

两廊：珠江水系蓝网生态廊道和道路绿网生态廊道。珠江水系蓝网生态廊道包括区域性河流生态主廊道和河流生态次廊道两个层面，其中区域性河流生态主廊道由东江、北江、西江等3大江河构成，河流生态次廊道由流溪河、增江、顺德水道等主要支流河道构成。道路绿网生态廊道包括区域性道路生态主廊道和道路生态次廊道两个层面，其中区域性道路生态主廊道由区域性的铁路、高速公路隔离防护林带构成，道路生态次廊道由省域绿道网构成。“两种类型，两个层面”的网状廊道，能有效加强生态屏障与区域绿核之间、各区域绿核之间、各自然“斑块”之间、“斑块”和“种源”之间的生态联系，缓解交通通道和人类活动对区域生态的切割和干扰。

多核：五大区域性生态绿核。由分布于城市内部或者城市之间的山体和绿色生态开敞空间构成，包括广州帽峰山—白云区区域绿核、佛山—云浮之间的皂幕山—基塘湿地区域绿核、江门古兜山—中山五桂山—珠海凤凰山区域绿核、东莞—深圳之间的大岭山—羊台山—塘朗山区域绿核和深—惠之间的清林径—白云嶂区域绿核等，形成珠三角城市间生态过渡区域。

三、建设内容

(一)生态保护

1. 国土生态空间管控

珠三角9市要把促进生产空间的集约高效、生活空间的宜居适度和生态空间的山清水秀作为优化空间结构的总体要求，实现从重生产空间的培育向生产、生活、生态三大空间结构三者并重转型，优先提升生活空间质量，着力扩大绿色生态空间规模，加快调整生产空间结构，最终形成以优化开发和重点开发区域为主体的经济布局与城市化格局，以重点生态功能区、农产品主产区和禁止开发区域为主体的生态空间格局。发展改革、国土资源、农业、林业、水利、环保、海洋渔业、旅游等部门共同协作，利用现有的信息数据，划定生态控制线，同步建立地理空间数据库，做到边界清晰、图数一致、属性完整，为精细化管理提供准确依据。将林地、城市绿地、农用地、水域和湿地等纳入生态用地管理范畴，明确用地规模，强化用途管理，设定生态建设指标，明确各项保护制度。实行土地生态功能区分级控制，将珠江三角洲地区土地类型分为“严格保护区、控制性保护利用区、引导性开发建设区”，其中：严格保护区包括自然保护区的核心区、重点水源涵养区、海岸带、水土流失极敏感区、原生生态系统、生态公益林等重要和敏感生态功能区，面积约5058.23km^2，占珠三角土地总面积的12.13%。控制性保护利用区包括重要生态功能控制区、生态保育区、生态缓冲区等，面积约为17 482.96km^2，占珠三角土地总面积的41.93%。引导性开发建设区包括以农业利用为主的引导性资源开发利用区和城市建设开发区，面积约为19 156.85km^2，占珠三角土地总面积的45.94%。

2. **森林资源安全**

实行最严格的林地用途管制和定额管理。强化林地保护管理制度，严格执行林地保护利用规划，严格林地用途管制和定额管理，将森林覆盖率、占用征收林地定额、森林蓄积量纳入地方政府考核指标，确保森林面积占补平衡。至 2020 年，珠江三角洲地区林地面积最低保有量为 276.37 万 hm^2，Ⅰ级保护面积 61 902.9hm^2、Ⅱ级保护面积 182 319hm^2、Ⅲ级保护面积 1 767 831.1hm^2、Ⅳ级保护面积 751 600.8hm^2。强化森林防火责任制，加大森林防火宣传教育力度，加强巡山护林队伍建设。强化野外火源管理，积极开展航空护林工作，构筑全方位预防、扑救体系。加快建设森林火险监测站、森林火险因子采集站和防火物资储备库，初步构成区域性森林火险预报体系。积极推广和应用林火远程监控体系，实现全方位、立体式的森林防火监控体系。加强有害生物防治体系建设。继续开展常发危险性有害生物灾害治理，对松材线虫病、薇甘菊、桉树枝瘿姬小蜂、刺桐姬小蜂、椰心叶甲、松突圆蚧等外来有害生物和马尾松毛虫、油桐尺蠖、桉云斑天牛、桉蝙蝠蛾、桉小蠹、桉树青枯病、桉树焦枯病、黄脊竹蝗等重大有害生物采取综合治理措施，实施联防联控，保障森林生态系统的健康安全。

3. **耕地资源安全**

实行最严格的耕地保护制度和节约用地制度。严格执行土地利用总体规划和年度计划，切实落实耕地和基本农田保护目标。统筹建设占用和补充耕地规模，加大土地整理复垦力度，严格实行耕地占补平衡。编制和实施土地整治规划，推进统筹城乡区域土地综合整治，严格控制将耕地尤其是耕种条件好、质量高的耕地转为建设用地。积极开展建设用地整理复垦工作，对土地利用率低的工商企业用地、工矿等废弃地及“空心村”的土地要积极整理成耕地或农用地。设立基本农田保护示范区和高标准基本农田建设示范镇，通过典型示范，提高珠三角地区耕地和基本农田质量。按照“因地制宜、分类指导、统一规划、突出重点、连片治理、讲求实效”的原则，逐步把示范区建成“涝能排、旱能灌、渠相连、路相通、田成方、地力高”的旱涝保收的高产稳产农田。规划至 2020 年，耕地保有量 80.43 万 hm^2，基本农田保护面积达 70.57 万 hm^2。

4. **海洋资源安全**

将珠江三角洲地区海域划分为大亚湾及周边海域、狮子洋—伶仃洋及周边海域、万山群岛及周边海域、磨刀门—黄茅海及周边海域、广海湾—川山群岛及周边海域等五个管理区域，加强保护。严格依据海洋功能区划实施海域使用管理，按照海洋经济发展规划和国家产业政策，科学调控海域使用方向、规模和布局，提高海域资源开发、控制和综合管理能力。严格实施围填海年度计划制度，遏制围填海增长过快的趋势，围填海控制面积符合国民经济宏观调控总体要求和海洋生态环境承载能力，期限内建设用围填海规模控制达到规划控制性目标。保留海域后备空间资源，严格控制占用海岸线的开发利用活动。至 2020 年，保留区占近岸海域面积比例不低于 10%，大陆自然岸线保有率不低于 35%。

5. **生物资源安全**

加强区域野生动植物保护工程体系建设，重点加强华南虎、鳄蜥、猕猴、黑熊、水鹿、白鹇、黄腹角雉等珍稀雉类，虎斑鳽、黑脸琵鹭等珍稀水鸟类，金斑喙凤蝶等珍稀昆虫类，兰花、苏铁、木兰(类)、树蕨类，猪血木、丹霞梧桐等珍稀濒危特有植物类区 15 大物种(类)特别是珍稀濒危的极小种群物种的保护。开展生物多样性调查、评估与监测，摸清区域生物多样性本底。建设野生动植物种质资源保存基因库、繁育基地及全省野生动物救护体系、南方野生动植物鉴定与检测中心及植物园等。建立以国家级自然保护区为核心，以省级自然保护区为网络，以市县级自然保护区和自然保护小区为生物(生境)廊道的布局合理、类型齐全、设施先进、管理高效的自然保护网络体系。至2020年，自然保护区总数达109处，85%的国家和省级重点保护物种及典型生态系统类型得到有效保护并得到恢复和增长。

6. **水资源安全**

保障饮用水源安全，开展重要饮用水水源地达标建设，开展农村水源地综合整治试点工作，完成珠江三角洲城市应急备用水源建设，提高突发水污染等事件的应急处置能力。合理调整和整合现有供水格局，形成区域江库连通、相互补给、灵活调动的多层次供水网络。推进广佛肇水源一体化建设，规划建设珠江三角洲水资源配置工程，从西江水系向珠江三角洲东部地区引水，实现珠江三角洲东、西部地区水资源优化配置；通过优化整合佛山市水源，并与广州西江水源统筹考虑；实施广州花都北江引水工程，满足广州北部地区远期发展用水需求，为广佛地区提供应急备用水源。推进深莞惠(港)水源一体化建设，重点推进东莞市东江与水库联网供水水源工程建设，完善深圳公明、清林径调蓄工程等江库联调系统；通过优化东莞市江库联调工程体系和东江深圳东部供水工程布局，分别推进莞惠、深惠水源一体化。推进珠中江城市(镇)水源一体化建设，在充分利用珠海当地水资源和水库调蓄库容的基础上，适时把取水口上移到中山、江门市境内，并与中山、江门水源进行统筹规划，解除咸潮及水质污染对珠中江(澳)供水安全的威胁；推进江门市水库联网工程建设，逐步实现分片区联网供水。

(二)生态修复

1. **退化土地综合治理**

以保护和修复生态环境为首要任务，加快水土流失和岩溶地区石漠化防治，加强对各类损毁土地的复垦，实施土地生态环境整治示范工程。到2020年，水土保持设施建设达到防御50年一遇的防洪标准，水源涵养区水土流失治理率达95%，人为水土流失现象得到完全控制。加快实施以“一消灭三改造”为主要内容的森林碳汇工程建设，消灭宜林荒山，改造残次林、纯松林及布局不合理的桉树林，全面推进新一轮绿化广东大行动。重点对48.6万hm^2石漠化区域进行治理，采用林业、农业、水利、国土、扶贫开发等不同行业治理措施进行综合治理。对重要自然保护区、景观区、居民集中生活区的周边和重要交通干线、河流湖泊直观可视范围内(简称三区两线)，采取工程、生物等措施对采矿活动引起的矿山地质环境问题进行综合治理。

2. **珠江水系及重要饮用水源地治理**

对芦苞涌、西南涌、白坭河、茅洲河、观澜河、龙岗河、坪山河、前山河、广昌涌、佛山水道、淡水河、石马河、凫洲河等13条主要河涌以及其他156条河涌进行综合整治和生态修复。开展入河排污口点源整治，治理珠江三角洲饮用功能区中以及部分非饮用功能区排污量较大的排污口18个，整治措施为取缔入河排污口、限期整改、严格控制污染物入河量以及建立入河排污口监测网络。严格保护饮用水源，防范水源地环境风险。按照供排水格局调整方案，适度集中建立饮用水源保护区，依法科学保护饮用水源。

3. **主要湿地恢复与重建**

加强珠江水系沿线及珠江口两岸的河流和湖泊湿地资源、广州南沙和肇庆鼎湖等淡水湿地资源的保护与恢复。对典型天然湿地生态系统的湿地区域、生物多样性特征丰富、珍稀濒危野生生物集中分布的湿地、具有重要生态价值等条件的湿地资源，均应当建立湿地自然保护区予以加强保护，对不具备条件建立自然保护区的，应当因地制宜，采取建立湿地公园、湿地保护小区或者划建野生动植物栖息地和原生地等多种形式加强保护管理，通过湿地自然保护区和重要湿地的建设，恢复和完善湿地生态系统。到2020年，珠江三角洲湿地公园数量达98处，面积2.5万hm^2。完善保护站点、保护设施、巡护设施设备、宣教中心(站、点)基础设施、实验室、监测样点等，配套生活设施及道路设施。

4. **近海岸受损生态系统修复**

以珠江入海八大口门，以及大亚湾、大鹏湾和深圳湾为综合治理与生态修复重点区域，控制和削减河口和海湾的周边工业废水、城镇生活污水、农业面源污水和海域污染源的污染物排海总量。到2020年，近岸海域环境功能区水质达标率95%。加强重点港口和渔港环境污染治理，建立和完善含油污水、废弃垃圾的接收处理设施，采用高新生物环保技术集中处理石油类污染物。开展以减少淤积、加强水动力，控制污染、改善水环境、提高生物多样性为中心的海洋生态修复行动，尽快清除不符合规划的围垦工程。严格控制岛屿采砂活动，积极进行采砂地的复绿工作，逐步恢复因采砂破坏的生态环境。加大海洋生物资源养护力度，积极发展大型海藻增养殖，加强沿海海草场生态系统建设，建立一批海岸、海湾、海岛及近海海洋环境整治与生态修复示范区。

5. **城乡生态环境治理**

在珠三角九市选择不同类型的农业生产区域，包括传统生产区、集约化种植区、城市郊区、污水灌溉区、工矿企业区、其他区域等六个监测区域，每种类型布设10个监测点，对每个区域的潜在和遭受重金属污染区域进行农业环境质量监测和评价工作。实施珠江三角洲清洁空气行动计划，严格环境准入，有效控制新增大气污染物排放。大力改善能源结构，从源头削减大气污染物产生量。到2020年，环境空气质量AQI达标天数比例85%。加快设施建设，优先推进危险废物污染防治。推广实用技术，尽快解决污泥处理处置出路。推进设施建设，确保工业固体废物安全处置。建立回收网络，提升电子废物拆解处理水平。加强圈区管理，提高进口废物污染控制水平。以广州、深圳为突破口，建立完善的垃圾分类收集系统，提高生活垃圾资源化和工业固体废物资源化利用。

(三)生态建设

1. **森林生态体系建设**

结合新一轮绿化广东大行动，加快实施城市风景林、林相改造、森林碳汇、生态景观林带、森林进城围城、乡村绿化美化、环城绿带等重点生态建设工程，增加珠江三角洲地区森林绿地面积，提升森林绿地质量。规划到2020年，森林覆盖率达52.20%，森林蓄积量达16 657.44万m^3，森林碳储量达45 751.16万t，生态公益林面积占林业用地面积达46%以上，以乡土阔叶树为优势树种的面积比例占有林地总面积的65%以上，森林公园670个，农田林网控制率85%。

2. 城市森林绿地建设

推进森林进城围城建设，以城市周边的近郊、远郊为中心，通过构建多层次、多类型、多功能的防护林带和城郊森林，形成物种多样、生态稳定、结构合理的城市森林生态体系、园林绿地体系和湿地保护体系，增强城市生态系统的可持续发展能力。通过屋顶、墙面、阳台、门庭、高架、坡面等绿化类型，带动区域立体绿化建设，提高区域绿量总体水平。在现有“万村绿大行动”取得成效的基础上，因地制宜，分类指导，重点突出乡村公共休闲绿地、乡村道路、河道沟渠、房前屋后、村庄绿化带及周边山地等的绿化建设，推动乡村绿化美化生态化。规划到2020年，人均公共绿地面积达到18m^2、建成区绿化覆盖率达45%，建设美丽幸福乡村，4100个，九个地级以上市全面达到国家森林城市创建标准。

3. 海洋生态屏障建设

适应海洋综合开发和沿海地区经济社会发展的需要，以保护沿海生态环境为前提，以提高防御风暴潮灾害能力为重点，坚持生物措施和工程措施相结合，加快推进生态海堤建设。按照海陆统筹、河海兼顾的要求，加强近岸海域污染防治，尽快建立和实施重点海域主要污染物总量控制制度，有效控制陆源污染物排海总量。加强珊瑚礁、海草床、滨海湿地、海岛、海湾、入海河口、重要渔业水域等具有典型性、代表性的海洋生态系统，珍稀、濒危海洋生物的天然集中分布区，具有重要经济价值的海洋生物生存区，以及具有重大科学文化价值的海洋自然历史遗迹和自然景观的保护，逐步建立类型多样、布局合理、功能完善的海洋保护区体系。规划到2020年，新建海洋保护区16个，其中：海岸基本功能区的有6个，近海基本功能区的有10个。

4. 沿海防护林体系建设

对现有的红树林资源采取严格的保护措施，建设珠江三角洲红树林湿地圈。通过抢救性地划建自然保护区、保护小区、保护点、管护站和湿地公园等，使区域红树林湿地逐步得到恢复，湿地生态环境有较大的改善。规划期末，红树林保护面积达1190hm^2，营造恢复红树林1760hm^2。在保留原有植被基础上，对断带、未合拢地段进行填空补缺，对于因各种自然、人为原因而受破坏使得防护功能大为降低的残破、低效林带采用混交、多层次立体配置进行修复。规划期内，人工造林面积950hm^2，封山育林面积660hm^2，林带修复面积2500hm^2。加强沿海纵深防护林建设，重点进行沿海第一重山的林分改造，恢复地带性植被，规划期内人工造林总面积2400hm^2，封山(沙)育林面积38 900hm^2。

5. 江河流域蓝网建设

以东江、西江、北江、潭江、流溪河、增江、西枝江等主要河流中上游两侧集水区范围内林地为建设对象，建成多树种、多层次、多功能、多效益的珠江水系水源林体系，发挥森林在改善水质、保持水土、涵养水源、减少地表径流、减轻水土流失、调节江河流量、降低山体滑坡和泥石流等地质灾害发生可能性等方面的重要作用，保障流域内的经济社会可持续发展。提升现有江河防护林带生态功能等级。在水土流失较为严重、有沟蚀和崩岗以及石漠化的地区，规划建设水土保持林和水源涵养林。在重要水源保护区、河流缓冲地带，禁止开垦坡地，加快建设和恢复水源保护区的植被缓冲带，减少土壤侵蚀及其营养盐流失。

6. **道路绿网建设**

在现有绿道网基础上，初步构建由区域绿地、城乡公园、河湖湿地等生态斑块和河道走廊、海岸线、绿道等生态廊道构成的生态网络体系，进而向具备良好生态服务功能的绿色基础设施升级。全面铺开城市绿道建设，按照“建设一段、完善一段”和与省立绿道无缝衔接的要求，同步配套绿道五大系统，实现与城市公共交通便捷换乘。划定完成省立绿道和城市绿道控制区，制定管理规定并实施有效的空间管制，加快绿道控制区立法，从法律层面保障其不受破坏。以区域内高速公路、铁路等交通主干线为主，加快道路沿线生态景观林带建设，构建高质量的道路绿网。到2020年，高速公路两侧生态景观林带建设规划长度1040km，规划面积$4160hm^2$；铁路两侧生态景观林带建设规划长度153km，规划面积$519hm^2$。

（四）预警监控机制建设

1. **自然灾害防控体系建设**

建立自然灾害防控机制，重视国土开发中自然灾害风险评价，提高区域灾害能力建设，健全灾害预案与预警系统，提升综合防灾减灾能力。加强地质灾害防控与治理，减少因工程建设等人为活动引发的地质灾害，重点提升包括广州从化市、增城市，惠州市、江门市的地质灾害防治能力。加大地质灾害治理工程投入力度，按照政府投入和受益者或开发商共同出资的多元投入机制进行治理，分期分批实施地质灾害隐患点搬迁与治理工程。规划期间，地质灾害隐患点搬迁与治理不低于上年度末在册数的15%。

2. **海洋生态灾害监控体系建设**

加大海洋环境监测力度，重点加强海洋环境敏感区、赤潮灾害频发海域、陆源入海排污和临海重大项目监视监测。严格执行海洋功能区环境质量标准，采取分类指导、分区推进和网格化管理的办法，强化对不同类型海洋功能区生态环境保护监管。加强海洋功能区环境质量监测监视，实施重点海洋功能区环境质量预警制度。建立健全海洋灾害应急管理体系，完善应急机制和应急预案。规划到2015年，重要海洋生态灾害监控率达90%，重要生态系统保护率达90%；到2017年，监控率达95%，保护率达95%；到2020年，监控率达100%，保护率达100%。

3. **生态环境突发事件监测预警体系**

建立突发公共事件应急处置指挥体系，成立相应的突发生态环境公共事件应急指挥中心，制定和完善本行政区域内突发公共事件应急预案。各级各类监测机构负责收集对本辖区可能造成重大影响的突发公共事件信息，利用预测、预警支持系统，如地理信息系统（GIS）、全球定位系统（GPS）、卫星遥感系统（RS）、通讯和指挥调度系统等，对信息进行采集、整理、加工和分析，定期向省应急管理办公室报告有关信息。当接到有关突发公共事件信息后，要利用科学的预测预警手段，进行信息研判，根据突发公共事件的不同等级，立即将预警信息，报告给省应急指挥中心和传递给相关市县应急指挥中心。

4. **致病性动物疫情监控体系建设**

继续强化重大动物疫病免疫，把基础工作抓牢。根据农业部已印发《禽流感等重大动物疫病免疫方案》，珠三角9市要规范免疫程序，健全免疫档案，确保免疫质量。重点加强对接近或超过免疫有效期畜禽、补栏畜禽以及边境地区畜禽免疫。加强疫苗质量监管，做好疫苗生产和供应。加强疫情监测和流行病学调查力度，及时掌握和分析禽流感病毒分布和变异情况，提高预警预报能力。

5. 外来入侵物种预警体系建设

加强外来生物基础理论研究，启动外来入侵技术创新的专项研究，并在数据库建设、检测监测、预警体系构建、扩散阻断、区域联防联控和持续治理等方面开展研究和建设。组织开展外来入侵生物现状调查，摸清珠三角区域主要外来入侵生物种类、数量、分布和危害等情况，建立信息数据库。采取化学、物理、生物等措施，对外来入侵生物进行综合治理。强化野生动植物资源监测，实施濒危物种野外回归和重点物种保护工程，健全陆生野生动物疫源疫病防控体系。加强林业有害生物监测防控和检疫工作，建立健全林业有害生物联防联治机制。

6. 核与辐射安全监管体系

加强各级核与辐射安全监管机构建设，建立完善省、市、县核与辐射环境监管体系。建设以省辐射环境监测站点为中心节点，涵盖珠三角的区域辐射自动监测和安全预警网络。建立和完善应急预案，建立统一指挥、功能齐全、常备不懈、迅速高效的应急准备与响应体系，及时处置核与辐射安全事故等。

（五）区域联动机制建设

1. 强化组织领导

建立各市之间、省直部门之间的沟通协调机制，定期召开协调会，研究解决推进区域生态安全体系一体化建设过程中所遇到的重大问题，高效、协同、有序推进规划实施。珠三角各市和省直有关部门要按照规划确定的各项任务和要求，组织制订具体的专项规划实施方案，细化分解各项任务，明确落实责任。建立规划实施的评估和考核制度，强化对规划实施情况的跟踪考核，把主要任务和目标纳入地方政府政绩考核、环保责任考核以及森林资源保护和发展目标责任制考核。

2. 建立协调机制

建立区域生态安全管理联席会议制度，研究完善生态用地的补偿政策和保护机制，建立合理、统一的生态补偿标准，探索建立区域生态分级保护制度，探索建立绿色 GDP 环境评价体系，探索建立一体化的档案管理制度。做好各专题规划互相衔接工作，确保规划的一致性和可操作性。协调推进重点生态建设工程，统一标准和进程，按照先易后难、适度超前、合理布局、共建共享的原则，分解细化具体目标任务。运用现代信息科技手段，强化珠三角各市和省直有关部门在生态安全体系建设的信息共享。

3. 完善生态政策

建立能源资源节约和环境保护奖惩机制，建立资源节约的约束和激励机制，基本形成节约能源资源和保护生态环境的产业结构、增长方式、消费模式，促进各类资源开发利用主体更加自觉地节约资源等。加强区域生态安全管理的交流与合作，引进先进技术和经验，建设包括科技合作、资金管理、人才培养等全方位的支撑保障体系。加强与港澳地区在环境保护、生态建设和生态产业等方面的交流合作，做到优势互补、互惠互利，合作重点主要包括东江水源地建设、珠江口湿地保护、林业产业合作，构筑粤港澳生态安全屏障。探索多元化生态补偿机制，增加对生态建设的财政支持力度，促进区域间横向补偿，开展流域“异地开发”模式，在保护生态环境前提下在流域上下游之间进行合理产业布局。按照清洁发展机制(简称 CDM)，在珠江三角洲地区开展造林再造林、生物质能源、产业节能等林业碳汇项目，为区域林业发展提供新机会、新途径。培育生态服务市场，推动生态效益货币化、资产化。

4. 加强科技支撑

充分发挥高等院校、各级科研单位以及企业研发机构的科研实力，通过加大扶持力度、整合资源、集聚人才、提升科技自主创新能力，服务于区域生态安全体系一体化发展。完善科技推广体系建设，通过制定优惠政策鼓励高等院校、科研单位人员深入基层，为当地解决生态安全体系建设中遇到的实际问题，并鼓励技术人员在基层从事科研活动，使科技成果迅速转化为生产力。做好相关行业标准制定、修订和实施工作，形成全覆盖的行业标准化体系，提高建设质量标准，逐步实现标准化生产，增强市场竞争和保护能力。

参考文献

R E F E R E N C E

陈彩香，王卫祖．浅议当前中幼林抚育中的问题及对策[J]．浙江林业科技，2002，22(1)：52－55.

陈黄礼，郭彦青．广东森林抚育成效监测方法的探讨[J]．广东林业科技，2012，28(4)：62－65.

陈建成，程宝栋，印中华．生态文明与中国林业可持续发展研究[J]．中国人口·资源与环境，2008，18(4)：139－142

陈建新．广东省生态公益林建设现状及林分改造对策[J]．粤东林业科技，2007(2)：18－21.

陈绍志，周海川．林业生态文明建设的内涵、定位与实施途径[J]．中州书刊，2014(7)：91－96

邓鉴锋，战国强，姜杰．构建珠江三角洲地区稳定森林生态安全体系的探讨[J]．广东林业科技，2010，26(5)：83－87.

邓鉴锋，战国强，林中大等．广东现代林业发展区划[M]．北京：中国林业出版社，2010.

邓鉴锋．新形势下广东省森林资源监测体系建设的探讨[J]．中南林业调查规划，2010，29(4)：12－16.

杜宇，刘俊昌．生态文明建设评价指标体系研究[J]．科学管理研究，2009，27(3)：60－63

冯汉华，熊育久．广东岩溶地区石漠化现状及其综合治理措施探讨[J]．中南林业调查规划，2011，30(1)：15－19.

广东省林业厅．2013年度全省森林资源情况的通报[R]. 2014.

广东省林业厅．2013年广东省林业生态状况公报[R]. 2014.

广东省统计局，国家统计局广东省调查总队．广东统计年鉴2014[M]．北京：中国统计出版社，2013：3－8.

郭盛才．广东湿地类型及其分布特征研究[J]．广东林业科技，2011，27(1)：85－89.

蒋小平．河南省生态文明评价指标体系的构建研究[J]．河南农业大学学报，2008，42(1)：61－64.

李清湖，林中大．广东省营造碳汇林的思考[J]．中南林业调查规划，2014，33(3)：

5－9.

李小川，李兴伟，王振师，等．广东森林火灾的火源特点分析[J]．中南林业科技大学学报，2008，28(1)：89－92.

练丽．广东林业产业发展现状及对策[J]．广东林业科技，2007，23(5)：76－80.

林绪平．广东林业有害生物防控现状与对策的思考[J]．广东林业科技，2009，25(5)：107－110.

林摇震，双志敏．省会城市生态文明建设评价指标体系比较研究—以贵阳市、杭州市和南京市为例[J]．北京航空航天大学学报(社会科学版)，2014，27(5)：22－28.

林中大，胡喻华，练丽．广东湿地资源现状及保护管理对策探讨[J]．中南林业调查规划，2006，25(1)：31－34.

刘薇．北京市生态文明建设评价指标体系研究[J]．国土资源科技管理，2014，31(1)：1－8

刘延春．关于生态文明的几点思考[J]．生态论坛，2004(1)：20，23

楼国华．推进林业创新创业努力建设生态文明[J]．绿色中国，2008(3)

麻国庆．工业化进程中的生态文明——以广东农村为例[J]．广东社会科学，2013(5)：192－199

彭耀强，薛立，王汉忠，等．广东省生态公益林效益补偿机制探讨[J]．林业资源管理，2011(3)：15－19.

戚福常．简述森林抚育对森林生态效益的作用[J]．林业勘查设计，2004，(4)：45.

齐心．生态文明建设评价指标体系研究[J]．生态经济，2013(12)：181－186.

秦伟山，张义丰，袁境．生态文明城市评价指标体系与水平测度[J]．资源科学，2013，35(8)：1677－1684.

覃玲玲．生态文明城市建设与指标体系研究[J]．广西社会科学，2011(7)：110－113.

王华南，林新，陈建新．广东省生态公益林优良乡土阔叶树种选择[J]．广东林业科技，2002，18(3)：37－41.

肖飞，刘达．对珠江三角洲地区水生态文明建设的调查思考[J]．水利发展研究，2014，14(7)

徐春．生态文明与价值观转向[J]．自然辩证法研究，2004，20(4)：101－104

徐冬青．生态文明建设的国际经验及我国的政策取向[J]．世界经济与政治论坛，2013(6)：153－161

许桂灵，司徒尚纪．广东生态文明建设理论和实践初探[J]．大连大学学报，2008，29(5)：107－111

许秀玉，曾锋，黎珊颖，等．广东省沿海防护林体系建设现状、问题与对策[J]．广东林业科技，2009，25(5)：98－101.

严耕，林震，吴明红．中国省域生态文明建设的进展与评价[J]．中国行政管理，2013(10)：7－12

严耕，杨志华，林震，等．2009年各省生态文明建设评价快报[J]．北京林业大学学报(社会科学版)，2010，9(1)：1－5.

严耕．生态危机与生态文明转向研究[D]．北京林业大学，2009.

尹成勇．浅析生态文明建设[J]．生态环境，2006(9)：139－141.

曾锋，许秀玉，王华南，等. 广东省生态公益林发展现状与思考[J]. 林业资源管理，2009(6)：9－15.

张欢，成金华，陈军，倪琳. 中国省域生态文明建设差异分析[J]. 中国人口·资源与环境，2014，24(6)：22－29.

张欢，成金华. 湖北省生态文明评价指标体系与实证评价[J]. 南京林业大学学报(人文社会科学版)，2013，13(3)：44－53.

张扬南. 智慧林业：现代林业发展的新方向[J]. 南京林业大学学报(人文社会科学版)，2013，13(4)：114－119.

章潜才，李涛，周庆，等. 林业信息化建设与林业生态文明的战略关系研究[J]. 内蒙古林业科技，2010，36(2)：47－49，55.

赵树丛. 加快林业治理体系和治理能力现代化充分发挥生态林业民生林业强大功能——在全国推进林业改革座谈会上的讲话[J]. 林业资源管理，2014(5)：1－6.

周命义. 广东岩溶地区石漠化动态变化与原因分析[J]. 中南林业科技大学学报，2012，32(6)：97－100.

周命义. 森林生态文明城市评价方法的研究[J]. 中南林业科技大学学报，2012，32(4)：131－134.

周生贤. 积极建设生态文明[J]. 环境与可持续发展，2010，35(1)：1－3.

朱玉林，李明杰，刘旖. 基于灰色关联度的城市生态文明程度综合评价——以长株潭城市群为例[J]. 中南林业科技大学学报(社会科学版)，2010(5)：77－80.

卓越，赵蕾. 加强公民生态文明意识建设的思考[J]. 马克思主义与现实，2007(3)：106－111.

宋林飞. 中国小康社会指标体系及其评估[J]. 南京社会科学，2010(1)：6－14.

谭三清. 广州市林业生态经济体系建设的现状与对策[J]. 特区经济，2007(11)：34－35.

附　表

表1　广东省2013年森林资源主要指标一览　　单位：hm^2、m^3、%

序号	统计单位	林业用地	有林地	疏林地	灌木林地	未成林地	无林地	活立木总蓄积	林木总生长量	林木总消耗量	森林覆盖率
0	全　省	10967040.2	9849022.2	27844.9	641685.5	217135.7	226048.5	524246729.0	25581978.0	11132828.0	58.20
1	广州市	292730.6	278696.0	468.8	3770.2	2250.0	7379.5	14220869.0	603194.0	256469.0	41.96
2	深圳市	77438.2	73496.3	167.1	2200.0	0	1440.7	2997984.0	136567.0	7620.0	41.50
3	珠海市	48628.0	32310.7	0	14066.6	178.7	1935.8	3113808.0	125813.0	3634.0	29.73
4	汕头市	66365.0	60907.5	614.0	145.1	2270.3	2428.1	1855728.0	82761.0	2566.0	32.02
5	韶关市	1420100.3	1250811.3	2710.4	96067.0	40496.9	29706.7	80086954.0	3466549.0	1318132.0	73.63
6	河源市	1219148.7	1114327.7	5086.2	31403.9	43270.0	25018.6	55479613.0	2531117.0	844873.0	73.30
7	梅州市	1217048.1	1139986.3	1982.7	28936.7	24010.0	21959.5	49103064.0	2702930.0	404628.0	73.55
8	惠州市	711734.0	668055.8	2187.6	19610.7	12540.4	9143.1	30566243.0	1498446.0	346813.0	61.28
9	汕尾市	279200.8	229764.3	565.3	12432.8	5861.4	30409.9	6708882.0	367966.0	222124.0	52.12
10	东莞市	53696.6	52861.8	0	344.2	0	257.0	3756784.0	124413.0	9200.0	36.00
11	中山市	31562.2	29778.4	271.3	75.9	0	1377.0	2259179.0	121549.0	5393.0	19.43
12	江门市	443670.4	381481.5	1042.8	41351.7	5495.7	13218.4	19178639.0	1103636.0	947071.0	44.79
13	佛山市	67744.4	61477.0	114.5	797.2	2606.6	2495.6	4869775.0	241267.0	186918.0	20.99
14	阳江市	432995.1	412043.4	2126.7	11694.9	4976.0	1910.1	23011424.0	1067834.0	298647.0	57.02
15	湛江市	275121.4	267711.0	127.4	3201.7	626.2	2916.4	20030409.0	861191.0	372305.0	29.51
16	茂名市	588025.3	553481.2	1842.3	11216.9	9597.7	11730.0	30344005.0	1325706.0	427173.0	57.72
17	肇庆市	1055442.5	992515.2	3038.7	24240.2	21747.6	13658.3	52077835.0	2694702.0	2040069.0	69.10
18	清远市	1418826.0	1105518.5	3568.0	274780.4	21955.3	12753.2	74694735.0	3394922.0	1338822.0	71.35
19	潮州市	187230.6	169996.9	287.4	11840.1	1659.8	3432.5	5340294.0	292681.0	147335.0	61.94
20	揭阳市	288508.2	270244.2	831.2	9839.6	2596.3	4953.0	7689503.0	372025.0	98436.0	54.84
21	云浮市	506972.6	455538.3	788.7	38025.4	6250.0	6255.7	23295938.0	1214848.0	424376.0	68.40
22	省属林场	137824.3	126517.9	16.0	5644.3	1938.5	2959.6	8083259.0	525097.0	301686.0	91.70
23	农垦局	107025.0	99286.0	0	0	0	7739.0	3966942.0	221347.0	128538.0	58.60
24	雷州局	40001.9	22215.0	7.8	0	6808.3	10970.8	1514863.0	505417.0	0	49.40

表 2 广东省 2013 年湿地资源面积统计表 单位：hm^2、%

湿地类	湿地型	湿地型面积	湿地类面积	湿地类比例
近海与海岸湿地	浅海水域	592708.5	815390.3	46.61
	潮下水生层	106.13		
	珊瑚礁	227.77		
	岩石海岸	7913		
	沙石海滩	19419.4		
	淤泥质海滩	33832.1		
	潮间盐水沼泽	1323.8		
	红树林	18930.8		
	河口水域	118835.6		
	三角洲/沙洲/沙岛	3708.9		
	海岸性咸水湖	18384.3		
河流湿地	永久性河流	312322.9	329209	18.84
	洪泛平原湿地	16886.1		
湖泊湿地	永久性淡水湖	1496.5	1496.5	0.09
沼泽湿地	草本沼泽	3315.9	3756.1	0.21
	灌丛沼泽	249.4		
	森林沼泽	190.8		
人工湿地	库塘	219825	599212.5	34.21
	水产养殖场	367069.7		
	盐田	2042.9		
	运河、输水河	10274.9		
总计		1749064.4	1749064.4	1749064.4

表 3 广东林业生态文明建设重点领域任务一览

序号	重点领域	建设目的	主要建设内容
1	生态红线保护管理	通过科学划定林业生态红线，把需要保护的生态空间、物种严格保护起来，尽快扭转生态系统退化、生态状况恶化的趋势	到 2020 年，全省林地保有量不低于 1088 万 hm^2，森林保有量不低于 1087 万 hm^2，湿地面积不低于 175 万 hm^2，森林覆盖率不低于 60%，森林蓄积量达到 6.43 亿 m^3，森林和野生动植物类型自然保护区面积占国土面积的比例不低于 6.9%
2	生态屏障带建设	继续推进碳汇造林，实施石漠化区域综合治理及矿区复绿，着力加强森林经营，提高森林质量，建立稳定、高质、高效的森林生态系统，充分发挥森林的生态屏障作用	①优化生态公益林布局：到 2020 年，全省生态公益林面积达到 533.3 万 hm^2 左右，约占林业用地的 50%，建设生态公益林示范区约 800 个。②建设高效碳汇林：选用生态、高效的碳汇树种，采取“造”“改”“封”结合，继续消灭全省尚存的宜林荒山荒地，完成疏残林(残次林)、低效纯松林和低效桉树林改造。重点加强 2011 年以来的森林碳汇重点生态工程新造林的后续抚育和管理，总任务量达 170.47 万 hm^2。③生态脆弱区修复。规划石漠化综合治理植被保护面积 29.71 万 hm^2，封山育林面积 16.12 万 hm^2，改造面积 1.15 万 hm^2。规划矿区复绿植被恢复面积 1.96 万 hm^2，封山育林面积 0.39 万 hm^2，造林面积 1.31 万 hm^2。④森林抚育提升：“十三五”期间，全省计划完成 206.7 万 hm^2 森林抚育任务
3	珠江水系水源涵养林建设	通过封山育林、林分改造和中幼林抚育等措施，加强水源涵养林和水土保持林建设，发挥森林在改善水质、保持水土、涵养水源、减少地表径流、减轻水土流失、调节江河流量、降低山体滑坡和泥石流等地质灾害发生的作用	“十三五”期间，规划建设水源涵养林 60.1 万 hm^2，其中：改造面积 10.6 万 hm^2、封山育林面积 39.5 万 hm^2、中幼林抚育 10.0 万 hm^2；水土保持林 37.5 万 hm^2，其中：改造面积 5.8 万 hm^2、封山育林面积 21.7 万 hm^2、中幼林抚育 10.0 万 hm^2

（续）

序号	重点领域	建设目的	主要建设内容
4	沿海防护林及红树林建设	通过建设沿海防护林及红树林工程，构筑沿海稳定、高效、结构合理的森林生态系统，改善沿海生态状况，提高沿海地区抵御自然灾害的能力，维护沿海生态安全	①加强红树林保护与恢复。“十三五”期间，规划红树林保护与恢复1.56万hm^2，其中：红树林保护面积0.46万hm^2、红树林营造面积1.10万hm^2。②高标准建设沿海基干林带。“十三五”期间，规划建设海岸基干林带1.96万hm^2。③加强沿海纵深防护林建设。“十三五”期间，规划建设纵深防护林13.38万hm^2
5	人居森林环境建设	以创建森林城市和乡村绿化美化工程为切入点，以“城乡绿化一体化，城区绿地森林化、郊区森林生态化、乡野环境园林化”为核心，不断优化城市森林质量和布局，推进村庄建设、生态保护和环境整治，努力打造优美宜居的生态家园	①推进森林进城围城建设。“十三五”期末，人均公共绿地面积达到15m^2、建成区绿化覆盖率达35%。②森林公园体系建设。“十三五”期间，全省新增市森林公园63个、县森林公园128个、镇森林公园846个，新增总面积14.36万hm^2以上。③主干道森林生态廊道。“十三五”期间，重点对近年建设的主干道生态景观林带进行维护提升；同时对全省2014～2017年期间新增的2616km的高速公路进行主干道森林生态廊道建设，其中：规划可绿化里程为2105km、可绿化面积为126 30 hm^2。④推动乡村绿化美化工程建设。“十三五”期间，重点选取110 00个行政村和2000个社区作为建设对象，建成130 00个美丽乡村，建成省级示范点1050处、市级范点2100处
6	生物多样性保护	加强对野生动植物及自然保护区资源的保护和管理，在全省范围内开展野生动植物物种拯救，加大野生动植物疫源疫病防控和生物多样性监测	①加强自然保护区建设：“十三五”期末，使广东省95%以上的国家和省重点保护物种及典型生态系统类型得到有效保护，70%的国家和省重点保护物种资源得到恢复和增长。②加强野生动植物资源保护：保护陆生野生动植物，拯救极小物种和极度濒危物种，积极应用先进技术和科学手段，开展抢救性保护、野外救护、资源保存和发展培育人工种群，建立种质资源基因库，开展人工回归自然，促进资源的恢复与增长。③加强天然林资源保护：加强现有469.3 hm^2万天然林保护力度
7	湿地保护与修复	通过生态技术或生态工程对退化或消失的湿地进行修复或重建，再现湿地受到干扰前的结构和功能。严格执行湿地保护补助政策，通过建设开发湿地产品、开展生态旅游等活动，科学利用湿地资源，构建科学合理的湿地保护网络体系	①湿地公园体系建设：“十三五”期间，规划全省新增湿地公园168处、新增面积7.1万hm^2。②湿地保护和修复：在湛江、江门、汕头、汕尾、惠州等市实施海岸湿地、宜林滩涂退养还滩、退养还林，实施红树林造林示范基地和红树林种苗繁育基地；在深圳、珠海、汕头、汕尾实施黑脸琵鹭栖息地恢复工程，实施水松、香根草、野生稻、药用野生稻、曲江罗坑山地沼泽的恢复工程
8	绿色产业基地建设	充分利用广东较好的社会林业基础，采取多种经营等方式，以林地资源为基础，以市场为导向，以有利区域生态建设为准则，因地制宜，进行产区布局和规划，高标准、高起点建设绿色富民产业基地，推动现代林业发展，满足经济社会发展对木材和林产品的需要	①“十三五”期间，建设以桉树、相思类、黎蒴、南洋楹为主要树种的短轮伐期工业原料林基地36.0万hm^2。②建设以松、杉和普通阔叶树为主要树种的速生丰产林基地20.0万hm^2。③新建23.3万hm^2油茶林基地。④建设珍贵树种基地6.0万hm^2。⑤建设木材战略储备林7.3万hm^2。⑥建设20个国家和省级重点林木良种基地，规模2150hm^2；建设26个林木采种基地，规模1440hm^2；建设100个保障性苗圃，规模2000hm^2。⑦建设以茶秆竹、麻竹、毛竹等为主的竹林基地25.0万hm^2。⑧建设以肉桂、龙眼、荔枝、八角、橄榄、茶叶、青梅、板栗、中华猕猴桃等为主的名特优稀经济林基地7.0万hm^2

（续）

序号	重点领域	建设目的	主要建设内容
9	林业灾害防控能力建设	完善防灾减灾工作运行机制，将全省森林火灾受害率1‰以下，林业有害生物成灾率控制在4‰以下，尽可能减少人员伤亡和经济损失	①森林防火建设：加密建设620个火险要素监测站和620个可燃物因子采集站。新建1700套林火远程视频监控系统。购置700辆巡护车辆和定位仪、望远镜等巡护瞭望设备一批。新建森林防火道路2万km，修复改造防火道路3万km，新造生物防火林带9万km，新建和修复改造防火阻隔带6万km。完善卫星通讯网，新建VSAT卫星固定站和VSAT便携站，建立和完善21个市级和140个有林地县(市、区)森林防火信息指挥系统和森林防火地理信息系统。在省航空护林站配置建设1个移动航站，在清远、云浮、茂名、揭阳、汕尾5个地级市各新建1个森林航空消防基地，建设100个直升机临时起降点。②林业有害生物治理：实施松材线虫病、薇甘菊、松突圆蚧、松毛虫、椰心叶甲、刺桐姬小蜂、萧氏松茎象、红棕象甲和竹蝗等重大林业有害生物灾害综合治理。构建林业有害生物监测预警、检疫御灾、防治减灾和服务保障体系，建设林业有害生物灾害应急贮备库。分批开展广东省应急防控体系、珠江防护林、薇甘菊防控等体系基础设施建设项目
10	林业生态文化宣教能力建设	从意识、观念、知识、行为等方面，发挥林业生态文化对公众生产生活方式的导向作用，在全社会形成生态文明价值取向和正确健康的生产、生活、消费行为，积极构建全新的人与自然和谐的关系，努力实现经济、社会、自然环境的可持续发展	①林业生态文化载体建设，建设4座各具特色的森林博物馆或湿地博物馆，推动森林公园、湿地公园标准化建设，形成自然生态文化教育体系。②全面完成古树名木资源普查等基础性工作，完善全省古树名木地理信息管理系统，因地制宜推动古树大树公园建设试点。③林业生态文化宣教能力提升，普及自然生态教育，利用报刊、广播、电视、网络等各种传媒，加强有关生态建设和保护的法律、法规宣传，通过推广认建认养、购买碳汇、委托植树、网络植树、义务宣传等方式，创新义务植树形式，倡导公众积极参与植树造林
11	林业改革创新	通过深化集体林权制度改革、推进国有林场改革及探索林业碳汇交易机制，创新林业治理模式，为林业生态文明建设提供保障	①深化集体林权制度改革，建立广东特色的林业产权制度。②稳妥推进国有林场改革。逐步建设起符合现代林业和适合国有林场发展的管理体制。③加强林业碳汇交易机制研究。扩大省内林业碳汇交易项目的储备量，加强交易项目的后续管理，推动林业碳汇的可持续发展
12	智慧林业建设	到2020年基本建成广东智慧林业体系，形成共享的高端新型基础设施、智能的协同管理服务系统和优越的林业生态民生运用，有力支撑绿色生态第一省建设	①建立全省林业数据库，确保广东省林业信息"一张图""一套数"。②构建智慧林业管理体系。③提升林业信息化服务水平

表4　广东省省级以上森林公园、湿地公园一览

序号	公园名称	所在地	级别	面积(hm^2)
1	广东流溪河国家森林公园	从化区	国家级	9333.33
2	广东石门国家森林公园	从化区	国家级	2636
3	广东梧桐山国家森林公园	盐田区	国家级	678
4	广东南澳海岛国家森林公园	南澳县	国家级	1373.33
5	广东小坑国家森林公园	曲江县	国家级	16700
6	广东南岭国家森林公园	乳源县	国家级	27333.33
7	广东韶关国家森林公园	武江区	国家级	2010.73
8	广东天井山国家森林公园	乳源县	国家级	5564.1

（续）

序号	公园名称	所在地	级别	面积(hm²)
9	广东新丰江国家森林公园	东源县	国家级	4479.47
10	广东神光山国家森林公园	兴宁市	国家级	674.6
11	广东雁鸣湖国家森林公园	梅 县	国家级	769.8
12	广东镇山国家森林公园	蕉岭县	国家级	2177.37
13	广东南台山国家森林公园	平远县	国家级	2073.2
14	广东南昆山国家森林公园	龙门县	国家级	2000
15	广东梁化国家森林公园	惠东县	国家级	1333.33
16	广东观音山国家森林公园	东莞市	国家级	657.18
17	广东圭峰山国家森林公园	新会区	国家级	3550
18	广东北峰山国家森林公园	台山市	国家级	1161.6
19	广东西樵山国家森林公园	南海区	国家级	1400
20	广东东海岛国家森林公园	东海开发区	国家级	666.67
21	广东三岭山国家森林公园	麻章区	国家级	738.79
22	广宁竹海国家森林公园	广宁县	国家级	8500
23	广东英德国家森林公园	英德市	国家级	107000
24	广东大北山国家森林公园	揭西县	国家级	3067.2
25	广东大王山国家森林公园	郁南县	国家级	806
26	广东亿万森林公园	天河区	省级	67
27	广东王子山森林公园	花都区	省级	3070
28	广东黄龙湖森林公园	从化区	省级	4637.2
29	广东帽峰山森林公园	白云区	省级	4095.5
30	广东天鹿湖森林公园	黄埔区	省级	880
31	广东莲花顶森林公园	白云区	省级	531.8
32	广东太寺坑森林公园	增城区	省级	593.8
33	广东宝安森林公园	宝安区	省级	564.9
34	广东尖峰山森林公园	斗门区	省级	171
35	广东大南山森林公园	潮南区	省级	3677
36	广东仁化森林公园	仁化县	省级	6762
37	广东刘家山森林公园	始兴县	省级	1168.07
38	广东后洞森林公园	乐昌市	省级	616.2
39	广东青云森林公园	翁源县	省级	1495.4
40	广东帽子峰森林公园	南雄市	省级	709.7
41	广东锦城森林公园	仁化县	省级	326.7
42	广东霍山森林公园	龙川县	省级	1050
43	广东东江森林公园	紫金县	省级	1962.5
44	广东黎明森林公园	和平县	省级	2043.32
45	广东双髻山森林公园	大埔县	省级	1066
46	广东丰溪森林公园	大埔县	省级	2933
47	广东长潭森林公园	蕉岭县	省级	842
48	广东东山森林公园	博罗县	省级	182.3
49	广东天鹅山森林公园	梅江区	省级	1667

（续）

序号	公园名称	所在地	级别	面积（hm^2）
50	广东汤泉森林公园	博罗县	省级	1000.5
51	广东象头山森林公园	博罗县	省级	578.2
52	广东天堂山森林公园	博罗县	省级	396.8
53	广东龙山森林公园	博罗县	省级	1782.47
54	广东水东陂森林公园	博罗县	省级	1670.58
55	广东韩山森林公园	丰顺县	省级	1045.55
56	广东蒲丽顶森林公园	五华县	省级	1079.9
57	广东万福森林公园	大埔县	省级	1595.5
58	广东五虎山森林公园	大埔县	省级	1338.7
59	广东瑞山森林公园	大埔县	省级	
60	广东九龙峰森林公园	惠东县	省级	2900
61	广东分塔山森林公园	龙门县	省级	218
62	广东油田森林公园	龙门县	省级	730.2
63	广东桂峰山森林公园	龙门县	省级	1581.33
64	广东火山峰森林公园	陆河县	省级	1667
65	广东莲花山森林公园	海丰县	省级	3200
66	广东宝山森林公园	东莞市	省级	1382.4
67	广东清溪森林公园	东莞市	省级	1200
68	广东大屏嶂森林公园	东莞市	省级	1200
69	广东大岭山森林公园	东莞市	省级	2302.2
70	广东九洞森林公园	东莞市	省级	1011.5
71	广东河排森林公园	恩平市	省级	3000
72	广东潜龙湾森林公园	开平市	省级	2055.8
73	广东大雁山森林公园	鹤山市	省级	320.55
74	广东海景森林公园	南海区	省级	67
75	广东云勇森林公园	高明市	省级	1800
76	广东花滩森林公园	阳春市	省级	4000
77	广东罗琴山森林公园	阳江市	省级	557.52
78	广东东岸森林公园	阳江市	省级	554.86
79	广东茂名森林公园	茂名市	省级	300
80	广东龟顶山森林公园	肇庆市	省级	131
81	广东金钟山森林公园	高要市	省级	333
82	广东羚羊峡森林公园	高要市	省级	3110
83	广东九龙湖森林公园	鼎湖区	省级	729.4
84	广东羚羊山森林公园	鼎湖区、端州区	省级	1518.5
85	广东贞山森林公园	四会市	省级	760.8
86	广东大坑山森林公园	怀集县	省级	712.2
87	广东状元湖森林公园	封开县	省级	646.8
88	广东新岗森林公园	怀集县	省级	904.3
89	广东螺壳山森林公园	广宁县	省级	736.6
90	广东黄金谷森林公园	鼎湖区	省级	441.33

（续）

序号	公园名称	所在地	级别	面积（hm^2）
91	广东天湖森林公园	连州市	省级	12240
92	广东笔架山森林公园	清新县	省级	1821
93	广东羊角山森林公园	佛冈县	省级	1835.2
94	广东太和洞森林公园	清新县	省级	3388
95	广东贤令山森林公园	阳山县	省级	1563.2
96	广东鹰扬关森林公园	连山县	省级	746.4
97	广东红山森林公园	潮安县	省级	852
98	广东紫莲山森林公园	湘桥区	省级	546.93
99	广东岚溪森林公园	饶平县	省级	431.73
100	广东黄岐山森林公园	揭阳市	省级	1180
101	广东南山森林公园	云浮市	省级	264
102	广东肇庆星湖国家湿地公园	肇庆市	国家	935.4
103	广东乳源南水湖国家湿地公园	乳源县	国家	6284
104	广东雷州九龙山国家湿地公园	雷州市	国家	1537
105	广东万绿湖国家湿地公园	东源县	国家	19297.5
106	广东孔江国家湿地公园	南雄市	国家	1168
107	广东东江国家湿地公园	东源县	国家	776
108	广东海珠湖国家湿地公园	海珠区	国家	869
109	广东怀集燕都国家湿地公园	怀集县	国家	520.5
110	湛江湖光红树林湿地公园	湛江市	省级	667
111	茂名大洲岛湿地公园	茂名市	省级	380
112	珠海斗门黄杨河华发水郡湿地公园	斗门区	省级	60
113	韶关浈溪湖省级湿地公园	韶关市	省级	438
114	郁南九星湖省级湿地公园	郁南县	省级	25.6

注：统计时间截至2013年年底。

表5　广东省省级以上自然保护区一览

代码	自然保护区名称	级别	所在地	面积（hm^2）
1	广东内伶仃福田国家级自然保护区	国家级	深圳	922
2	广东南岭国家级自然保护区	国家级	韶关	58368.4
3	广东车八岭国家级自然保护区	国家级	韶关始兴	7545
4	广东省罗坑鳄蜥国家级自然保护区	国家级	韶关曲江	21471.7
5	广东象头山国家级自然保护区	国家级	惠州	10696.9
6	广东湛江红树林国家级自然保护区	国家级	湛江	20278.8
7	英德石门台国家级自然保护区	国家级	清远英德	82260
8	广州从化陈禾洞省级自然保护区	省级	广州从化	7054.36
9	珠海淇澳—担杆岛省级自然保护区	省级	珠海	7373.77
10	南澳候鸟省级自然保护区	省级	汕头南澳	256.5
11	粤北华南虎省级自然保护区	省级	韶关	16360.8
12	乐昌大瑶山省级自然保护区	省级	韶关乐昌	7913.9
13	乐昌杨东山十二度水省级自然保护区	省级	韶关乐昌	11651

（续）

代码	自然保护区名称	级别	所在地	面积(hm^2)
14	曲江沙溪省级自然保护区	省级	韶关曲江	9333.3
15	乳源大峡谷省级自然保护区	省级	韶关乳源	3673
16	翁源青云山省级自然保护区	省级	韶关翁源	7359
17	仁化高坪省级自然保护区	省级	韶关仁化	3585.5
18	新丰云髻山省级自然保护区	省级	韶关新丰	2727
19	南雄小流坑—青嶂山省级自然保护区	省级	韶关南雄	7874
20	始兴南山省级自然保护区	省级	韶关始兴	7113
21	东源康禾省级自然保护区	省级	河源东源	6484.8
22	河源新港省级自然保护区	省级	河源东源	7513
23	和平黄石坳省级自然保护区	省级	河源和平	8097
24	连平黄牛石省级自然保护区	省级	河源连平	4438
25	龙川枫树坝省级自然保护区	省级	河源龙川	15670.8
26	紫金白溪省级自然保护区	省级	河源紫金	5755.5
27	河源大桂山省级自然保护区	省级	河源源城	7505.2
28	大埔丰溪省级自然保护区	省级	梅州大埔	10590
29	蕉岭长潭省级自然保护区	省级	梅州蕉岭	5585.7
30	梅县阴那山省级自然保护区	省级	梅州梅县	2566
31	五华七目嶂省级自然保护区	省级	梅州五华	5850
32	兴宁铁山渡田河省级自然保护区	省级	梅州兴宁	17826.7
33	平远龙文－黄田省级自然保护区	省级	梅州平远	8280.1
34	罗浮山省级自然保护区	省级	惠州博罗	9811.07
35	惠东古田省级自然保护区	省级	惠州惠东	2189.2
36	惠东莲花山白盆珠省级自然保护区	省级	惠州惠东	14034.1
37	龙门南昆山省级自然保护区	省级	惠州龙门	1887
38	海丰鸟类省级自然保护区	省级	汕尾海丰	11590.5
39	陆河南万红锥林省级自然保护区	省级	汕尾陆河	2486
40	江门古兜山省级自然保护区	省级	江门	11567.5
41	台山上川岛猕猴省级自然保护区	省级	江门台山	2231.67
42	恩平七星坑省级自然保护区	省级	江门恩平	8060.3
43	阳春百涌省级自然保护区	省级	阳江阳春	4194.5
44	阳春鹅凰嶂省级自然保护区	省级	阳江阳春	14621.1
45	大雾岭省级自然保护区	省级	茂名信宜	3462.5
46	茂名林洲顶省级自然保护区	省级	茂名信宜	6064.8
47	西江烂柯山省级自然保护区	省级	肇庆	7961.59
48	封开黑石顶省级自然保护区	省级	肇庆封开	4200
49	怀集大稠顶省级自然保护区	省级	肇庆怀集	3761.3
50	怀集三岳省级自然保护区	省级	肇庆怀集	6761.8
51	佛冈观音山省级自然保护区	省级	清远佛冈	2792.13
52	连州田心省级自然保护区	省级	清远连州	11968.6
53	连南板洞省级自然保护区	省级	清远连南	10195.8
54	连山笔架山省级自然保护区	省级	清远连山	10727.8
55	清新白湾省级自然保护区	省级	清远清新	7219.1
56	潮安凤凰山省级自然保护区	省级	潮州潮安	2845.8
57	揭东桑浦山—双坑省级自然保护区	省级	揭阳揭东	6809.1
58	郁南同乐大山省级自然保护区	省级	云浮郁南	6353

注：统计时间截至2013年年底。

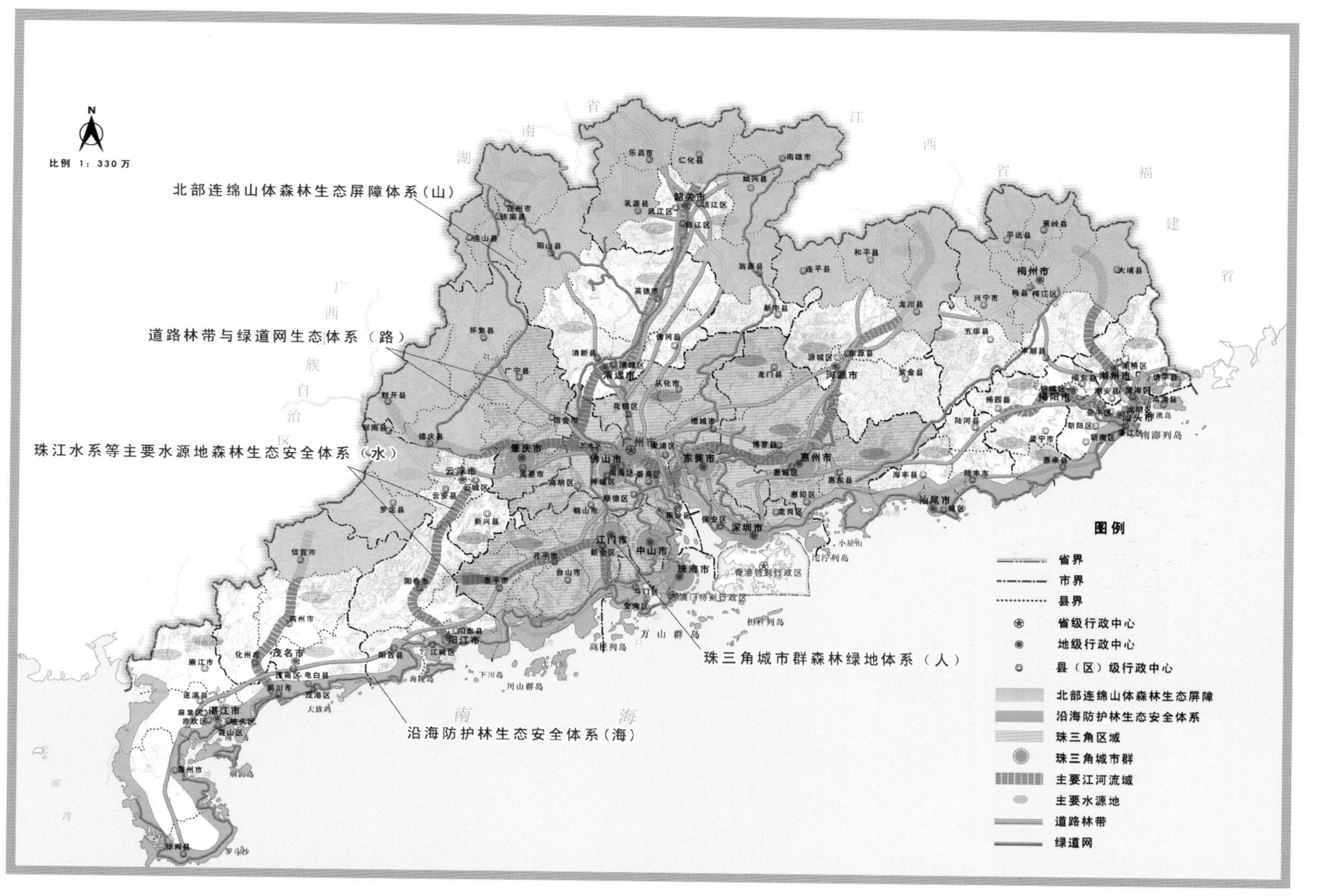

广东省林业生态文明建设总体布局示意

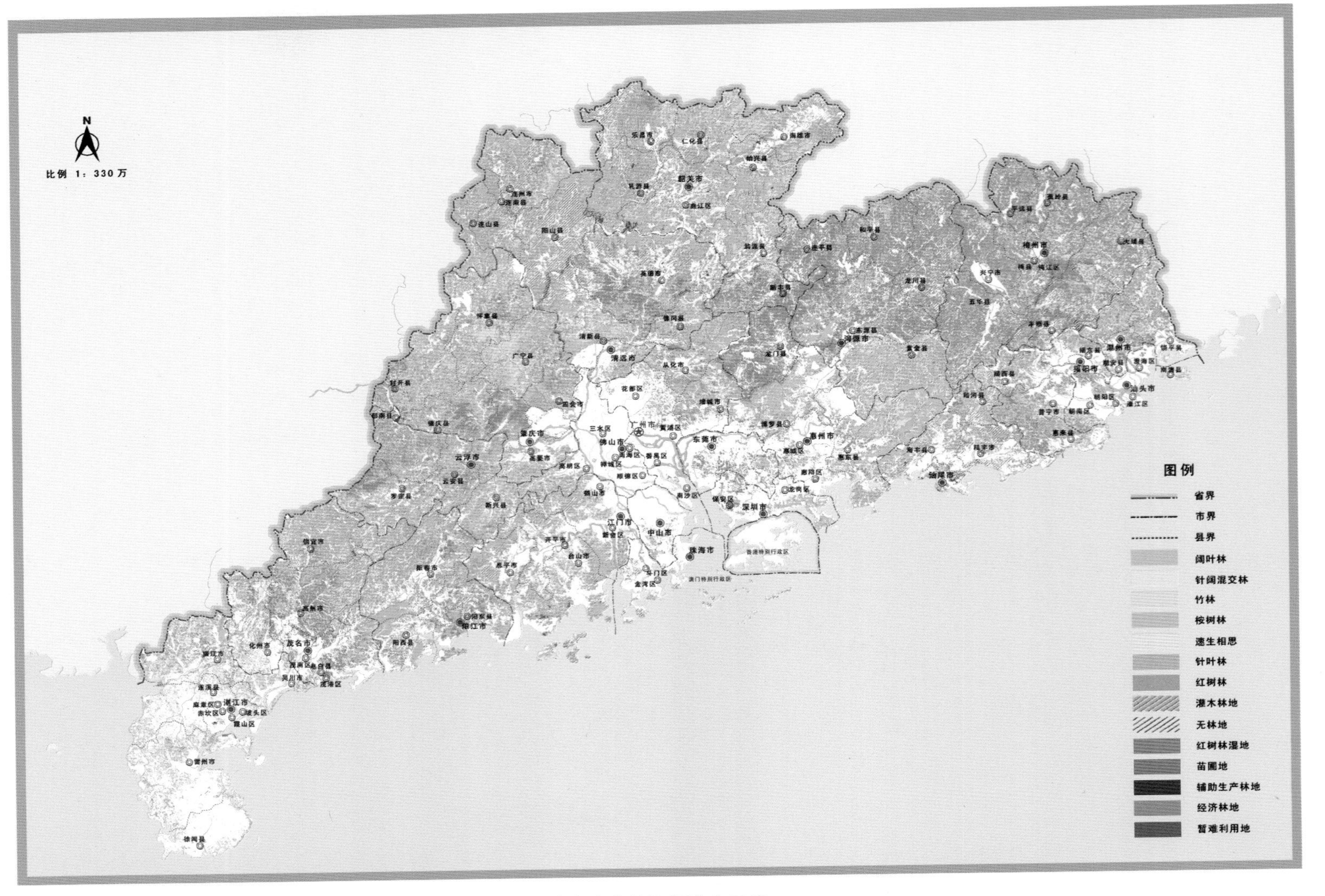

广东省森林资源分布示意

广东省公益林、商品林分布示意

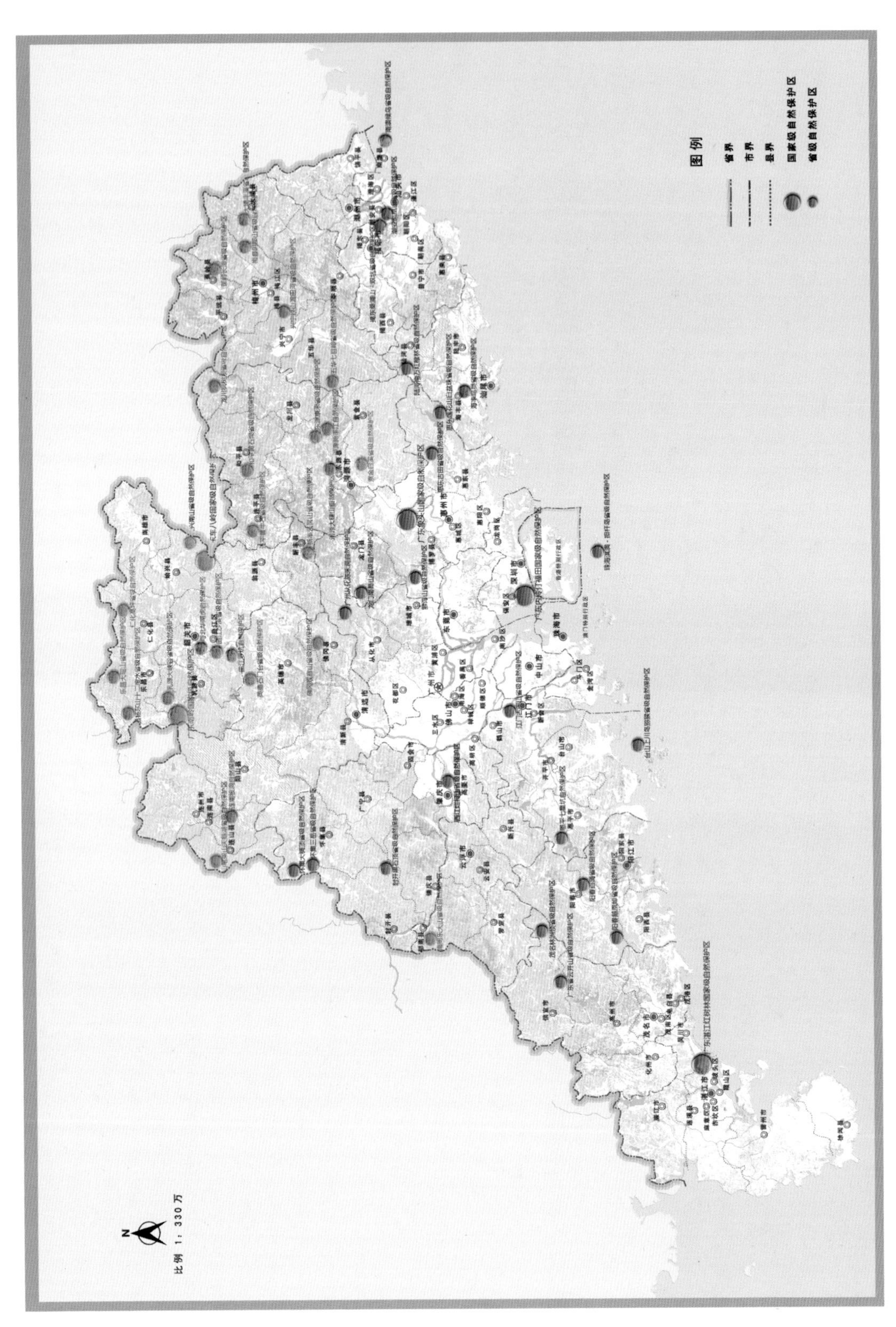

广东省自然保护区分布示意

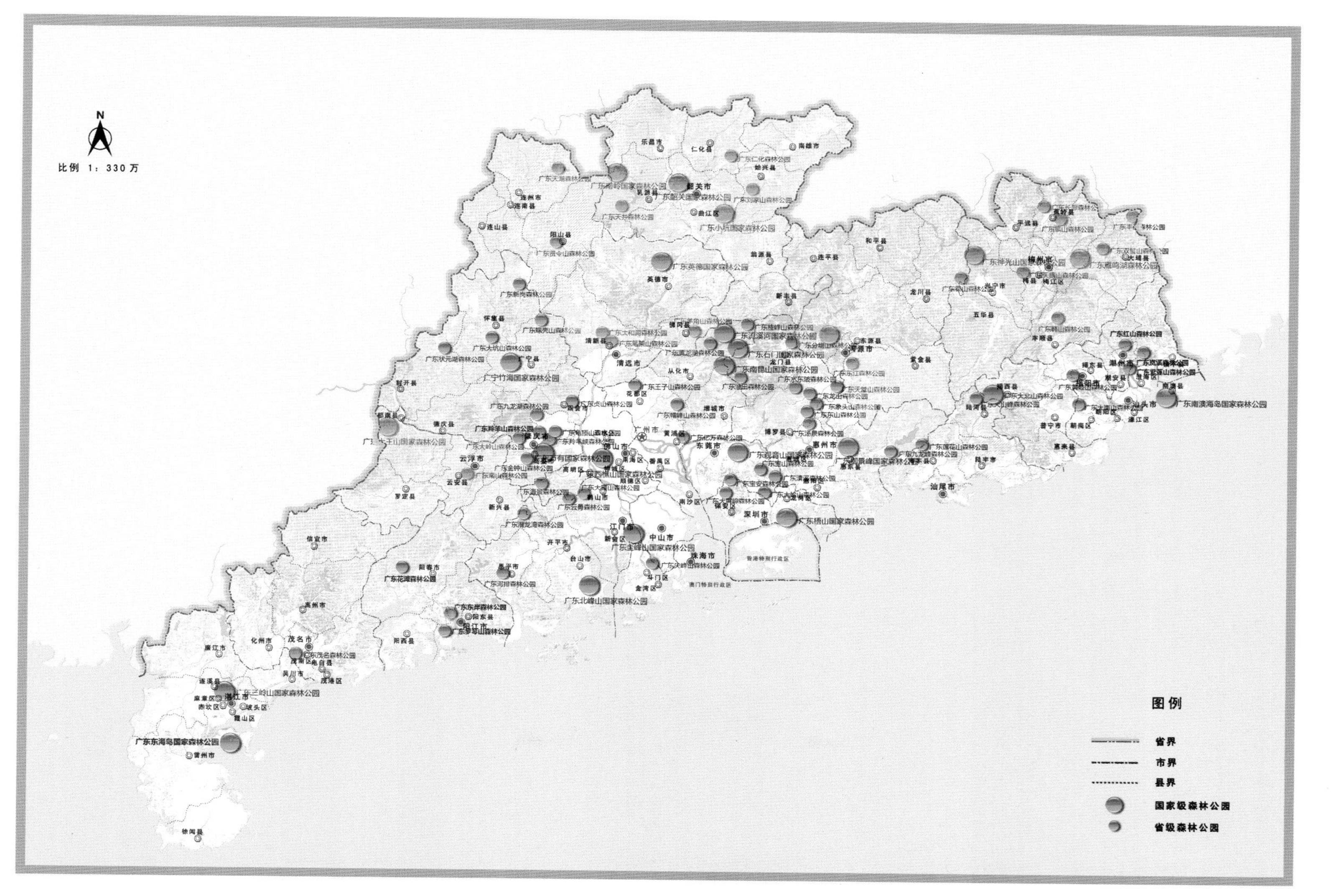

广东省森林公园分布示意

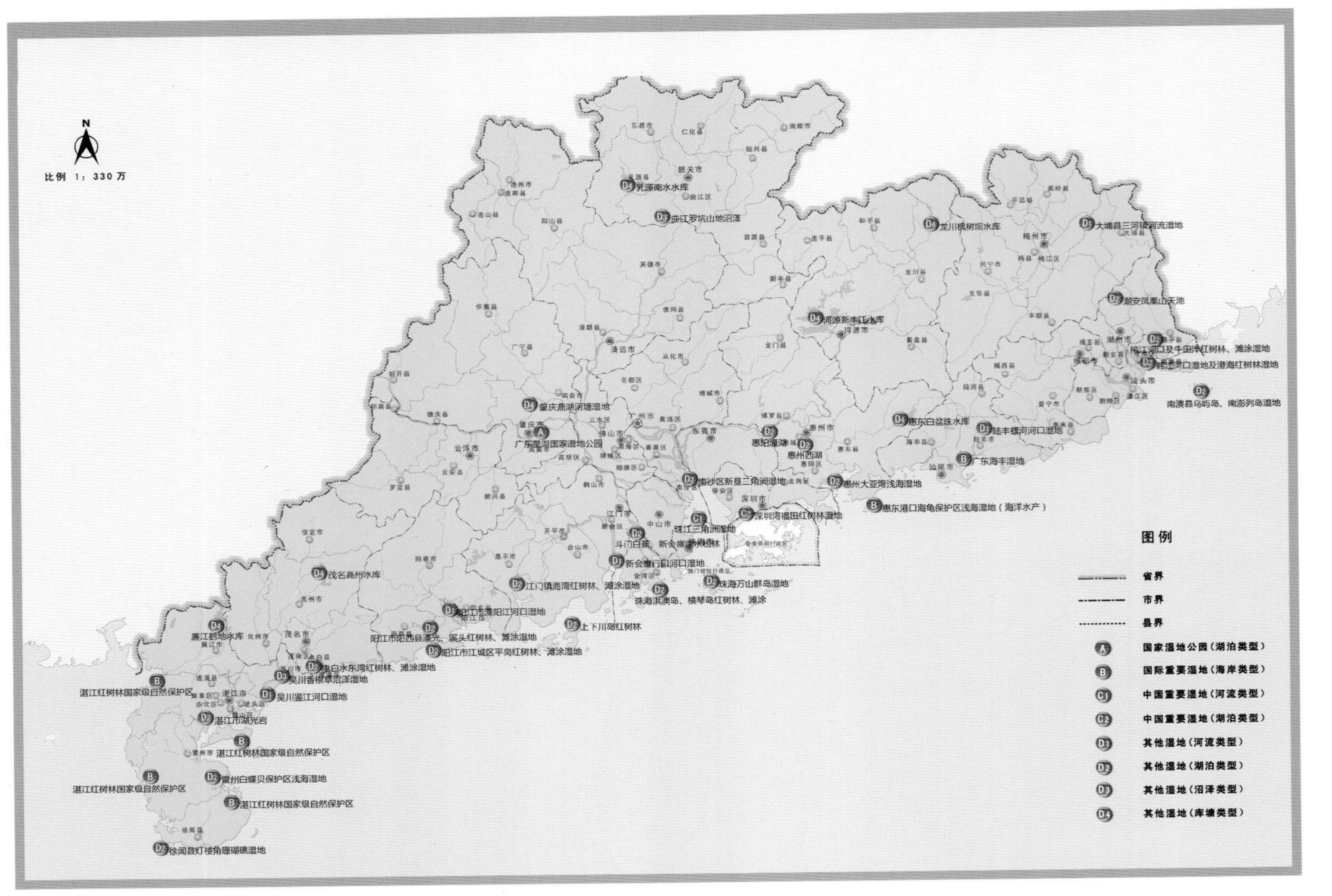
比例 1：330万
图例
省界
市界
县界
国家湿地公园（湖泊类型）
国际重要湿地（海岸类型）
中国重要湿地（河流类型）
中国重要湿地（湖泊类型）
其他湿地（河流类型）
其他湿地（湖泊类型）
其他湿地（沼泽类型）
其他湿地（库塘类型）
乳源南水水库
曲江罗坑山地沼泽
龙川枫树坝水库
大埔县三河镇河流湿地
潮安凤凰山天池
河源新丰江水库
肇庆鼎湖河塘湿地
广东星湖国家湿地公园
惠东白盆珠水库
陆丰螺河河口湿地
广东海丰湿地
惠阳潼湖
惠州西湖
南沙区新垦三角洲湿地
惠州大亚湾浅海湿地
惠东港口海龟保护区浅海湿地（海洋水产）
深圳湾福田红树林湿地
珠江三角洲湿地
斗门白蕉、新会崖门红树林
新会崖门口河口湿地
茂名高州水库
江门镇海湾红树林、滩涂湿地
珠海万山群岛湿地
珠海淇澳岛、横琴岛红树林、滩涂
上下川岛红树林
廉江鹤地水库
阳江市漠阳江河口湿地
阳江市阳西县溪头红树林、滩涂湿地
阳江市江城区平岗红树林、滩涂湿地
吴川香根草沼泽湿地
吴川鉴江河口湿地
湛江红树林国家级自然保护区
湛江市湖光岩
雷州白蝶贝保护区浅海湿地
徐闻县灯楼角珊瑚礁湿地
南澳县乌屿岛、南澎列岛湿地

广东省湿地分布示意

Strategy Research on Forestry Eco-civilization Construction in Guangdong Province

广东林业生态文明建设战略研究